Prof. Dr. Ulrich Kull

W0247384

Evolution des Menschen

Biologische, soziale und kulturelle
Evolution

J. B. Metzlersche Verlagsbuchhandlung
Stuttgart

ISBN 3476 20114 7

© 1979 J. B. Metzlersche Verlagsbuchhandlung
und Carl Ernst Poeschel Verlag GmbH in Stuttgart
Satz: Bauer & Bökeler Filmsatz KG, Denkendorf
Druck: Gulde-Druck, Tübingen
Printed in Germany

Inhaltsverzeichnis

Einführung   1
1. Die biologische Evolution des Menschen   11
  1.1 Die Stellung des Menschen im System der Primaten   11
    1.1.1 Verwandtschaftsbeziehungen zwischen Mensch und Menschenaffen   11
    1.1.2 Die körperliche Sonderstellung des Menschen   16
    1.1.3 Der Geist als entscheidendes Merkmal für die Sonderstellung des Menschen   22
  1.2 Die Stammesgeschichte des Menschen   23
    1.2.1 Der Ablauf der Stammesgeschichte   23
    1.2.2 Forschungsweise und Deutungsschwierigkeiten bei der Klärung der Stammesgeschichte des Menschen   49
  1.3 Population und Selektion in der Evolution des Menschen   52
  1.4 Variabilität des rezenten Menschen   54
    1.4.1 Variabilität der Populationen: Menschenrassen   54
    1.4.2 Variabilität innerhalb einer Population   69
      1.4.2.1 Altersvariabilität. Akzeleration   69
      1.4.2.2 Geschlechtsvariabilität   71
  Erläuterung von Fachausdrücken zu Abschnitt 1   72
  Aufgaben zu Abschnitt 1   73
2. Evolution des Gehirns und des Bewußtseins   75
  2.1 Einleitung   75
  2.2 Evolution von Gehirn und Psyche   76
  2.3 Die Bedeutung der Größenzunahme des Gehirns für die kulturelle Evolution   81
  2.4 Biologische Grundlagen des menschlichen Geistes (Bewußtseins)   81
  2.5 Bewußtsein   87
    2.5.1 Definition und Entstehung beim Individuum   87
    2.5.2 Evolution des Bewußtseins   90
    2.5.3 Bewußtsein in informationstheoretischer Betrachtung   91
    2.5.4 Gehirnfunktion und Bewußtsein   93
    2.5.5 Denken   97
  Erläuterungen von Fachausdrücken zu Abschnitt 2   100
  Aufgaben zu Abschnitt 2   101

3. Kulturelle Evolution   102
   3.1 Merkmale der Kultur   102
      3.1.1 Begriff der Kultur   102
      3.1.2 Modell einer Kultur   104
      3.1.3 Werkzeuge: Organe nach Bedarf   108
      3.1.4 Das Zeichen (Symbol) als besondere Leistung des Menschen   109
      3.1.5 Kulturelle Isolation   111
      3.1.6 Kulturelle Prägung des Menschen   114
   3.2 Tatsachen der Vorgeschichte   115
      3.2.1 Methodik der Vorgeschichtsforschung   115
      3.2.2 Die Anfänge der Kultur   117
          3.2.2.1 Werkzeuggebrauch und Werkzeugherstellung   118
          3.2.2.2 Lebensweise in der Frühzeit der Menschheit   120
          3.2.2.3 Kulturen des Alt- und Mittelpaläolithikums   121
      3.2.3 Neue Entwicklungen im Jungpaläolithikum und Mesolithikum   126
          3.2.3.1 Entwicklung von Spezialwerkzeugen. Anfänge von Kunst   126
          3.2.3.2 Differenzierung und Weiterentwicklung der Kulturen im Jungpaläolithikum   128
          3.2.3.3 Verbesserung der Existenzsicherung im Mesolithikum. Anfänge des Seßhaftwerdens   129
          3.2.3.4 Die Buschmann-Kultur als »lebendes Kulturfossil«   130
      3.2.4 Ackerbau und Viehzucht als neue Kulturstufe. Urbanisation als Stufe gesellschaftlicher Entwicklung   134
          3.2.4.1 Die neolithische Revolution   133
          3.2.4.2 Kulturpflanzenanbau und Haustierzucht als entscheidender Schritt der kulturellen Evolution   138
          3.2.4.3 Evolution der Geräteherstellung im Neolithikum   140
      3.2.5 Metallverwendung. Erste Hochkulturen   143
      3.2.6 Weitere kulturelle Evolution   147
   3.3 Evolution des menschlichen Verhaltens   149
      3.3.1 Grundlagen und Grunderscheinungen des menschlichen Verhaltens   149

   3.3.2 Stammesgeschichtliche Anpassungen im Verhalten des Menschen 152
       3.3.2.1 Sexualität 154
       3.3.2.2 Aggression 156
       3.3.2.3 Sozialverhalten 157
           3.3.2.3.1 Sozialstruktur der Primatengesellschaften 157
           3.3.2.3.2 Evolution der menschlichen Sozialstrukturen 159
           3.3.2.3.3 Gruppendienlicher Altruismus 160
           3.3.2.3.4 Sozialethische Regeln und Sozialsignale 162
3.4 Evolution der Kultur 163
   3.4.1 Gesellschaft und Individuum als Basis der Kultur 163
       3.4.1.1 Dialektik von Gesellschaft und Individuum 163
       3.4.1.2 Egoistischer Altruismus als Basis der Wirtschaft 165
   3.4.2 Evolution der soziokulturellen Systeme 167
   3.4.3 Analogie von biologischer und kultureller Evolution 173
       3.4.3.1 Das Konzept der Meme 173
       3.4.3.2 Beispiele für Analogien 177
   3.4.4 Evolution der Sprache und ihre Bedeutung für die kulturelle Evolution 181
       3.4.4.1 Allgemeine Sprachmerkmale 181
       3.4.4.2 Begriff und Wort als Bausteine des Denkens und der Sprache 187
       3.4.4.3 Generative Grammatik und Sprachuniversalien 189
       3.4.4.4 Sprache und Denken 190
       3.4.4.5 Natürliche und formale Sprache 191
       3.4.4.6 Abstammungsgeschichte der Sprachen 192
   3.4.5 Evolution der Schrift 201
   3.4.6 Evolution der Gesellschaft 208
   3.4.7 Evolution einzelner Kulturbereiche 213
       3.4.7.1 Handel und Verkehr 213
       3.4.7.2 Rechtswesen, Ethik 214
       3.4.7.3 Wissenschaft und Technik 216
       3.4.7.4 Kunst 220
       3.4.7.5 Religion 222

3.5 Evolution des individuellen und kollektiven Bewußt-
     seins 225
     Erläuterungen von Fachausdrücken zu Abschnitt 3   226
     Aufgaben zu Abschnitt 3   228
4. Evolution in der Zukunft. Evolution und Erkenntnis 230
   4.1 Eigenschaften evolutiver Systeme; Folgerungen 230
   4.2 Die Zukunft des Menschen 232
   4.3 Evolution der Erkenntnis 237
       4.3.1 Bewußtsein und Welt 237
             4.3.1.1 Die Subjekt-Objekt-Beziehungen 237
             4.3.1.2 Das Konzept der Drei Welten 238
       4.3.2 Die Objekt-Seite der Erkenntnis 241
             4.3.2.1 Hypothetischer Realismus 241
             4.3.2.2 Evolutionäre Erkenntnistheorie 244
       4.3.3 Die Subjekt-Seite der Erkenntnis 246
             4.3.3.1 Weltanschauungen 246
             4.3.3.2 Willensfreiheit 248
             4.3.3.3 Leib-Seele-Problem unter dem Aspekt der
                     Evolution 250
             4.3.3.4 Der Sinn des Lebens 252
   Antworten und Lösungen zu den Aufgaben 253
   Literatur 259
   Register 262
   Bildquellenverzeichnis 268

Herrn Prof. Dr. H. Knodel habe ich für seine umfangreiche und uneigennützige Hilfe herzlich zu danken. Von ihm wurden die meisten der Aufgaben sowie große Teile der Einführung, die den Stoff auch dem Nicht-Biologen zugänglich machen soll, verfaßt. Ferner hat er die Verständlichkeit des Textes unmittelbar nach der Niederschrift überprüft und zahlreiche Verbesserungsvorschläge eingebracht.

Dezember 1978   Ulrich Kull

Einführung

Die Vorstellungen des Menschen über Erscheinungen der Natur sind eingebettet in das jeweilige Zeitbewußtsein, sie verändern und erweitern sich daher mit dem Fortschreiten des Erkenntnisstandes. Augenfällig zeigt sich dies in der geschichtlichen Entwicklung unsrer Vorstellung über die Entfaltung des Lebens. Die Biologie bezeichnet diesen Vorgang heute mit dem Begriff »Evolution«. »Nichts ergibt in der Biologie einen Sinn, es sei denn im Lichte der Evolution«, dieses Wort von TH. DOBZHANSKY kennzeichnet die Bedeutung der Evolutionsforschung und ihrer Ergebnisse. Im 18. Jahrhundert nahm LINNÉ, der mit der eindeutigen Benennung und ersten wissenschaftlichen Einteilung der Tiere und Pflanzen eine wichtige Grundlage der Biologie schuf, noch an, daß alle Arten vom Zeitpunkt der Schöpfung an vorhanden gewesen seien. KANT äußerte sich wenig später sehr vorsichtig über die Möglichkeit der Evolution von Lebewesen. Einige Jahrzehnte danach hat GOETHE, der als Naturforscher die zeitgenössische Biologie beherrschte, den Evolutionsgedanken bereits unter Einbeziehung des Menschen im Faust durch Thales, Proteus und Homunkulus diskutieren lassen:

»Da regst du dich nach ewigen Normen,
Durch tausend, abertausend Formen,
Und bis zum Menschen hast du Zeit.«

Im 19. und beginnenden 20. Jahrhundert wurden die Evolution und ihre möglichen Ursachen dann weit über die Biologie hinaus zur oftmals von Ideologien mißbrauchten Streitfrage:

»Sie stritten sich beim Wein herum,
Was das nun wieder wäre;
Das mit dem Darwin wär' gar zu dumm
Und wider die menschliche Ehre.

Sie tranken manchen Humpen aus,
Sie stolperten aus den Türen,
Sie grunzten vernehmlich und kamen zu Haus
Gekrochen auf allen vieren.«

(W. BUSCH)

Ein ideologischer Mißbrauch, der Sozialdarwinismus, war eine der geistigen Wurzeln der nationalsozialistischen Herrschaft. Der Sozialdarwinismus erklärte die Prinzipien des von ihm unzureichend verstandenen Darwinismus zu ethischen Regeln für die Beziehungen der Menschen untereinander. Eine solche Aussage ist unwissenschaftlich. Jedoch darf man andrerseits nicht übersehen, daß der Grundgedanke, das Evolutionsprinzip nicht nur auf die biologische Herkunft des Menschen, sondern auch auf die biologischen Grundlagen seines Verhaltens und Tuns anzuwenden, richtig ist. Immer häufiger stößt man daher heute in den verschiedensten Bereichen menschlichen Handelns auf den Begriff Evolution und – wie in der Biologie – stets benützt im Sinne einer Weiterentwicklung, einer fortschreitenden Umgestaltung, einer sich in viele Richtungen erstreckenden Differenzierung von Ausgangsformen und Ausgangszuständen.

Die Biologie liefert durch die Evolutionslehre nicht nur die Betrachtungsweise des Entstehens, des Wandels und des Vergehens von Lebewesen, sondern auch Einblicke in die Ursache dieser Abläufe. Da es Evolution nicht nur bei den Organismen gibt, sondern auch in der anorganischen Natur und im Bereich des menschlichen Geistes, wird eine intensive Beschäftigung mit ihr in überraschend vielfältiger Weise zur Verständnishilfe; ja sie könnte bei der Einleitung von weittragenden Veränderungen in der menschlichen Kultur sogar zur Entscheidungshilfe werden. Dem vorliegenden Band, der sich mit der biologischen, sozialen und kulturellen Evolution des Menschen befaßt, sollen deshalb einige grundsätzliche Ausführungen zu den biologischen Grundlagen der Evolution vorangestellt werden.

Die Evolution der Organismen ist nur ein Ausschnitt aus der allgemeinen, das ganze Weltall umfassenden Evolution. Die besondere Struktur von Lebewesen ist demnach keine grundlegend neue Schöpfung; sie erscheint uns heute vielmehr als eine Entwicklung, deren Möglichkeit in der physikalischen und chemischen Beschaffenheit des Kosmos vorgegeben ist. Die Entwicklung und Entfaltung des Lebens ist eine Folge der Naturgesetze – ähnlich wie ein Spiel aus den vorgegebenen Spielregeln folgt. Der Vorgang ist dennoch nicht zwangsläufig, sondern ist – wiederum analog dem Spiel – zu beschreiben als ein Ineinandergreifen von Zufall und Notwendigkeit. Wie das Weltall begonnen hat, ist zwar dunkel, doch kann die Wissenschaft einige begründete Aussagen darüber machen, wie es sich von sehr frühen Zuständen zum gegenwärtigen Zustand entwickelt hat (vgl. Studienband Evolution). Die Frage, wie nun der Kosmos, die Materie oder die Energie entstanden sind, kann die Wissenschaft nicht beantworten. Wie schon der Kirchenvater AUGUSTINUS und später der Philosoph LEIBNIZ festgestellt haben und die Wissenschaft des 20. Jahrhunderts bestätigt, gibt es

Raum und Zeit (und Information) erst seit der Entstehung von Materie und Energie. Eine Frage nach deren Ursache ist also sinnlos. Bei dieser »Frage« werden wir von unserer angeborenen Anschauung und unserem Sprachvermögen überlistet: wir formulieren eine Frage, die gar keine ist.

Die Betrachtungsweise der Biologie hält zwei Problemkreise der Evolution streng auseinander. Das eine Teilgebiet der Evolutionsforschung ist die Untersuchung der historischen Entwicklung des Lebens. Sie umfaßt das Auftreten der ersten Lebensspuren in der Urzeit der Erde, das Aufeinanderfolgen einer sich ständig mehrenden Fülle neuer Formen und das Verschwinden von Arten im Laufe der Erdgeschichte. Das zweite Teilgebiet der Evolutionsforschung befaßt sich mit den Ursachen der Evolution, also den Kräften, die sie vorantreiben.

Evolution und Entwicklung sind in der Biologie nicht gleichbedeutend. Die Entwicklung des Individuums von der befruchteten Eizelle bis zu seiner Reife bezeichnet man als Ontogenese. Unter Evolution versteht die Biologie ausschließlich die stammesgeschichtliche Entwicklung der Lebewesen, also die Phylogenese. Allerdings sind beide Erscheinungen, die Ontogenese und die Phylogenese, in einer Hinsicht gleichartig: sie sind nicht umkehrbar, d. h. es gibt keine Möglichkeit zur Rückkehr in den Ausgangszustand.

Die Geschichte des Lebens, mit anderen Worten die Stammesgeschichte der Organismen, in die Erdgeschichte einzuordnen, ist Aufgabe der Paläontologie. Ihre Forschungsobjekte sind Reste und Spuren von Lebewesen – Fossilien –, nach denen sie in den geologischen Schichten der Erde sucht. Durch Einordnung der aufgefundenen fossilen Formen in die systematischen Gruppen des Tier- und Pflanzenreiches kann sie den Schluß ziehen, daß im Laufe der Erdgeschichte eine Evolution der Lebewesen stattgefunden haben muß. Diese äußert sich in der Entwicklung von einfach organisierten, »niederen« Lebewesen zu hoch organisierten, »höheren« Lebewesen. Über die Ursachen der Evolution kann die Paläontologie allenfalls Vermutungen aussprechen, soweit sich solche aus der jeweiligen ökologischen Umwelt der fossilen Lebewesen ableiten lassen, doch ist diese von der Gegenwart aus nur unvollständig rekonstruierbar.

Mit den Vorgängen, die sich beim Wandel und Werden der Organismen innerhalb des einzelnen Lebewesens und seiner Zellen abspielen, beschäftigt sich die Molekularbiologie. Auf der Ebene der Molekularbiologie und der Physiologie arbeitet die Biologie mit chemischen und physikalischen Methoden und Begriffen, d. h.

sie versucht, biologische Erscheinungen auf physikalisch-chemische Reaktionsmechanismen zurückzuführen und auf diese Weise Kausalzusammenhänge zu finden. Die Molekularbiologie liefert deshalb wichtige Einblicke in den Weg, auf dem die Evolution abläuft. Ihre Forschungsergebnisse lassen sich kurz in folgender Weise zusammenfassen. In jeder Zelle des Organismus ist in den Erbanlagen (Genen) sein ganzer Bau- und Funktionsplan festgelegt. Die stoffliche Grundlage der Gene sind Abschnitte der Desoxyribonukleinsäure (DNA) in den Chromosomen; in der Aufeinanderfolge (Sequenz) der DNA-Nukleotide steckt die Information für Bau und Funktionieren aller Teile des Organismus. Durch Vermittlung der Ribonukleinsäure (RNA) wird die Information auf Proteine übertragen, und zwar in der Weise, daß die Struktur eines Proteins von dem als Gen fungierenden DNA-Abschnitt bestimmt wird. Die Proteine verwirklichen die Information durch eine Kette aufeinanderfolgender biochemischer Reaktionen, die zu den Eigenschaften (Merkmalen) des Organismus führen. Der Code, der die Information verschlüsselt enthält, ist für alle Lebewesen gleich. Diese Universalität des genetischen Codes ist ein starkes Argument für den einheitlichen Ursprung allen Lebens.

Veränderungen der Merkmale – Mutationen – gehen auf Veränderungen der Gene, also der Nukleotidabfolge der DNA, zurück. Sind die mutierten Gene, bzw. die durch sie verursachten Merkmalsänderungen, für das Leben des Organismus unvorteilhaft, so verschwinden ihre Träger. Vorteilhafte Mutationen setzen sich dagegen gegenüber den weniger begünstigten Formen durch. In der Natur spielt sich das so ab: Sind die Träger von Mutationen weniger lebenstüchtig, haben sie auch weniger Nachkommen als die andern Individuen einer Population, und die mutierten Gene verschwinden deshalb aus der Population. Sind die Mutationen aber vorteilhaft, haben ihre Träger im Durchschnitt auch mehr Nachkommen und die vorteilhaften Gene breiten sich deshalb in der Population aus. Diesen Vorgang bezeichnet man als natürliche Auslese (Selektion). So bewirken Merkmalsänderungen als Folge von Änderungen der Erbstruktur den Wandel in der Evolution. Neue, besser an ihre Lebensbedingungen angepaßte Formen lösen die bisher herrschenden ab. Die Evolution des Lebens von den ersten Einzellern bis zum Menschen ist also die Folge zahlloser kleiner Veränderungen in der Erbsubstanz DNA. Weil die Veränderungen der DNA jeweils nur einen sehr kleinen Teil betreffen, verläuft die Evolution in winzigen Schritten; sie erscheint uns kontinuierlich in der Form allmählicher Übergänge.

Die Erbänderungen (Mutationen) sind zufälliger Natur; durch

die Bevorzugung der Träger jener Veränderungen, die für die Existenz der Organismen vorteilhaft sind, gibt die Selektion jedoch der Evolution eine Richtung. Diese wird durch die jeweilige Umwelt bestimmt. Die Evolution ist also nicht richtungslos, nur die Mutationen sind es. Der Evolutionsvorgang führt so zu einer ständig verbesserten Anpassung an die Lebensumstände, aber auch zu einer Höherentwicklung, d. h. zu einer fortschreitenden Ausbildung neuer Strukturen, spezieller Funktionen und ihrer Integration in den Gesamtorganismus. Die Information dafür muß in der DNA liegen. Die gesamte in der DNA enthaltene Information ist während des Evolutionszeitraums unaufhörlich geprüft, verbessert und vermehrt worden, bis sie zu den gegenwärtig höchstentwickelten Lebewesen geführt hat. Alle erblichen Merkmale eines Organismus sind auf DNA-Strukturen zurückzuführen.

Der Streit, ob sich Biologie völlig auf Physik und Chemie reduzieren läßt, erscheint müßig. Alle Lebewesen sind durch ihre genetische Information charakterisiert. Information ist eine Größe, die in Physik und Chemie in der Regel keine Rolle spielt. Sie weist über die anorganischen Naturwissenschaften hinaus, ist aber andrerseits keine spezifische »Lebenskraft«, wie sie die Vitalisten angenommen haben, sondern in den DNA-Molekülen enthalten und einer naturwissenschaftlichen Beschreibung zugänglich.

Verläuft die Evolution kontinuierlich in allmählichen Übergängen oder diskontinuierlich mit Unterbrechungen? Die Ergebnisse der Mutationsforschung sprechen dafür, daß Veränderungen in kleinen Schritten erfolgen. Diese Veränderungen erfassen auch nicht den Organismus als Ganzes, sondern jeweils nur einzelne Merkmale oder Organe. Jedes Organ, jedes Organsystem, jede Funktion hat einen besonderen Evolutionsablauf, so daß sich der Organismus über ein Mosaik von Veränderungen entwickelt; sie hängen nur insoweit zusammen, als die Lebensfähigkeit des Organismus gesichert bleiben muß, denn mit jeder nachteiligen Veränderung eines Einzelteiles im Gesamtgefüge droht die Ausschaltung des Trägers: Dies ist ein begrenzendes Kriterium der »Mosaikevolution«. Auch wenn die Evolution kontinuierlich, d. h. in kleinen Schritten verläuft, kann doch der Eindruck entstehen, daß sich die Entwicklung stufenweise vollzieht. Auf die Lurchstufe folgt die Kriechtierstufe, auf diese die Säugerstufe. Und immer wenn ein neuer Typus entstanden ist, breitet er sich aus, erobert neue Lebensräume und entwickelt zahlreiche Spezialisationen. Die Zwischenformen zum höheren Niveau sind fossil nur lückenhaft erfaßbar, sie waren längst nicht so zahlreich wie die nach Erreichen der neuen Organisationsstufe sich ausbildenden Formen. Auch in der kulturellen Evolution kennen wir solche Niveau-Stufen: Die Entstehung des Ackerbaus, die Entwicklung der Maschinen, die Automation. Das Neue entsteht nicht schlagartig, sondern beginnt in Ansätzen, entwickelt sich aber wegen seiner Vorzüge rasch und breitet sich dann in vielen Varianten aus.

Für den Ablauf der Evolution sind zwei Erscheinungen von außerordentlicher Bedeutung: die Sexualität und der Tod. Infolge der Auftrennung der Artgenossen in zwei Geschlechter entsteht das neue Individuum durch Vereinigung von zwei verschiedenen Keimzellen. Die Keimzellen haben zwar die gleiche Anzahl von Genen, nicht aber lauter identische Gene. In jedem Individuum sind sie neu kombiniert, so daß kein Individuum dem andern gleicht. Individualität ist also ein Grundprinzip der Lebewesen. Die Rekombinationen der Gene bei der Produktion von Nachkommen sorgen für eine Vielzahl unterschiedlicher Individuen (Phänotypen), auf welche die Selektion wirkt. Die Rekombination der Gene als Folge der Sexualität beschleunigt die Evolution.

Die zweite für die Evolution besonders bedeutsame Erscheinung ist die Begrenzung des individuellen Lebens durch den Tod. Er tritt zum erstenmal dort auf, wo mehrzellige Lebewesen durch Arbeitsteilung verschiedenartige Zellen ausbilden. Die an ihre Aufgaben besonders angepaßten Körperzellen sind dann nicht mehr beliebig teilungsfähig und müssen nach einer bestimmten Frist zugrundegehen. Daher ist die Aussicht nicht groß, das Leben über eine bestimmte, erblich festgelegte Altersgrenze hinaus zu verlängern.

Das Interesse des Menschen an der Evolution konzentriert sich häufig auf zwei wichtige, besonders wenig verständlich erscheinende Übergänge: den Übergang von unbelebt zu belebt (Entstehung des Lebens) und den Übergang von belebt zu denkend (Entstehung des Menschen).

Theoretische Überlegungen der Molekularbiologie sowie Experimente unter simulierten Bedingungen der Urzeit der Erde lassen das Auftreten lebender Gebilde als eine natürliche Folge der chemischen Entwicklung der Urerde erscheinen. Ja, sie regen sogar zu der Überlegung an, daß auf anderen, erdähnlichen Himmelskörpern gleiche Entwicklungen ebenfalls zu Lebewesen geführt haben können. Auf der Erde hat ein Zeitraum von 1 Milliarde Jahren für eine chemische Evolution ausgereicht. Sie führte von einfachen chemischen Verbindungen über die Grundstoffe biologisch wichtiger Makromoleküle bis zu den Proteinen, Nukleinsäuren und Lipiden, wobei diese Stoffe durch Selbstorganisation in einem der physikalisch-chemischen Gesetzen folgenden Zusammenspiel die

Vorstufen des Lebens – die Protobionten – bildeten. Sie haben sich allmählich zu echten Lebewesen weiterentwickelt.

Vorstellungen über die Entstehung der verschiedenen Verbindungen und ihr Zusammenwirken haben wir aus Experimenten, die Teilschritte nachvollziehen konnten. Diese liefern allerdings nur mögliche Abläufe und keine Beweise. Die Theorie der Selbstorganisation der Materie (EIGEN) hingegen, die besagt, daß beim Vorliegen bestimmter Makromoleküle in einer bestimmten Umgebung eine Evolution zustande kommt, die früher oder später zu Lebewesen führen muß, deren Evolution dann unter Selektion weiterläuft, ist eine gut begründete naturwissenschaftliche Theorie und ebenso zutreffend wie etwa die Theorie der chemischen Bindung. Die Bedingungen, unter denen die Theorie gültig ist, lassen sich angeben. Unsere Kenntnisse von den Verhältnissen auf der Urerde reichen aus, um die Anwendung der Theorie zu rechtfertigen.

Mit der Entstehung des Menschen beschäftigt sich der vorliegende Band. Sicherlich gelten auch für sein Auftreten in der Evolution die gleichen Ursachen wie für alle übrigen Lebewesen. Trotzdem ist es berechtigt, nicht nur auf Gemeinsamkeiten zwischen Mensch und andern Organismen, sondern auch auf Unterschiede hinzuweisen, um die neue, durch das Bewußtsein charakterisierte Evolutionsstufe des Menschen deutlich herauszustellen.

Die moderne Evolutionstheorie hat inzwischen eine Reihe bisher offener Probleme und auch kritischer Einwände gegen die Abstammungslehre ausgeräumt. So war den Paläontologen aufgefallen, daß in der Erdgeschichte scheinbar plötzlich ganz neue Bauplantypen, etwa der Weichtiere oder der Wirbeltiere, auftreten. Dies sei nur möglich, wenn sich bei ihrem Entstehen gleichzeitig eine große Zahl von Organen und Funktionen koordiniert veränderten. Eine solche Makroevolution paßt aber nicht in die Vorstellung der Entwicklung in kleinen Schritten, die im Einklang mit der Molekularbiologie steht. Inzwischen allerdings hat man, mehr als zunächst vermutet, Zwischenformen zwischen verschiedenen Bauplantypen entdeckt. Auch kann die Lehre von der transspezifischen Evolution bei Beachtung der geologisch langen Zeiträume sehr wohl das vermeintlich sprunghafte Auftreten ganz neuer Typen durch schrittweise Umwandlung vorhandener Formen erklären. Dies zeigt sich ja auch bei der Evolution des Menschen. Die Lücke der fehlenden Übergänge zwischen Mensch und äffischen Vorfahren wird mehr und mehr gefüllt durch neue Funde von Zwischenformen. Die genetische Kontinuität zwischen äffischen Vorfahren und Mensch wird also auch auf diese Weise belegt.

Ein weiterer Einwand gegen die allmähliche Veränderung der Formen durch zufällige Mutationen einzelner Gene stützte sich auf die Existenz hochkomplizierter Gebilde, wie z. B. das Säugerauge, das nur als Ganzes funktionsfähig ist. Es sei nicht vorstellbar, daß die zahlreichen Gene, die für die einzelnen Teile des Auges und für das Sehzentrum im Gehirn zuständig sind, völlig zufällig mutiert hätten, weil auf diesem Wege ein derartiges Wunderwerk nicht hätte zustande kommen können.

Diesem Einwand ist, wenn wir das Auge stellvertretend für alle komplizierten Organe betrachten, folgendes entgegenzuhalten: Die Lichtsinnesorgane beginnen bei den niedrigen Formen des Tierreichs mit einem Sehzellenbündel und führen über Flachauge, Becherauge und Grubenauge bei den höchst entwickelten Tiergruppen zum Linsenauge. Die Sehorgane werden entsprechend der Organisationsstufe ihrer Träger immer komplizierter. Schon deshalb liegt es nahe, in den genannten Stufen der Lichtsinnesorgane eine Evolutionsreihe zu sehen. Nun wirkt die Selektion auf einen zusammengehörenden Merkmalskomplex – hier das Auge – einheitlich; die Gene unterliegen nur gemeinsam der Selektion. Für die Verbindung solcher Gene sorgt ein beträchtlicher Selektionsdruck, der harmonisch zusammenwirkende Genkombinationen begünstigt. Man kann diese Gruppe von Genen, die ein ganzes Organ mit all seinen Teilen festlegt, auch als Super-Gen auffassen, weil die Gen-Gruppe als Ganzes der Selektion unterworfen ist. Die Gene hängen also gewissermaßen »zusammen«; man spricht daher auch von genetischer Kohäsion und drückt damit aus, daß in einer durch Selektion entstandenen harmonischen Genkombination jedes Gen die Selektion derjenigen anderen Gene begünstigt, mit denen es besonders gut zusammenwirkt. Nur solche Mutationen der einzelnen beteiligten Gene können sich dann durchsetzen, die das harmonische Zusammenwirken der Gene nicht stören. Die genetische Kohäsion verhindert also, daß beliebige Mutationen zum Zuge kommen. Die Selektion trifft immer den ganzen Gen-Komplex bzw. das von ihm bestimmte Organ. Auch die Aufnahme neuer Gene in den bestehenden Gen-Komplex und damit eine weitere Komplizierung des Organs ist nur möglich, wenn die Harmonie des ganzen Gen-Komplexes nicht darunter leidet. Dies gilt ebenso für diejenigen Gene, die an der Struktur und Funktion der optischen Zentren im Gehirn mitwirken. Die genetische Kohäsion läßt es plausibel erscheinen, daß über viele kleine Evolutionsschritte ein hochkompliziertes Organ entsteht, bei dem alle Teile harmonisch zusammenarbeiten.

Bei andern Einwänden, wie etwa die Frage der Gestaltbildung

während der Ontogenese, läßt sich auf die Evolution der Regulationssysteme der Organismen verweisen, sie spielt eine überaus große Rolle bei zahlreichen biologischen Erscheinungen. Die Erforschung dieser Regulationssysteme mit Methoden der Molekularbiologie ist eine wichtige Aufgabe der Biologie der nächsten Jahrzehnte. So sind viele Lücken in unseren Kenntnissen über den Evolutionsablauf inzwischen geschlossen worden. Andererseits wird auch heute noch die Frage diskutiert, ob die Psyche von Mensch und Tier eine schöpferische Kraft voraussetzt oder ob sie als Systemeigenschaft eines hochkomplexen lebenden Systems anzusehen ist. Wenn im physikalischen und technischen Bereich neue, komplexere Systeme durch geeignete Verknüpfung (Integration) bisher getrennter Systeme zustande kommen, so können völlig neue Eigenschaften auftreten, die nicht aus der Kenntnis der Teilsysteme vorherzusagen, wohl aber nachträglich einer Beschreibung durch physikalische Gesetze zugänglich sind. In der biologischen Evolution gibt es ähnliche Vorgänge; es sind »konvergente Evolutionsschritte«. Es bereitet allerdings vielen Menschen Schwierigkeiten, Gefühle oder Willensakte als Systemeigenschaften eines mit einem komplizierten Gehirn mit hochintegrativen Funktionen ausgestatteten lebenden Systems zu betrachten. Die Systemtheorie kann immerhin bereits Modelle aufzeigen, welche die Erklärung von Gefühlen auf diesem Weg erlauben. Für Willensakte ist dies (noch?) nicht möglich.

Denkfähigkeit und mit ihr verbunden die Sprache sind die bisher höchsten Errungenschaften der Evolution. Sie haben zur Ausbildung einer Kultur geführt, die nun ebenfalls der Evolution unterworfen und noch längst nicht zu Ende ist. Allerdings hat die kulturelle Evolution im Gegensatz zur biologischen den Menschen in genetischer Hinsicht nicht etwa besser an seine Umwelt angepaßt, sondern umgekehrt die Umwelt angepaßt an seine Bedürfnisse. Wird der Mensch das künftig in einer Weise tun, ohne daß er seine eigenen Lebensgrundlagen zerstört?

Die »Geschichte« ist der letzte Teil der Evolution des Menschen. In ihrem Entwicklungsgang zeigen alle Bereiche der Kultur, daß sie den gleichen allgemeinen Evolutionsprinzipien unterworfen sind wie die biologische Evolution. Eine Ahnung solcher Zusammenhänge findet sich nicht erst bei den Kulturphilosophen SPENGLER und TOYNBEE; schon vor mehr als einem Jahrhundert schrieb der Dichter FREILIGRATH:

Am Baum der Menschheit drängt sich Blüt' an Blüte,
Nach ewigen Regeln wiegen sie sich drauf.
Wenn hier die eine matt und welk verblühte,
Springt dort die andre voll und prächtig auf.
Ein ewig Kommen und ein ewig Gehen,
Und nun und nimmer träger Stillestand.
Du siehst sie auf-, du siehst sie niederwehen,
Und jede Blüte ist ein Volk, ein Land.

Eine Darstellung der Evolution des Menschen, die sich auf die biologische Evolution beschränkt, ist ein unbefriedigendes Fragment, denn Natur und Kultur sind im Menschen unauflösbar miteinander verbunden. Die biologische Natur äußert sich in allen Vorgängen seines Körpers, in den Reflexen und Trieben und Phänomenen des Unbewußten. Soziale Beziehungen verbinden Natur und Kultur; letztere ist die Folge der menschlichen Fähigkeiten zu denken, zu sprechen und zu erfinden, kurz: seiner bewußten intellektuellen Leistungen.

Die Evolutionslehre ist wohl die am weitesten in das allgemeine Bewußtsein der Menschen wirkende Theorie der Biologie. Ob wir aber mit unseren heutigen Vorstellungen über die Evolution die dabei herrschenden Gesetzmäßigkeiten vollständig erfassen, bleibt offen; ja, es ist nicht einmal wahrscheinlich. Bisher mußte noch jede naturwissenschaftliche Theorie mit dem Fortschritt der Erkenntnis verändert und ausgebaut werden oder es wurden Grenzen ihres Gültigkeitsbereiches aufgezeigt. Mit dem Fortschritt der Wissenschaften geht fortlaufend noch Ungewußtes in wissenschaftlich Erforschtes über; andrerseits führt die wissenschaftliche Erkenntnis zu immer neuen Grenzen unseres Wissens.

Deshalb dürfen wir erwarten, daß die künftige Evolutionstheorie umfassender sein wird, neue Zusammenhänge sieht und dadurch der Wirklichkeit noch näher kommt. Der Nachdenkliche wird sich allerdings nicht der Frage nach dem Sinn der ganzen Veranstaltung, die wir »Evolution« nennen, erwehren können, doch die Wissenschaft gibt keine Antwort auf die Sinnfrage. Selbst auf die bescheidenere Frage nach dem Sinn des eigenen Lebens muß der Einzelne die Antwort selbst suchen.

Der eingangs erwähnte LINNÉ gab für alle ihm bekannten Lebewesen eine möglichst klare und eindeutige Artbeschreibung, auf die sich die Biologen bis heute berufen. Den Menschen nahm er ebenfalls in sein Werk auf und stellte ihn in die Familie der Menschenaffen. Statt der Artbeschreibung steht bei Homo sapiens:

»Nosce te ipse«.

Dazu möge die vorliegende Darstellung der Evolution des Menschen einen Beitrag leisten.

1. Die biologische Evolution des Menschen

1.1 Die Stellung des Menschen im System der Primaten

1.1.1 Verwandtschaftsbeziehungen zwischen Mensch und Menschenaffen

Der Mensch gehört biologisch zu den Säugern, und schon Linné hat ihn mit den Affen und Halbaffen in der Ordnung der Primaten vereinigt. Über deren Gliederung unterrichtet die Tabelle 1. Eine Reihe von Gemeinsamkeiten bei Gorilla, Schimpanse und Mensch und abweichende Merkmale beim Orang (z.B. Zahl der Handwurzelknochen, Abzweigung der Schlagadern vom großen Aortenbogen) legen nahe, daß der Orang früher als die beiden andern Menschenaffen von der zum Menschen führenden Linie abgezweigt ist.

Aufgrund der (zoologisch gesehen) engen Verwandtschaft von Mensch und Menschenaffen (vgl. Bild 1) finden sich viele anatomische und physiologische Gemeinsamkeiten. Auch im Verhalten bestehen auffallende Ähnlichkeiten zwischen Mensch und Menschenaffen. Erwähnt seien z.B. Begrüßungsverhalten (Ausstrecken der Hand, Kuß), Drohmimik durch Entblößen der Eckzähne (beim Menschenaffen sind diese noch Waffe), mimischer Ausdruck bei Furcht, Wut, Lachen, Weinen u.a. Stimmungen, Mutter-Kind-Beziehungen, Rangordnungsverhalten, Klammerreflex des Säuglings.

Ökologische Nische der Primaten. Die von den Primaten erschlossene ökologische Nische ist das Leben als Baumtier. Das Erbe dieser Anpassung an ein zumindest teilweises Baumleben ist auch bei den Arten, die nachträglich reine Bodenbewohner geworden sind, noch deutlich zu erkennen. Solche Arten sind neben dem Menschen Pavian und Dschelada *(Theropithecus),* weniger ausgeprägt auch Gorilla und Schimpanse.

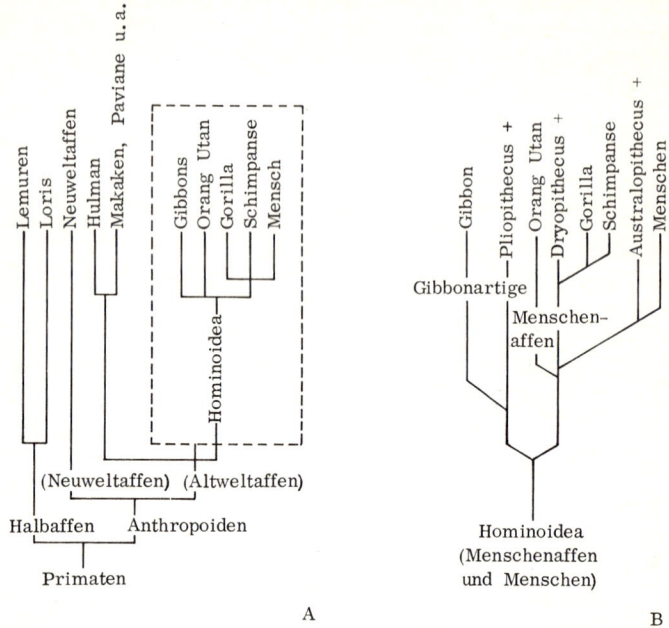

Bild 1: Gliederung der Primaten aufgrund der Serumdiagnostik (A) sowie der Menschenaffen und Menschen (Hominoidea) aufgrund der morphologisch-anatomischen Merkmale (B). Man findet weitgehende Übereinstimmung.

Die Gliedmaßen von Mensch und Menschenaffen sind an die ursprünglich baumbewohnende Lebensweise angepaßt. Der Daumen und – bei den Affen – auch der große Zeh sind opponierbar, d. h. sie können den übrigen Fingern bzw. Zehen gegenübergestellt werden, was das Umfassen von Ästen ermöglicht. Durch den Übergang zum Bodenleben beteiligt sich die Hand zunehmend an der Erkundung der Umwelt; sie wird *Explorations-* (und *Manipulations-)organ.* So kommt es vor allem beim Menschen zu ausgeprägten Unterschieden in der Funktion von Vorder- und Hinterextremitäten. Gesicht und Gehör sind die am besten ausgebildeten Sinne, der Geruchssinn ist weniger gut entwickelt. Dementsprechend sind die Auge und Ohr zugeordneten Gehirnfelder besonders umfangreich. Das Vorherrschen des optischen Sinns führt zu einer *Zentrierung des Blicks:* Affen und Mensch blicken »nach vorne«, ein großer Vorteil für tiefenscharfes räumliches Sehen. Beim Schwingen von Ast zu Ast ist genaues Schätzen der Entfernung lebensnotwendig. Zur Schärfe des Bildes verhilft auch die bei allen Primaten sich findende Vertiefung der Netzhaut im gelben Fleck (die Fovea). Der Blick beider Augen nach vorn engt aber das ohne Kopfbewegung überschaubare Gesichtsfeld ein. Das Drehen und Wenden des Kopfes wird deshalb für den »Überblick« notwendig (Nahrungserwerb, Sicherung gegen Feinde und Raubtiere).

Gebiß und Nahrungserwerb bleiben bei den *Hominoidea* unspezialisiert, sie sind *Allesfresser.* Zum Nahrungserwerb benutzen bereits die Menschenaffen *Werkzeuge.*

Die Stirnregion des Schädels ist bei den *Hominoidea* erweitert und bildet eine Kapsel für das stärker hervortretende Vorderhirn, in dem die Integrations- und Assoziationsareale der Hirnrinde vergrößert sind (*Großhirn*). Die Vergrößerung des Gehirns hat eine schon bei den Menschenaffen erkennbare Verlängerung der Jugendphase zur Folge, da eine beliebige Erweiterung des Geburtskanals für den Durchtritt eines großen Kopfes anatomisch unmöglich ist; so ist ein Teil der Gehirnentwicklung auf die Zeit nach der Geburt verlegt. Schon früh in der Evolution der *Primaten* muß als Anpassung an das Baumleben die Zahl der Nachkommen je Geburt verringert worden sein.

Lernfähigkeit als Voraussetzung der Kultur. Vermutlich gehen sowohl die Anfänge der enormen Gehirnvergrößerung als auch die Entwicklung der Sprache beim Menschen in erster Linie auf die dadurch mögliche Verbesserung der sozialen Funktionen zurück. Angeborene Verhaltensweisen werden bei vielen Säugern, besonders aber bei den *Primaten,* in starkem Maße durch erlernte auslösende Reize und erlernte Ausführungsweisen überlagert, so daß sich das nicht veränderbare »Angeborene« immer mehr auf innere Antriebe und bestimmte Reflexe beschränkt (vgl. Bild 25). Diese Fähigkeit, Angeborenes durch Erlerntes zu modifizieren, ist nun beim Menschen ganz besonders hoch entwickelt. Dadurch sind die angeborenen Verhaltensweisen labil; man kann diese Labilität also nicht als einen Instinktverlust während der Evolution ansehen (HASSENSTEIN). Da Angeborenes in großem Umfang durch Erlerntes ersetzbar ist, ergibt sich eine *Vielfalt von Verhaltensmöglichkeiten,* aber eben dies schafft auch *Unsicherheit* bei der Entscheidung, welches Verhalten einzuschlagen ist. Andrerseits hat diese Fülle von Verhaltensmöglichkeiten auch qualitativ Neues hervorgebracht: die *Fähigkeit zur Kultur.* Alle Verhaltensweisen des Men-

Tabelle 1: Unterschiede zwischen Menschenaffen und heutigem Mensch

	Menschenaffen	Mensch
Chromosomen	48 (Schimpanse)	46
Skelett		
Beine	kürzer als Vordergliedmaßen, gebogen, Knie nach außen gewandt	länger als Vordergliedmaßen, gerade in Knie und Hüftgelenk
Fuß	Greiffuß (opponierbarer großer Zeh) kein Fußgewölbe	kein Greiffuß Fußgewölbe aus Fußwurzel- und Mittelfußknochen
Rumpf	lang im Vergleich zu Hintergliedmaßen	kurz im Vergleich zu Hintergliedmaßen
Wirbelsäule	gerade oder einfach gebogen	doppelt S-förmig
Becken (Bild 9)	schmal und verlängert	breit und abgeflacht, schüsselförmig, (trägt Eingeweide)
Schädel	maximales Gehirnvolumen um 600 cm³ Gesichtsschädel groß	Gehirnvolumen bis zu 2000 cm³ Gehirnschädel groß
Gelenk zwischen Hinterhaupt und Nacken	am hinteren Ende des Schädels und nach hinten gerichtet	fast im Mittelpunkt der Schädelbasis
Gesicht	vorstehend, vor dem Hirnschädel liegend, daher schnauzenartig, Kinnladen lang und groß	steil, unter dem Hirnschädel liegend, Kinnladen kurz
Gaumen	lang, flach gewölbt	kurz (weicher Gaumen), stark gewölbt

Gebiß		
Zahnbogen	U-förmig (nahezu rechteckig)	parabolisch (ohne Winkel)
Eckzähne	größer als die anderen Zähne, Lücke (Diastema) zwischen Schneide- und Eckzahn	nicht größer als die anderen Zähne, kein Diastema
erster unterer Vormahlzahn	Krone mit klingenartig schneidendem Rand	Krone mit zweihöckrigem Rand
Haarkleid	gut ausgebildet	zurückgebildet
Mund-Kehlkopf-System	nicht geeignet zum Sprechen	zum Formen von Vokalen und zum Sprechen geeignet
Werkzeuggebrauch	begrenzt, nur gelegentlich Herstellung einfacher Werkzeuge	Gebrauch und Herstellung äußerst vielfältig (eine der Grundlagen der Kultur). Herstellung von Werkzeugen zur Werkzeugherstellung
Fortbewegung	hangelnd-schwingend, auf dem Boden Knöchelgänger	schreitend auf zwei Beinen
Denken	vorwiegend bildhaftes Denken, Lösung sehr einfacher Probleme	Fähigkeit zum abstrakten Denken, Lösung sehr komplizierter Probleme
Kommunikation	Laute, Gestik, Mimik	Symbolsprache mit großer Lautvielfalt

Tabelle 2: Verhältnis von Hypothalamuslänge zu Großhirnlänge als Hinweis auf die Organisationshöhe des Gehirns

Beuteltiere	0,3
Raubtiere	0,17 – 0,14
Niedere Affen	0,13 – 0,11
Menschenaffen	0,109 – 0,085
Delphin	0,08 !
Mensch	0,081 – 0,007

Verhältnis des Gewichts der Großhirnrinde zum Gewicht des bei allen Wirbeltieren angelegten Hirnstammes (Vorder-, Zwischen-, Mittel-, Hinterhirn)

Igel	0,8
Feldhase	5,1
Katze	12,3
Meerkatze	33,9
Pavian	47,9
Schimpanse	49,0
Mensch	170,0

schen sind kulturell überprägt. Dies gilt auch für die sogenannten Primitiv-Kulturen. Dennoch sind Verhaltensähnlichkeiten von Mensch und Menschenaffen vielfach zu erkennen.

Wegen der engen Verknüpfung auch der angeborenen Verhaltenselemente mit der kulturellen Entwicklung werden sie gemeinsam im Abschnitt 3.3.2 besprochen.

Wie bei Menschenaffen und vielen anderen Säugern finden wir auch beim Menschen eine Reihe *endogener Rhythmen,* die durch äußere Zeitgeber (Rhythmik der Umwelt, z. B. 24-Stunden-Tag, verursacht durch die Erddrehung) unterschiedlich stark beeinflußt werden. Dem *circadianen Rhythmus* (also ungefähr dem Tageslängen-Rhythmus) folgt das *Zellteilungsgeschehen* und der *Schlaf-Wach-Rhythmus* beim Menschen, die *muskuläre Aktivität* zeigt einen etwa 6stündigen Rhythmus, der weibliche *Sexualzyklus* folgt einem etwa 28tägigen Rhythmus.

1.1.2 Die körperliche Sonderstellung des Menschen

Die körperlichen Unterschiede zwischen Mensch und Menschenaffen sind quantitativer Natur, wie man das bei einem allmählichen Evolutionsvorgang auch nicht anders erwartet. Dennoch ist eine Anzahl dieser Unterschiede für die besondere Stellung des Menschen bedeutsam (vgl. Tabelle 1).

Der hervorstechendste Unterschied ist die außerordentliche

Vergrößerung der Rinde des Großhirns beim Menschen (*Cerebralisation* oder Neencephalisation). Die Organisationshöhe des Gehirns läßt sich bei Säugern näherungsweise aus dem Längenverhältnis Hypothalamus/Großhirn oder dem Gewichtsverhältnis Großhirnrinde/Stammhirn entnehmen (vgl. Tabelle 2).

Die Cerebralisation geht auf Mutationen zurück, die sich in der Vergrößerung von Gehirnteilen, also quantitativ auswirken. Jedoch sind im Großhirn des Menschen auch qualitative Unterschiede gegenüber dem Affengehirn nachzuweisen, so fehlt diesen das **motorische Sprachzentrum** (Brocasche Region), welches das zusammenhängende Sprechen ermöglicht. Die Stellung der Zähne beim Menschen ist in Verbindung mit der Wölbung des Gaumens, der tiefen Lage des Kehlkopfes und der guten Beweglichkeit der Zunge Voraussetzung für die Fähigkeit zur Sprachbildung; es sind *Präadaptionen,* die auf dem Weg der Evolution zum Menschen entstanden sind. Durch die Beteiligung der Hände an der Nahrungsaufnahme statt der Lippen und Zähne bei den Säugetieren, konnte sich der Mund dann stärker als Organ der Sprache spezialisieren. Die Beherrschung der Welt durch den Menschen ist eine Folge der Gehirnevolution, so wie diese vorher schon zur Verdrängung der Halbaffen durch die Affen geführt hat.

Die Jugendzeit des Menschen ist im Vergleich zu derjenigen der Affen außerordentlich lang. Der menschliche Säugling ist in den ersten Lebenswochen völlig hilflos, nur seine Sinnesorgane sind voll entwickelt. Dieser besondere Jungen-Typ, der bei keinem Tier vorkommt, wurde von PORTMANN als Typ des **sekundären Nesthokkers** bezeichnet. Bei den baumkletternden Affen findet man den Typ des *Traglings* (HASSENSTEIN). Dieser Jungen-Typ ist auf das Sich-Festklammern an der Mutter spezialisiert und auf dauernden körperlichen Kontakt mit einem erwachsenen Tier angewiesen. Auf diesen Tragling-Typ ist der menschliche Jungen-Typ zurückzuführen, nur kann sich der Säugling nicht aus eigener Kraft an der Mutter festhalten. Die lange Jugendzeit ermöglicht ein besonders intensives Lernen, deshalb hat die Umwelt einen stark formenden Einfluß auf den Menschen. Auch der erwachsene Mensch ist noch in hohem Maß lernfähig und neugierig. Dieses Beibehalten von Merkmalen der Jugendphase ist eine Art von *Neotenie.* Die lebenslange Lernfähigkeit ist sicher eine der wichtigsten Grundlagen für die Entwicklung von Kultur. Zur langen Jugendphase tritt beim Menschen eine Verlängerung der Altersphase weit über die Fortpflanzungszeit hinaus (Bild 2); dies führt zur zeitlichen Überlappung der Generationen, was für die Weitergabe von Traditionen (Kulturelementen) sehr wichtig ist.

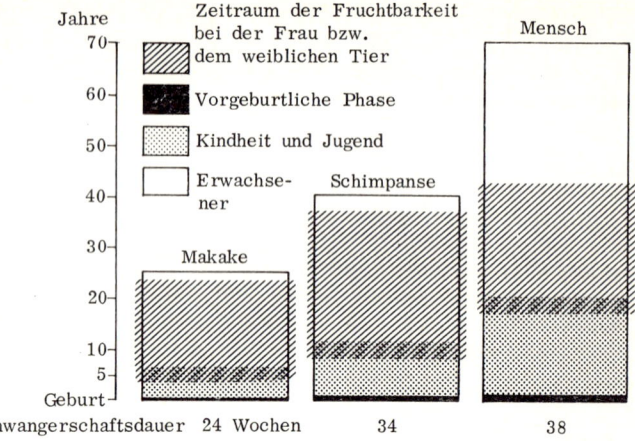

Bild 2: Dauer von Jugend- und Altersphase bei Makake, Schimpanse und Mensch.
Die Verlängerung der Jugendzeit, die schon bei den Menschenaffen einsetzt, kann auf eine Veränderung des Hormonhaushaltes, besonders der steuernden Hormone des Hypophysen-Vorderlappens, zurückgeführt werden. Die Ausschüttung der HVL-Hormone wird ihrerseits reguliert nach Neurohormone, die das Gehirn (Hypothalamus) bildet. (Nach LIPKOW)

Der Mensch sichert die Erhaltung der Art nicht durch eine Vielzahl von Nachkommen, sondern durch besondere Fürsorge für die Kinder. Im Gegensatz zu vielen Säugern wird bei einer Geburt normalerweise nur ein Kind zur Welt gebracht, weil – genetisch festgelegt – jeweils nur eine Eizelle reift und vom Ovar abgegeben wird. Infolgedessen besteht während der Schwangerschaft zumeist keine Nahrungskonkurrenz zwischen mehreren Feten im mütterlichen Körper. Das *Fortpflanzungspotential* (maximal mögliche Zahl von Nachkommen in einer bestimmten Zeit) bleibt daher klein; dennoch hat sich die Art Mensch wegen der fürsorglichen elterlichen Pflege der Kinder ausgebreitet (vgl. Tabelle 3). Durch die Herabsetzung des Fortpflanzungspotentials bei der Evolution der Primaten entstehen bei gleicher Populationsgröße immer weniger genetische Rekombinationen, der Evolutionsvorgang müßte sich also verlangsamen. Mit der wachsenden Leistung des Gehirns nimmt andererseits die Lernfähigkeit und ihr Einfluß auf das Verhalten, auch das Fortpflanzungsverhalten, zu. Dies führt zu einer komplizierten verhaltensabhängigen Regulation des Genflusses zwischen Teilpopulationen (vgl. Studienbd. Evolution 3.5.5), die

18

Tabelle 3: Fortpflanzungspotential von Primaten

Art	Fruchtbarkeits-dauer des Weibchens (Jahre) bzw. der Frau	Fortpflanzungs-beginn (Jahre) nach der Geburt	Theoretisch höchste Nach-kommenzahl nach 45 Jahren
Marmoset (ein Breit-nasenaffe)	7	3	20 Mill.
Schimpanse	16	9	408
Mensch	32	17	64

vermutlich eine fortlaufende Verstärkung der Cerebralisation, besonders auch bei der Entstehung des Menschen, verursacht hat.

Bei den Menschenaffen sind deutliche Geschlechtsunterschiede (*Sexualdimorphismus*) vorhanden, d. h. die Männchen sind erheblich größer als die Weibchen, beim Menschen trifft das nicht zu. Dies hat vor allem zwei Ursachen:

1. Der Mensch greift bei der Verteidigung zu Waffen (Werkzeugen), es herrscht also beim Mann kein Auslesevorteil für besondere Größe des Körpers, des Gebisses oder der Eckzähne.

2. Der Geburtskanal der Frau muß eine Mindestgröße aufweisen (vgl. 1.1), außerdem muß die Frau ihrer anspruchsvollen sozialen Rolle in der Betreuung der Kinder physisch gewachsen sein, was sich besonders während der Klimaverschlechterung im Pleistocän (Eiszeiten) selektiv in Richtung auf eine Größenzunahme ausgewirkt haben dürfte. Bei einem größeren Körper ist das Verhältnis Masse zu Oberfläche günstiger und die Auskühlungsgefahr geringer.

Der Mensch hat im Gegensatz zu allen anderen Säugern ein extrem **rückgebildetes Haarkleid.** Die Erhaltung der Restbehaarung muß offensichtlich Selektionsvorteile gehabt haben. Bei der Kopfbehaarung sieht man diese im Wärmeschutz des Gehirns, bei Achsel- und Schamhaar in der Funktion als Geruchsträger der Sekrete dort liegender Drüsen und auch als Sexualsignal.

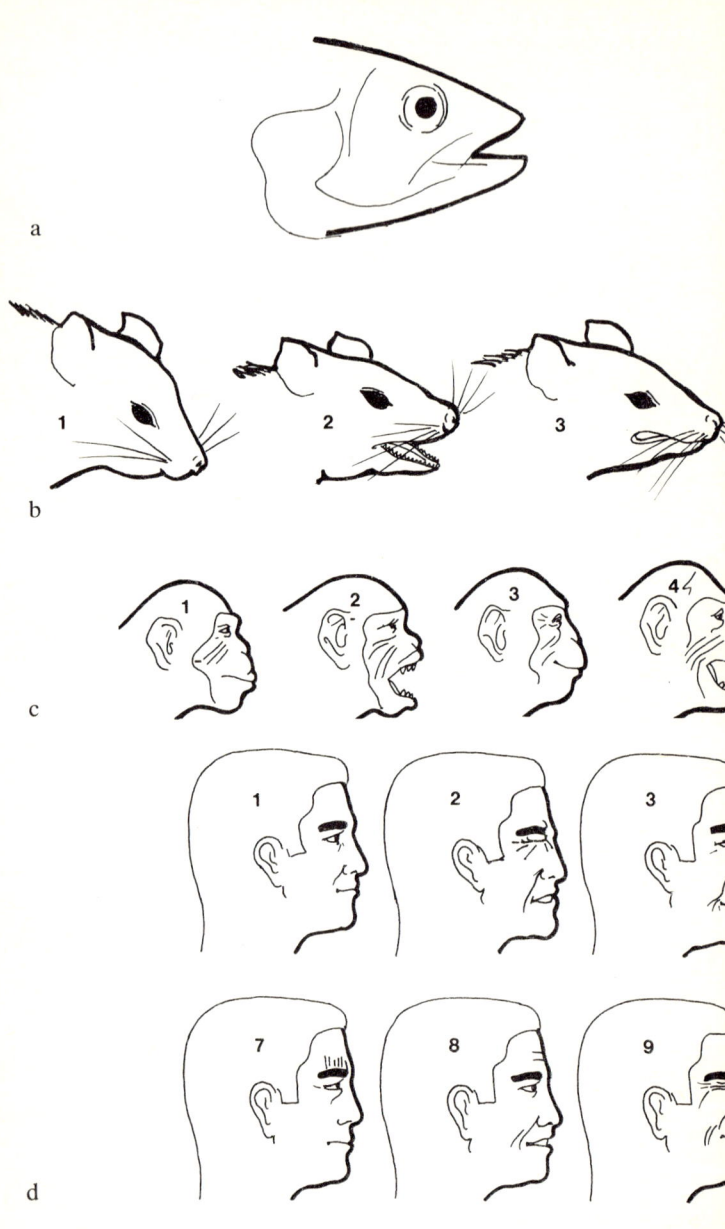

Bild 3: Evolution des Gesichtsausdrucks (Mimik).

a: Fisch, ohne Mimik

b: niederer Säuger, besitzt ein einfaches System von Gesichtsmuskeln. Es kann drohen oder sich totstellen.

1. Normal
3. Schwache Drohung
2. Starke Drohung

c: Schimpanse. Der Schimpanse verzieht sein Gesicht nicht nur, weil es notwendig ist, sondern oft auch einfach, weil er sich gern mit seinen Kameraden unterhält. Er hat viel mehr Gesichtsmuskeln – besonders um Augen, Stirn und Mund – als die meisten anderen Primaten.

1. Normal
2. Angst
3. Erstaunen
4. Wehklagen
5. Heiterkeit
6. Entsetzen
7. Ärger

d: Mensch. Viele spezialisierte Muskeln, die fast alle paarweise angeordnet sind, kontrollieren das sprechende Mienenspiel des Menschen.

1. Normal
2. Schmerz
3. Heiterkeit
4. Skepsis
5. Belustigung
6. Überraschung
7. Unglaube
8. Ungeduld
9. Ausgelassenheit
10. Konzentration
11. Furcht
12. Wut

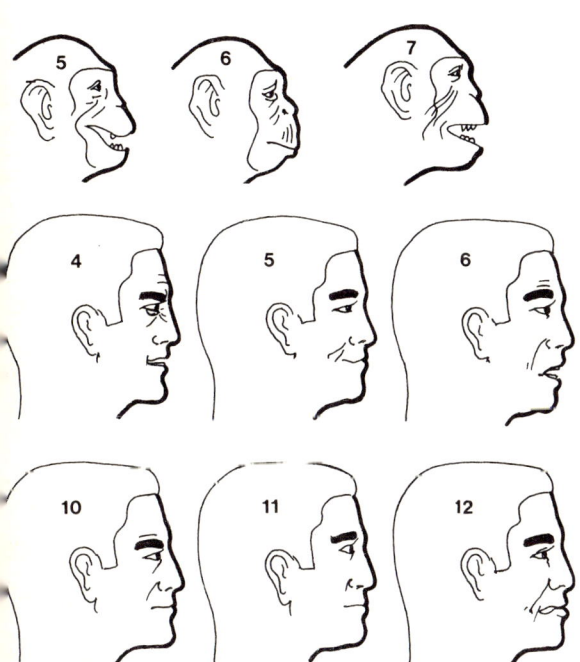

21

1.1.3 Der Geist als entscheidendes Merkmal für die Sonderstellung des Menschen

Menschenaffen und Mensch haben über 99 % ihrer Evolutionsgeschichte gemeinsam, geht man vom Anfang der biologischen Evolution aus. Trotzdem nimmt der Mensch in einer Hinsicht eine entscheidende Sonderstellung ein. Auf Grund seiner Gehirnentwicklung entstand die Fähigkeit, sein Handeln auf Einsicht aufzubauen und über seine Umwelt und sich selbst nachzudenken. Durch das Vermögen, sich zu erinnern, sich die Zukunft vorzustel-

Tabelle 4: Unterschiede zwischen Tier und Mensch

Tier	Mensch
Angepaßt an bestimmte ökologische Nische (spezialisiert)	Kann viele Nischen besiedeln (unspezialisiert)
Organe angepaßt an bestimmte Umweltverhältnisse	Organe nicht spezialisiert, Herstellung von Werkzeugen zur Leistungsverbesserung
Verhalten weitgehend angeboren, instinktsicher	Verhalten muß erlernt werden, instinktunsicher, auf Erziehung existentiell angewiesen
Kurze Entwicklungs- und Lernzeit	Lange Entwicklungs- und Lernzeit
Lernen an Erfolg und Mißerfolg, ohne Einsicht (außer bei Affen)	Lernen durch Einsicht in Sachzusammenhänge
Auswertung von Erfahrungen beschränkt	Auf Erfahrungsauswertung angewiesen
Relativ wenige Signale zur Verständigung, diese zumeist angeboren	Sprache zu detaillierter Darstellung, Abstraktionsvermögen. Sprache muß erlernt werden, nur Sprachvermögen ist angeboren.
Individuelle Erfahrung geht für die Nachkommen zumeist verloren.	Individuelle Erfahrung wird bewahrt, Begründung von Tradition.
Starres, gleichförmiges Sozialleben	Dauernder Wechsel in der Form des Zusammenlebens möglich
Lebt in der Gegenwart, ohne Ich-Bewußtsein	Erinnert sich an Vergangenes und plant Zukünftiges (Fähigkeit zur Hoffnung), besitzt Ich- und Wert-Bewußtsein.
Bewirkt wenig Veränderungen der Umwelt	Verursacht starke Umweltveränderungen

len, zu planen und sich mitzuteilen, kann der Mensch sein Schicksal in weit stärkerem Maße selbst steuern als irgendeine andere Art. Diese Fähigkeiten haben es dem Menschen ermöglicht, seine Lebensweise viel rascher zu ändern, als es einer Tierart bei ausschließlich biologischer Evolution möglich ist. Der Wandel hat sich in den letzten 40 000 Jahren ohne erkennbare Veränderung der anatomischen Eigenschaften oder der Leistungsfähigkeit des Gehirns vollzogen. Da es der **menschliche Geist** ist, der dem Menschen das spezifisch »Menschliche« verleiht, erfordert eine Betrachtung der Entwicklung des Menschen stets neben der Untersuchung der biologischen Aspekte auch die der kulturellen Aspekte und der Wechselbeziehungen zwischen beiden. Eine derartige Betrachtung greift naturgemäß über die Wissenschaft der Biologie hinaus. Sie umfaßt aber einen wesentlichen Teil dieser Darstellung.

1.2 Die Stammesgeschichte des Menschen

1.2.1 Der Ablauf der Stammesgeschichte

In der Evolution des Menschen waren dieselben Evolutionsfaktoren wirksam, die wir vom Tierreich her kennen. Doch sind in der menschlichen Stammbaumforschung noch zahlreiche Einzelheiten unklar; neue Funde, die insbesondere in Afrika immer wieder gemacht werden, führen zu fortlaufenden Verbesserungen und Korrekturen des Stammbaums.

Altersbestimmung von Fossilien. Wichtig für die Einordnung von Fossilresten ist deren *Altersbestimmung*. Eine Entwicklungsreihe des Menschen im Sinne einer Stammesgeschichte läßt sich nur dann aufstellen, wenn man das Alter der Fossilien bestimmen kann. Aus diesem Grunde beschäftigt sich die anthropologische Forschung intensiv mit der Datierung menschlicher Knochenfossilien und Kulturfossilien. Die Methode der **absoluten Datierung** ist im Studienband Evolution *1.2* beschrieben; sie beruht auf den Kenntnissen vom radioaktiven Zerfall bestimmter Isotope. Die Datierung von Vormenschenfunden stößt allerdings auf folgende methodischen Schwierigkeiten:

Die **Radiokarbon-Methode** (^{14}C-Methode) ist nur bis maximal 70 000 Jahre zurück anwendbar. Sie setzt voraus, daß das zu untersuchende Material Kohlenstoff enthält.

Die **Kalium-Argon-Methode** liefert erst von einem Mindestalter ab 300 000 Jahren verläßliche Werte. Sie hat allerdings eine große Fehlerbreite und setzt außerdem voraus, daß die fossilführende

Schicht mit etwa gleichaltrigem vulkanischem Gestein in Verbindung steht, denn nur Minerale aus dem vulkanischen Material können altersmäßig datiert werden.

Die Grenzen der verwendbaren absoluten Datierungsmethoden lassen in dem dazwischen liegenden – für die Stammesgeschichte aber sehr wichtigen Zeitabschnitt – eine Lücke der verläßlichen Datierbarkeit entstehen. Diese Lücke füllt die Möglichkeit der **relativen Datierung** eines Fossils. Mit der Technik der relativen Datierung läßt sich entscheiden, ob ein Fossilfund älter ist als ein anderer. Zur Feststellung des relativen Alters entwickelte man den **Fluortest.** Wenn Knochen in fluorhaltigem Grundwasser liegen, werden im Hydroxylapatit der Knochensubstanz im Laufe der Zeit Hydroxidionen gegen die im Grundwasser enthaltenen Fluoridionen ersetzt. Zwischen der Menge des aufgenommenen Fluors und dem Fossilierungsalter besteht eine direkte Beziehung. Durch den Fluortest konnte z. B. der als *Piltdown-Mensch* bekannt gewordene Fossilfund als Fälschung entlarvt werden; seine verschiedenen »Teile« hatten einen ganz unterschiedlichen Fluorgehalt. Man muß allerdings beachten, daß der Fluorgehalt fossiler Knochen von der Fluormenge im Grundwasser abhängt. Diese kann recht große Unterschiede aufweisen. Es ist durchaus möglich, daß ein Knochen aus dem Pleistozän aus fluorreichem Bodenwasser so viel Fluor enthält wie ein Knochen aus dem Tertiär, der in fluorarmem Boden eingebettet lag. Der Fluortest läßt sich deshalb nicht für eine absolute Datierung verwenden. Stets aber haben alle gleich lange im selben Gebiet liegenden Knochen verschiedener Organismen die gleiche Menge Fluor aufgenommen.

Gemeinsame Stammform von Menschenaffen und Menschen. Als solche wird *Propliopithecus haeckeli* aus dem Oligocän (Alter ca. 30–35 Millionen Jahre) angesehen. (*pithecus* ist das griechische Wort für Affe und erscheint in den Namen immer wieder.) Eine Entwicklungslinie führt von hier über *Aegyptopithecus zeuxis* zu den Gattungen *Dryopithecus* (Bild 10) (untermiocäne afrikanische Funde dieser Gattung wurden früher *Proconsul* genannt) und *Pliopithecus* (mit zahlreichen Arten). Ihre Vertreter lebten im Miocän auch in Deutschland (z. B. auf der Schwäbischen Alb). Nach dem Bau des Gebisses waren diese Formen Allesfresser, und die Knochenreste deuten auf relativ unspezialisierte Baumbewohner. Aus dieser Gruppe wenig spezialisierter miozäner Menschenaffen entwickelten sich durch ökologische Einnischung in den tropischen Wald die heutigen Menschenaffen, sie paßten sich u. a. durch Verlängerung der Vordergliedmaßen für das Schwing-Hangel-Klettern an.

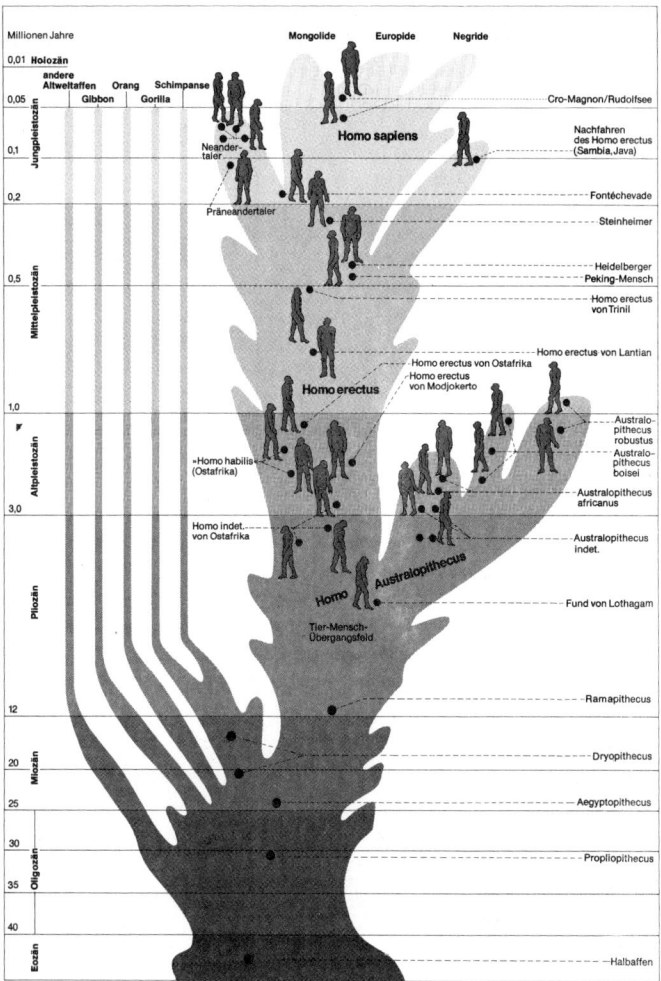

Bild 4: Stammbaum der Menschenaffen und des Menschen nach heutiger Kenntnis (vgl. hierzu Tabelle 3). Man beachte den von unten nach oben sich dehnenden Zeitmaßstab.

Die Entwicklungslinie zum Orang verlief vom Oligocän oder untersten Miocän an getrennt von derjenigen der anderen Menschenaffen, der letzte gemeinsame Vorfahr von Gorilla und Schimpanse hat irgendwann im Miocän gelebt.

25

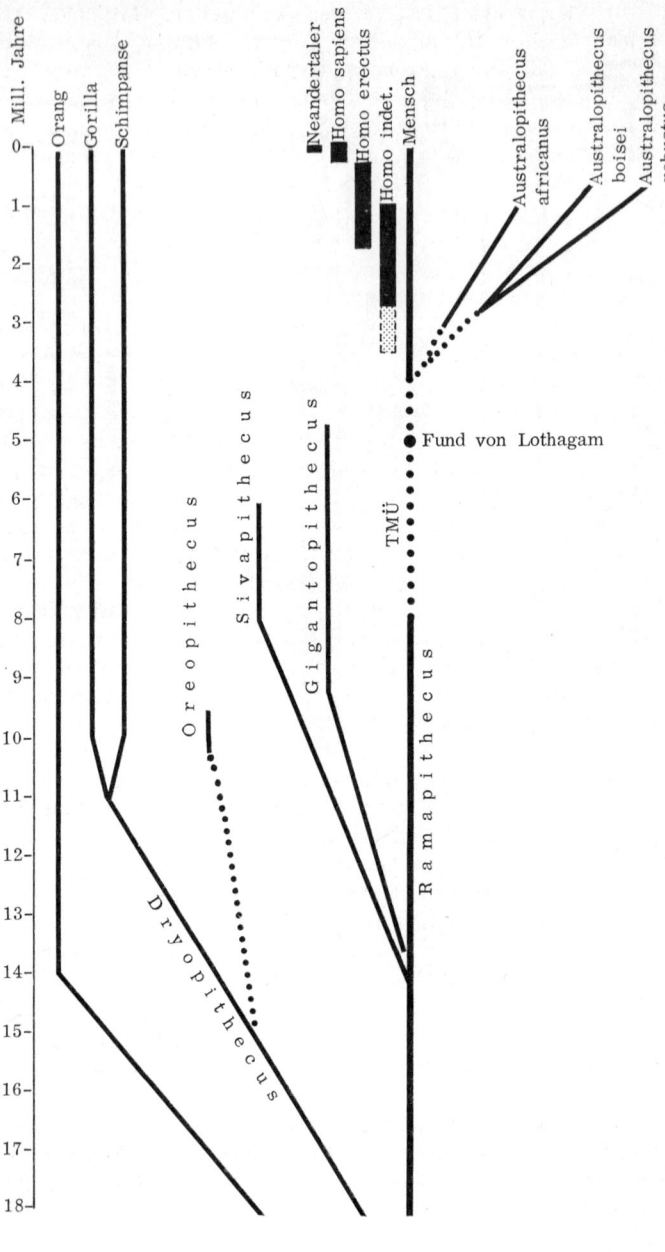

Im Miocän und Pliocän lebten noch weitere Gattungen von Menschenaffen (*Hominoidea*), die aus *Aegyptopithecus* oder *Dryopithecus* hervorgingen. Aus dem Pliocän von Asien wurde *Giganthopithecus* beschrieben. Dieser große Affe starb Ende des Pliocäns aus. Er wird aufgrund neuer Funde als eng verwandt mit *Ramapithecus* angesehen. Im Miocän und Pliocän von Asien und Afrika kommt *Sivapithecus* vor. Aus dem Unterpliocän (vor ca. 10 Millionen Jahren) von Afrika und Italien ist *Oreopithecus* bekannt. Er hat keine Zahnlücke und eine kurze Schnauze. Dieser Ähnlichkeit zu den *Hominiden* steht aber ein typisches Schwing-Hangler-Skelett (wie beim Orang) gegenüber.

Aus dem Miocän und Unterpliocän kennt man aus Asien (Pakistan, Türkei), Afrika (Kenia) und Europa (Griechenland, Ungarn) Reste von Savannen- und Steppenbewohnern, die man in der Gattung *Ramapithecus* zusammenfaßt. (Die afrikanischen Formen hießen früher *Kenyapithecus wickeri*.) Die Funde sind zwischen 8 und ca. 15 Millionen Jahre alt und alle recht unvollständig. Da die ältesten Reste aus der Türkei und Pakistan stammen, nimmt man an, daß *Ramapithecus* in Eurasien entstand. Aufgrund des abgerundeten Zahnbogens (Bild 6), der kleinen Zähne (besonders auch kleine Eckzähne) und dem im Vergleich zu den Menschenaffen kürzeren Kiefer sehen die meisten Autoren in der **Gattung Ramapithecus direkte Vorfahren des Menschen.** Das wenig ausgebildete Vordergebiß läßt darauf schließen, daß zum Ergreifen von Gegenständen mehr als bei Menschenaffen die Vordergliedmaßen statt des Maules gebraucht wurden. Beim Übergang zum Savannen- und Steppenleben infolge von Klimaänderungen hatte eine Aufrichtung und Bewegung auf zwei Beinen einen Selektionsvorteil. Auch andere Bewohner offener Landschaften verschaffen sich durch »Männchenmachen« einen Überblick (Hase, Ziesel). Von besonderem Vorteil war eine Verbindung der Aufrichtung mit der Fähigkeit zu schnellem Lauf. Ohne hohen Selektionsvorteil hätte sich die Aufrichtung des Körpers nicht durchsetzen können, da sie auch mit erheblichen Nachteilen verknüpft ist. Bis heute kann der Mensch nicht ausschließlich in der aufrechten Position verharren, ohne Gesundheitsschäden davonzutragen. – Mit dem Übergang zum Leben in offenen Landschaften war wahrscheinlich auch eine Änderung der Nahrungszusammensetzung verbunden, *Ramapi-*

Bild 5: Stammbaum der Menschenaffen und Menschen im zeitlich richtigen Maßstab. Die Fundlücke zwischen *Ramapithecus* und *Homo* bzw. *Australopithecus* tritt deutlich hervor. TMÜ = Tier-Mensch-Übergangsfeld.

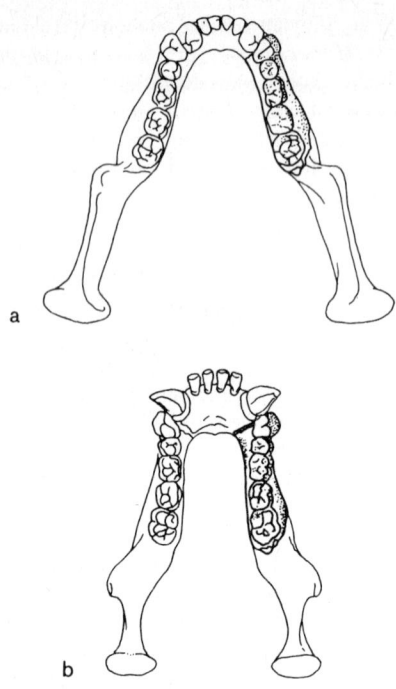

a

b

Bild 6: Zwei verschiedene Rekonstruktionen des Unterkiefers von *Ramapithecus* aufgrund des Fundes eines Kieferbruchstückes (getönt); vgl. auch Abschnitt 1.2.2.
a: Rekonstruktion bei Zugehörigkeit zur menschlichen Evolutionslinie
b: Rekonstruktion bei Zugehörigkeit zur äffischen Evolutionslinie
Durch Funde vollständiger Unterkiefer hat sich mittlerweile Rekonstruktion a als richtig erwiesen.

thecus dürfte ein Allesfresser mit erheblichem Anteil an Fleischnahrung gewesen sein.

Eine direkte Herleitung des Menschen aus primitiveren Vorfahren als ursprünglichen Menschenaffen **(Proto-Catarrhinen-Hypothese)** ist sehr wenig wahrscheinlich. Dagegen spricht z. B. das sogenannte 5-Y-Muster der Backenzähne (Bild 7). Dieses Muster ist ein gemeinsames Merkmal aller Menschenaffen und des Menschen, und schon bei *Propliopithecus* anzutreffen. Dem Zahnkronenbau liegt ein kompliziertes Gen-Muster zugrunde. Es erscheint unmöglich, daß dieses Muster mehrfach unabhängig entstanden ist. Auch aus bereits spezialisierten Baumhanglern (Brachiatoren) können die Vorfahren des Menschen kaum hervorgegangen sein, diese **Brachiatoren-Hypothese** hat also ebenfalls nur geringe Wahrscheinlichkeit. Die hier beschriebene, von der Mehrzahl der Forscher für richtig gehaltene Ansicht der Herleitung der *Hominiden* aus den wenig spezialisierten *Dryopithecinen,* aus denen auch die brachiatorischen Menschenaffen entstanden, nennt man die **Präbrachiatoren-Hypothese.**

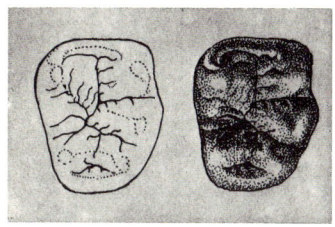

Bild 7: Backenzahn von *Dryopithecus* mit dem 5-Y-Muster: 5 Kronen-spitzen werden durch Y-artig zusammenlaufende Vertiefungen getrennt.

Hominisation. *Ramapithecus* gehört noch der subhumanen Phase der Menschwerdung an, die insgesamt 20–25 Millionen Jahre dauerte. An ihrem Ende wird das **Tier-Mensch-Übergangs-feld** (TMÜ) im Pliozän erreicht. In dieser Phase vollzog sich die letzte Stufe der Entstehung des Menschen *(Hominisation).* Die ganze Hominisation vom Beginn des Miozän bis zum Erreichen des TMÜ dauerte etwa 400000 bis 600000 Generationen lang. Äußere Zeichen der nun beginnenden humanen Phase (vor etwa 4–6 Millionen Jahren) sind der aufrechte Gang sowie der Gebrauch und vor allem die Herstellung von Geräten und Werkzeugen, denn sie beweisen »Wissen wozu«, also Denkfähigkeit. Das TMÜ ist demnach weniger biologisch als vor allem kulturanthropologisch definiert. Die Hominisation ist ein ganz allmählicher Vorgang, daher gibt es keine scharfe Grenze zwischen »noch Tier« und »schon Mensch«. Die Grenzziehung ist nur eine Frage der Definition dessen, was man als »Mensch« bezeichnen will. Üblicherweise gelten als entscheidende Merkmale des Menschen: aufrechter Gang, einsichtiges Handeln, Sprache. Der Schimpanse könnte nach seinen Fähigkeiten in das TMÜ gestellt werden. Zu einem intelligenten Wesen wird er sich nicht weiterentwickeln, da der Mensch alle für eine solche Evolution in Betracht kommenden Nischen besetzt hat.

Über die wichtigeren der zahlreichen Vormenschen-Funde, die der humanen Phase in der Evolution des Menschen zugehören, unterrichtet Tabelle 5.

Tabelle 5: Übersicht fossile Menschen
(Die Tabelle gibt eine Zusammenstellung der zahlreichen Funde zur Abstammungsgeschichte des Menschen)

		Alter ca.
1.	**Prähomininen** Gehirnvolumen bis 800 cm³	
1.1	**Hominine unbekannter Zugehörigkeit** Lothagam (Lathagam, Kenia; am Rudolfsee = Turkanasee)	4,5 – 5,5 Mill. Jahre
1.2	**Australopithecus** Gehirnvolumen bis ca. 550 cm³	4 (oder 3) – 0,7 Mill. Jahre
1.2.1	**Australopithecus indeterminatus** (Artname noch nicht vergeben oder Zugehörigkeit zu einer Art unsicher) Hadar, Äthiopien Kanapoi, Kenia Baringo (Chemeron), Kenia Omo, Äthiopien	 2,6 – 3,3 Mill. Jahre > 2,5 – 4 Mill. Jahre 2,6 – 3,5 Mill. Jahre 2,5 – 3,75 Mill. Jahre
1.2.2	**Australopithecus africanus** (graziler Typ = A-Typ, 1,2 – 1,3 m groß, Stirn leicht gewölbt, Gehirnvolumen 430 – 480 cm³) Sterkfontein, Südafrika (Plesianthropus) Makapansgat, Südafrika (Australopithecus prometheus) Taung(s), Südafrika	 2,0 – 3,3 Mill. Jahre 2,0 – 3,3 Mill. Jahre ca. 1 Mill. Jahre
1.2.3	**Australopithecus robustus und A. boisei** (robuster Typ = P-Typ, 1,5 m groß, Stirn flach, Gehirnvolumen 500 – 530 cm³) Entwicklung in Südafrika zu A. robustus, in Ostafrika zu A. boisei	

1.2.3.1 Ostafrika:
Koobi-Fora und Ileret, Kenia (am Rudolfsee = Turkanasee) — 1,3 – 1,8 oder bis 2,6 Mill. Jahre
Omo, Äthiopien — 1,8 – 2,5 Mill. Jahre
Olduvai I, Tansania (= Oldoway) (Zinjanthropus) — 1,75 Mill. Jahre
Olduvai II — 1,4 Mill. Jahre
Peninj am Natronsee, Tansania — 1,0 – 1,5 Mill. Jahre
Baringo, Kenia — 1,1 – 1,2 Mill. Jahre

1.2.3.2 Südafrika:
Swartkrans (= Paranthropus crassidens) — 1,0 – 1,8 Mill. Jahre
Kromdraai (= Paranthropus robustus) — 0,7 – 1,5 Mill. Jahre
vielleicht Taung(s) (s. 1.2.2)

1.2.4. **Australopithecus spec.**
Tschad (= Tschadanthropus) — unbekannt

2. **Euhomininen:**

2.1 **Homo**
(grazil, Gehirnvolumen bis 800 cm³, stellte Steinwerkzeuge her: »choppers« und »pebble-tools«). — 3 Mill. Jahre

2.1.1 **Homo indeterminatus** (Artname noch nicht vergeben)
Hadar, Äthiopien — 2,6 – 3,3 Mill. Jahre
Laetolil, Tansania — 3,4 – 3,7 Mill. Jahre
Turkanasee (Rudolfsee), Kenia (mehrere Fundstellen) — 2,6 (?) und 1,3 – 2,0 Mill. Jahre
Sterkfontein, Südafrika — 1,5 – 2,0 Mill. Jahre

		Alter ca.
2.1.2	**Homo habilis** (Abgrenzung gegen 2.1.1 und 1.2.1 unklar, Gehirnvolumen 500 – 760 cm³)	
	Olduvai I, Tansania	1,75 Mill. Jahre
	Olduvai II, Tansania	1,4 Mill. Jahre
	Swartkrans, Südafrika	0,9 – 1,8 Mill. Jahre
	(= Telanthropus capensis, Stellung unklar, vielleicht zu 2.2.2).	
2.2	**Homo erectus**	1,9 Mill. – 300 000 Jahre
	(Gehirnvolumen 700 – 1200 cm³, Durchschnitt: 1000 cm³);	
	Gehirnschädel dickwandig; 1,5 – 1,6 m groß)	
2.2.1	**Ostgruppe** (aus Ostasien, hierher älteste Funde, Stein-Werkzeuge sind »chopping tools«)	
	Modjokerto, Java (= Pithecanthropus modjokertensis)	1,5 – 1,9 Mill. Jahre
	Sangiran, Java (Djetis-Schichten, = Pithecanthropus robustus)	1,5 – 1,8 Mill. Jahre
	Sangiran, Java (Djetis-Schichten)	1,5 – 1,8 Mill. Jahre
	(= Meganthropus palaeojavanicus, Stellung unklar; vielleicht zu 1.2.3 gehörig)	
	Trinil, Java (= Pithecanthropus erectus)	0,5 – 0,8 Mill. Jahre
	Sangiran, Java (Funde in den Trinil-Schichten)	0,7 – 0,8 Mill. Jahre
	Lantian, China (= Pithecanthropus lantianensis)	0,7 – 0,8 Mill. Jahre
	Choukoutien, China (= Sinanthropus pekinensis)	0,4 Mill. Jahre
2.2.2	**Westgruppe** (aus Afrika und Europa, Steinwerkzeuge gehören mehreren Kulturkreisen, vor allem dem Abbevillium und Acheulium zu, Weiterentwicklung zu Präsapiens-Formen)	
	Turkanasee (Rudolfsee), Kenia	> 1,3 Mill. Jahre

Swartkrans, Südafrika (vgl. 2.1.2)	1,1 – 1,4 Mill. Jahre
Olduvai, (obere Stufe II) Tansania	> 0,5 Mill. Jahre
Ndutu-See, Tansania	0,5 – 1,1 Mill. Jahre
Olduvai III, Tansania (= Africanthropus, Homo leakeyi)	0,35 – 0,7 Mill. Jahre
Mauer bei Heidelberg, Deutschland (= Homo heidelbergensis)	0,4 Mill. Jahre
Ternifine, Algerien (= Atlanthropus)	0,4 (?) Mill. Jahre
Rabat, Marokko (Stellung unsicher)	
möglicherweise Übergänge zu 2.3.1 sind:	
Vertesszöllös, Ungarn (= Homo palaeohungaricus)	0,3 – 0,5 Mill. Jahre
Petralona, Griechenland	0,3 – 0,5 (?) oder 0,7 (?) Mill. Jahre
Bilzingsleben, Thüringen	0,3 (?) Mill. Jahre

2.2.3 Vermutliche spätere Nachfahren des Homo erectus:

Broken Hill, Sambia (= Homo rhodesiensis)	40 000 – 100 000 Jahre
Ngandong, Java (= Homo soloensis)	ca. 100 000 Jahre
Hopefield bei Kapstadt, Südafrika (= Homo saldanensis)	70 000 – 100 000 Jahre
Eyasi, Tansania	unklar

2.3 Homo sapiens

(Gehirnvolumen 1200 – 2000 cm^3, Durchschnitt 1300 – 1600 m^3, Gehirnschädel dünnwandig) — 300 000 Jahre

2.3.1 Homo sapiens steinheimensis, Präsapiens

Steinheim bei Stuttgart, Deutschland (= Homo steinheimensis)	300 000 – 100 000 Jahre
Swanscombe bei London, England	ca. 230 000 Jahre
Montmaurin bei Toulouse, Frankreich	200 000 – 300 000 Jahre
Arago-Tautavel bei Perpignan, Frankreich	ca. 200 000 Jahre
Fontéchevade, Frankreich	< 200 000 Jahre
Lazaret bei Nizza, Frankreich	ca. 180 000 Jahre
	ca. 150 000 Jahre

	Alter ca.
	100 000 – 35 000 Jahre

2.3.2 **Homo sapiens neanderthalensis, Neandertaler**
Seitenzweig von Homo sapiens

2.3.2.1 Präneandertaler (Übergang Präsapiens → Neandertaler)
(vor 100 000 – 70 000 Jahren)
Saccopastore bei Rom, Italien
Weimar-Ehringsdorf, Deutschland
Krapina bei Zagreb, Jugoslawien
Reste aus Ungarn und der Tschechoslowakei (Ganovce bei Poprad)

2.3.2.2 Neandertaler (Steinwerkzeug-Kultur: Mousterium,
Durchschnitt des Gehirnvolumens um 1500 cm³)
(vor 70 000 – 35 000 Jahren, vorwiegend in Europa und Vorderasien; asiatischer
Neandertaler bleibt problematisch)

2.3.2.2.1 Klassischer Neandertaler:
Neandertal bei Düsseldorf, Deutschland (= Homo neanderthalensis)
La Chapelle aux Saints, Frankreich
La Ferrassie
Le Moustier, Frankreich
Mte. Circeo, Italien
Gibraltar

2.3.2.2.2 Osteuropäisch-vorderasiatischer Neandertaler
(Merkmale des Neandertalers weniger ausgeprägt)
Funde in der Tschechoslowakei, auf der Krim,
in Israel (Tabun-Höhle am Berg Karmel)

2.3.2.2.3	Übergänge oder Mischformen zu Homo sapiens sapiens: Israel, Skuhl-Höhle im Berg Karmel und weitere Funde in Israel)	50 000 Jahre

2.3.3 **Homo sapiens sapiens, Jetztmensch**
(Durchschnitt des Gehirnvolumens um 1400 cm^3,
Steinwerkzeug-Kulturen in Europa: Aurignacium, Solutreum, Magdalenium)

Europa:	Combe-Capelle, Frankreich	ca. 35 000 Jahre
	Crô-Magnon, Frankreich	ca. 30 000 Jahre
	Stetten/Lontal, Deutschland	ca. 30 000 Jahre
Asien:	Choukoutien, China	ca. 30 000 Jahre
Afrika:	Turkanasee (Rudolfsee), Kenia	ca. 60 000 Jahre
	Omo, Äthiopien	ca. 40 000 Jahre
Australien:	Mungo-See, Neusüdwales	ca. 30 000 Jahre
Amerika:	Los Angeles	> 23 000 Jahre

Das tatsächliche Gehirnvolumen ist bei fossilen Formen nicht zu messen. Man benützt stellvertretend den Rauminhalt der Schädelkapsel, weil er in hohem Maße mit der Gehirngröße korreliert.

In der Zeit des obersten Pliocän und des Altpleistocän (Villa-franchium) haben in Ostafrika stets mehrere Vormenschenformen nebeneinander (sympatrisch) gelebt. Sie werden teils der Gattung **Homo**, teils der Gattung **Australopithecus** zugerechnet. Offenbar erfolgte nach der Besiedlung der Savannengebiete (in denen damals das Klima weniger trocken war als heute, wie Pollenanalysen vom Turkana-See zeigten) eine adaptive Radiation durch unterschiedliche Einnischung; sie führte zur Formenaufspaltung. Diese setzte sich bei der Gattung *Australopithecus* weiter fort. Der robuste *P-Typ* (nach der früheren Bezeichnung *Paranthropus*) mit einem Gewicht zwischen 50 und 60 kg und der grazilere *A-Typ (A. africanus)* mit einem Gewicht zwischen 30 und 40 kg entstanden beide aus der noch unbenannten Vorstufe, die Merkmale beider Typen vereinigt. *A. robustus* und *A. boisei* sind offenbar allopatrische Arten (vielleicht auch nur Rassen), die erstgenannte in Südafrika, die zweite in Ostafrika. Beim P-Typ besitzt der Schädel der Männchen einen ausgeprägten Scheitelkamm als Ansatz der Kau-

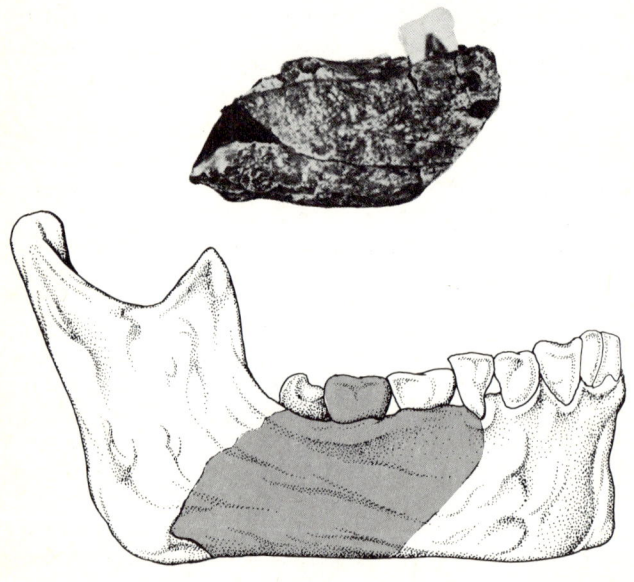

Bild 8: Ältester bekannter Fund eines Prähomininen (*Australopithecus?*) von Lothagam, Kenia (Alter etwa 4,5 – 5,5 Mill. Jahre). Das untere Bild zeigt die Lokalisierung des Fundstückes im Unterkiefer (eines heutigen Menschen).

muskulatur, wie er vom Gorilla gut bekannt ist (Bild 10). Er muß als Anpassung an die rein pflanzliche Ernährung, nicht etwa als Relikt angesehen werden. Im Gegensatz zum P-Typ fehlt dem A-Typ ein ausgeprägter Sexualdimorphismus.

Zwischen den jüngsten Funden von *Ramapithecus* (etwa 8 Mill. Jahre alt) und den ältesten Funden von *Australopithecus* bzw. *Homo* (etwa 3,7 bis maximal 4 Mill. Jahre alt) klafft eine Zeitlücke von 4 Mill. Jahren, aus der nur der Fund von Lothagam (Bild 8) bekannt ist. Um zu einer genaueren Kenntnis der menschlichen Stammesgeschichte zu kommen, muß diese Fundlücke geschlossen werden.

Die zahlreichen Fossilfunde aus Ostafrika, die in den letzten 10 Jahren die Kenntnisse von der Evolution des Menschen so sehr erweitert haben, entstammen alle dem Gebiet des Großen-Graben-Systems von Hadar im Afargebiet (Äthiopien) bis nach Tansania. Hier bestanden besonders günstige Einbettungsverhältnisse und zum Teil ermöglicht die Zwischenschaltung von Ergußgesteinen auch eine absolute Altersfeststellung. So sind z.B. in der Olduvai-Schlucht in der Serengeti 4 Sedimentschichten (I–IV) jeweils durch Laven getrennt und daher datierbar. Die bevorzugte Erhaltung von Fossilresten in Ostafrika besagt nichts über den Entstehungsraum von *Homo* und *Australopithecus*.

Ob die *Australopithecinen* in nennenswertem Umfang Werkzeuge herstellten, ist sehr unsicher. Die in den Fundschichten enthaltenen Werkzeuge können nämlich auch alle von den Vertretern der Gattung *Homo* herrühren, da an den Fundorten von Werkzeugen stets auch Homo-Reste gefunden worden sind. *Australopithecus* hat aber vermutlich Knochen und Geweihe als Werkzeuge benutzt (osteodontokeratische »Kultur«).

Die *Prähomininen* haben nebeneinander teils menschenäffische, teils menschliche Merkmale, die menschliche Evolution lief also als typische *Mosaikevolution* ab. Jedes Organ oder System hat ein eigenes Evolutionstempo und Evolutionsmuster (Watsonsche Regel). Die Fortbewegung auf zwei Beinen und der Gebrauch der Hand waren praktisch bereits vollendet, als die Zunahme der Gehirngröße und die Umbildung des Schädels erst begonnen hatten.

Die ältesten Reste der Gattung *Homo* (für die noch keine Artnamen vergeben wurden) sind über 3 Mill. Jahre alt, gehören damit sicher ins Pliocän und sind fast gleichaltrig mit Funden der frühen Australopithecinen, die ebenfalls noch keiner bestimmten Art zugeordnet worden sind (Bild 10).

Seit dem Aussterben der letzten Australopithecinen vor etwa 700 000 Jahren hat offenbar immer nur eine Art Mensch auf der

Erde gelebt (abgesehen von späten Nachfahren des *Homo erectus* in Afrika und Indonesien, s. unten).

Die Unterschiede in den Skelettresten lassen sich erklären als Variation innerhalb einer Population, sie war vermutlich in mehrere Rassen unterteilt. Die zahlreichen verschiedenen Namen für fossile Menschenreste sind daher taxonomisch völlig bedeutungslos. Die Evolution in der Gattung *Homo* vollzog sich durch Artumbildung ohne eine Artaufspaltung, aus der noch unbenannten *Homo*-Art ging *Homo erectus,* aus diesem *Homo sapiens* hervor (vgl. 1.3).

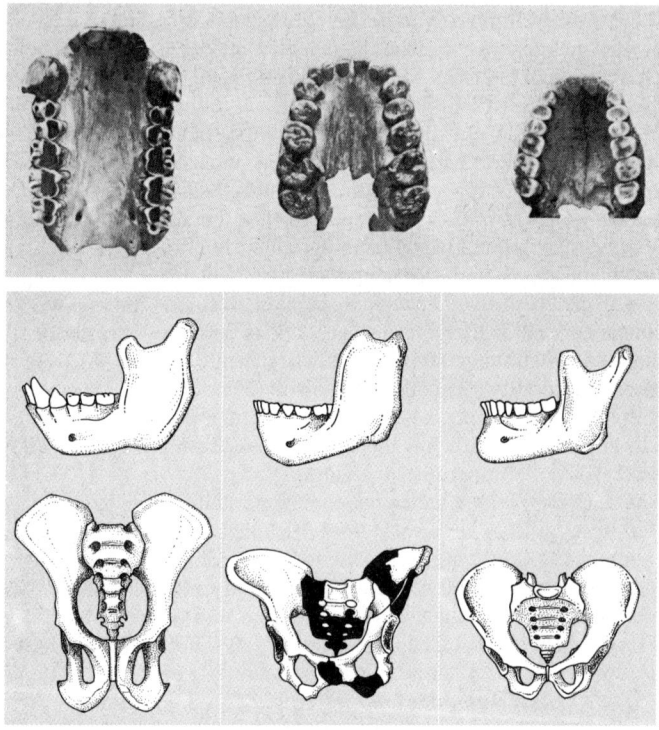

Bild 9: Oberkiefer, Unterkiefer und Becken von Menschenaffe (Schimpanse), *Australopithecus* und Mensch. Die Merkmale des *Australopithecus* liegen zwischen den Merkmalen des Menschenaffen und des Menschen, nur der Oberkiefer ist wie beim Menschen gestaltet (abgerundeter Zahnbogen).

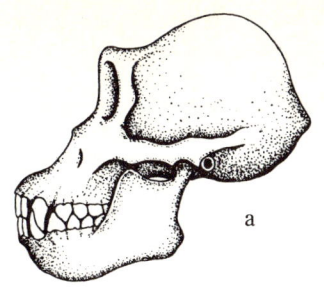
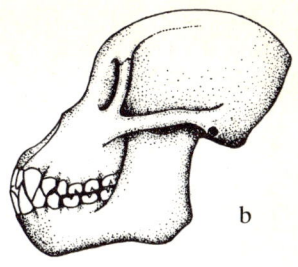

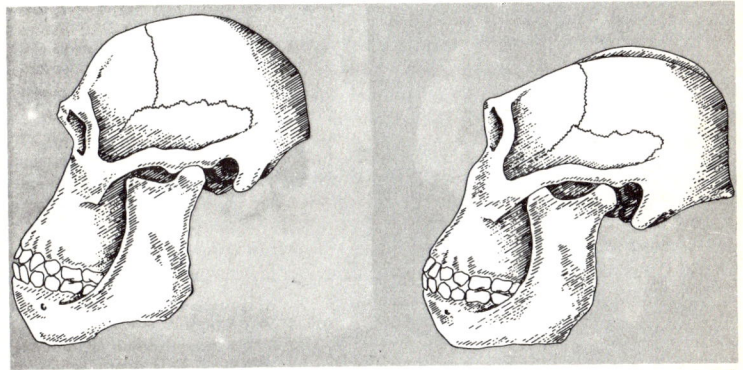

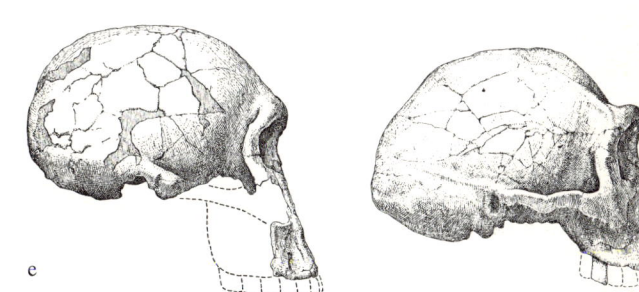

Bild 10: Schädel von Schimpanse (a), *Dryopithecus* (b) und fossilen Menschenformen:

c: *Australopithecus africanus* (A-Typ)

d: *Australopithecus robustus* (P-Typ), mit Scheitelkamm

e: *Homo indet.* (Fundstück KNM-ER 1470 vom Turkanasee; Alter 1,6–1,8 oder 2,6 Mill. Jahre)

f: *Homo erectus* (Fundstück KNM-ER 3733 vom Turkanasee; Alter 1,3–1,6 Mill. Jahre).

Die Evolution von **Homo erectus** erfolgte im Alt- und Mittel-pleistocän. Diese Zeit ist gekennzeichnet durch eine deutliche Klimaverschlechterung. Mehrere Eiszeiten (mindestens 5), getrennt durch wärmere Zwischeneiszeiten, gingen über die gemäßigten Zonen hinweg. Die Tropen und Subtropen hatten in diesen Zeitabschnitten kühlere Regenzeiten. Die daher weniger günstigen Umweltbedingungen erhöhten den Selektionsdruck für *Homo* und beschleunigten seine Evolution. Die frühe Entwicklungsphase von *H. erectus* fand nach den Fossilfunden in Südostasien und Afrika statt. Welche *Prähomininen*-Form Südostasien erreichte, ist unbekannt. Hier können nur neue Funde weiterhelfen.

Ein erheblicher Teil der Evolution zum *H. sapiens* muß sich in Asien abgespielt haben. Dies geht aus der Untersuchung eines bestimmten DNA-Sequenzstücks hervor. Diese c-DNA ist ein Virogen, d. h. sehr wahrscheinlich durch Aufnahme der Nukleinsäuresequenz eines Virus vom c-Typ ins Genom entstanden. Die c-DNA des Menschen weist nach den Hybridisierungsversuchen eine höhere Ähnlichkeit zu der asiatischer Affen auf als zu derjenigen der afrikanischen Menschenaffen (vgl. Studienband Evolution 3.6.2). Dies ist nur so zu erklären, daß das c-Virus eines asiatischen Affen während einer längeren Evolutionszeit des Menschen in Asien auf diesen überging und dann die Virogen-Bildung eintrat. Für asiatische Katzenarten ist Entsprechendes bekannt. Nur sie, nicht aber ihre nächsten Verwandten in Afrika, besitzen c-Typ-Virogene.

Bild 11: Schädel fossiler Menschen (a–d) und Steinwerkzeuge entsprechenden Alters (1–4)
a: *Homo erectus* (von Choukoutien)
Schädeldach schwach gewölbt, Stirn fliehend, Überaugenwülste kräftig, Unterkiefer ohne Kinn
b: *Homo sapiens steinheimensis,* Präsapiens (von Steinheim; der Schädel ist zum Vergleich seitenverkehrt abgebildet. Schädeldach stärker gewölbt, Stirn steiler, Überaugenwülste kräftig
c: *Homo sapiens neanderthalensis* (Neanderthaler von La Chapelle aux Saints) Schädeldach wenig gewölbt, Hinterhaupt kräftig, Stirn fliehend, Überaugenwülste kräftig, Unterkiefer ohne Kinn.
d: *Homo sapiens sapiens,* Jetztmensch. Schädeldach stark gewölbt, Stirn steil, keine Überaugenwülste, Unterkiefer mit deutlichem Kinn.
Die Schädelreihe zeigt die allmähliche Veränderung der Merkmale.
1: Einflächig behauener Faustkeil (»chopper«) von Choukoutien
2: Geräte des europäischen *Homo erectus* (Acheulium-Stufe)
3: Gerät des Neandertalers (Mousterium-Stufe)
4: Gerät des Cro-Magnon-Menschen (Solutrium-Stufe)
Die zunehmende Bearbeitung der Werkzeuge läßt auf steigende Fähigkeiten der Verfertiger schließen (vgl. 3.2).

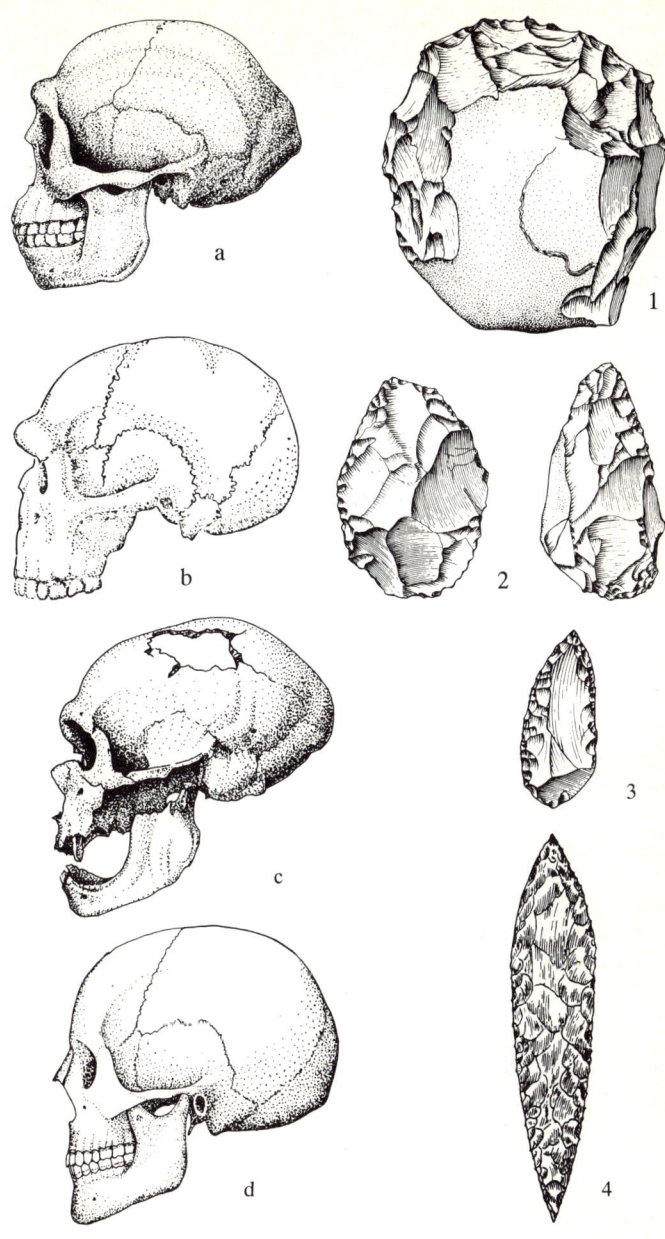

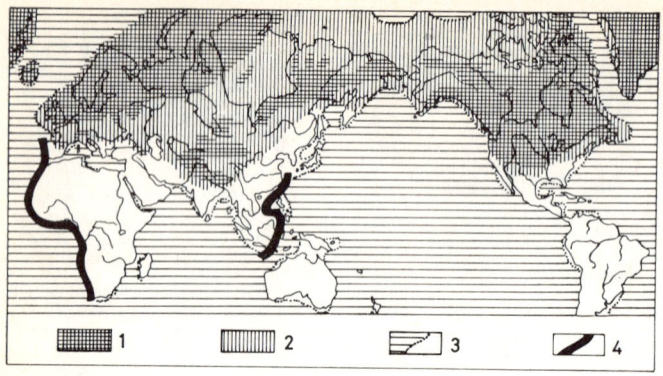

Bild 12: Erde zur Zeit der größten Vereisung.
1: Vom Eis bedecktes Gebiet
2: vegetationsfreie und vegetationsarme Gebiete, die nicht dauernd bewohnt werden konnten
3: ungefährer Küstenverlauf
4: West- und Ostgrenze bisher bekannter Funde. In den Zeiten starker
Vereisung war der Wohnraum der frühen Menschenformen ziemlich eingeengt, Afrika hat etwa die Hälfte der Fläche der damals bewohnten
Erde.

Homo erectus (Bild 11) hat sich dann offenbar über die ganze
Alte Welt ausgebreitet (Bild 13) und ist in den Zwischeneiszeiten
aus dem tropisch-subtropischen Raum weit nach Norden vorge-
drungen (Choukoutien bei Peking, Heidelberg). In Afrika südlich
der Sahara und Indonesien trat infolge Isolation offenbar eine ei-
genständige Entwicklung von *H. erectus* ein, die bis ins Jungplei-
stocän verfolgbar ist. Bei *H. erectus* findet man erstmals mit Sicherheit Feuerbenutzung (Choukoutien, Vertesszöllös).
Kannibalismus (Kopfjägerei) ist für die Choukoutien-Funde
sehr wahrscheinlich und hängt möglicherweise mit religiösen Vorstellungen zusammen. Im Verlauf der Evolution des *Homo erectus*
nahm auch das Gehirnvolumen besonders stark zu (Bild 13), man
führt dies auf den großen Selektionsvorteil einer wirksamen Kommunikation bei der Ausbildung von Jagdgruppen und der Mitteilung von Nahrungsquellen zurück. Wahrscheinlich entstand damals die Sprachfähigkeit. In Ostasien entwickelte sich *Homo erectus* nur beschränkt weiter, während sich in Europa oder Vorderasien vermutlich der Übergang zu den *Präsapiens*-Formen vollzog.
Dieser Übergang ist gekennzeichnet durch eine Verfeinerung von

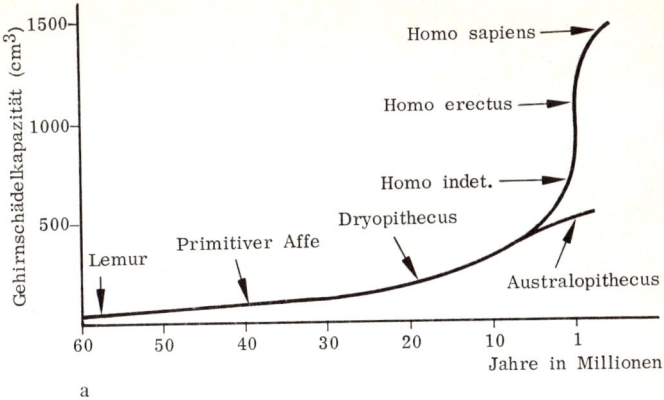

a

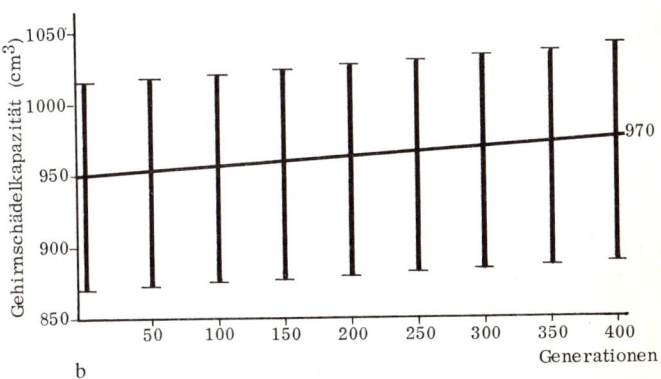

b

Bild 13: Zunahme der Gehirnschädelkapazität bei den Vorfahren des Menschen.

a: Die Veränderungen während der Evolution der Primaten vom Eozän bis heute. Der außerordentliche Anstieg der Kapazität bei der Evolution der Art *Homo* ist deutlich zu erkennen.

b: Die besonders intensive Evolutionsphase des menschlichen Gehirns im Maßstab menschlicher Generationen (Generationsdauer zu 25 Jahren angenommen). Die Größenzunahme des Gehirns von Generation zu Generation ist unbedeutend gegenüber der Variationsbreite innerhalb einer Generation, die durch senkrechte Striche wiedergegeben ist. Die Angabe dieser Variationsbreite beruht auf Messungen an heutigen menschlichen Populationen.

43

a

Bild 14: Rekonstruktionsversuche von *Dryopithecus* (a), *Ramapithecus* (b), *Australopithecus* (c) und *Homo erectus* (d) aufgrund der bisherigen Fossilfunde.

Schädel und Skelett (Grazilisation). Vermutlich in Europa ging aus dem *Präsapiens*-Mensch (Bild 11) im Verlauf der letzten Eiszeit der *Präneandertaler* und weiterhin der typische *Neandertaler*-Mensch hervor, während in klimatisch günstigeren Gebieten (Vorderasien?) unter Fortsetzung der Grazilisation der **Homo sapiens sapiens** entstand. Daher sind typische *Neandertaler* (Bild 11) auf Europa beschränkt. Sie waren von gedrungener Gestalt, wohl in Anpassung an das während der Eiszeit herrschende kalte Klima (Allensche Regel). In Vorderasien zeigen die Populationen von Neandertaler und Präsapiens/Sapiens-Mensch fließende Übergänge. Als *H. sapiens sapiens* um die Mitte der letzten Eiszeit durch Wanderung nach Europa auf den *Neandertaler* traf, war er diesem offenbar stark überlegen. Als mögliche Ursache wird das beim *Neandertaler* vermutlich viel schlechtere Lautbildungsvermögen (flacher Gaumen!) und die dadurch geringere Sprachfähigkeit diskutiert. Der Neandertaler verschwindet vor etwa 35 000 Jahren in Europas spurlos. Bestattungen des Neandertalers mit Beigabe und Blumen (darunter viele Heilpflanzen; festgestellt durch *Pollenanalyse*) lassen erkennen, daß er Rituale besaß. Kunstwerke (Höhlenzeichnungen, Elfenbeinfiguren) wurden dagegen erst von *Homo sapiens sapiens* angefertigt.

c

Name	Alter	Körperliche Merkmale	Ökologie (soweit bekannt)	Werkzeuge
Ramapithecus	15 – 8 Mill. J.	kurzer Kiefer, ziemlich abgerundeter Zahnbogen, kleine Eckzähne, Aufrichtung des Körpers	Allesfresser	Gebrauch von vorgefundenen Gegenständen als Werkzeug ist anzunehmen
Australo-pithecus	4 (oder 3) – 0,7 Mill. J.	Gehirnvolumen bis etwa 550 cm^3, parabolischer Zahnbogen, kleine Eckzähne, ausgeprägte Überaugenwülste, kein Kinn	Savanne, in Wassernähe, teils in Waldnähe	Werkzeugbenutzer, aber wahrscheinlich kein Werkzeug- und Geräitehersteller. Verwendet u. a. Knochen, Zähne, Horn, Steine (osteodentokeratische »Kultur«)
A. africanus	3 – 1 Mill. J.	Gehirnvolumen bis etwa 480 cm^3, Größe 1,2 – 1,3 m (dabei grazil), Gewicht 30 – 40 kg, geringer Sexualdimorphismus, Stirn schwach gewölbt	pflanzliche und tierische Nahrung (u. a. Ratten, Eidechsen, Hasen, Jungtiere von Großwild, Wurzeln, Beeren)	
A. boisei und robustus	2,6 – 0,7 Mill. J.	Gehirnvolumen bis etwa 550 cm^3, Größe der ♂ 1,5 m, Gewicht 50 – 60 kg, deutlicher Sexualdimorphismus, Stirn flach, ♂ mit Scheitelkamm, die beiden Arten sind geographisch getrennte Parallelentwicklungen	rein pflanzliche Nahrung	

				Werkzeugherstellung
Homo	seit 3,5 Mill. Jahren	Gehirnvolumen über 600 cm^3, Zahnbogen gerundet parabolisch, kleine Eckzähne, Extremitäten gleich wie beim heutigen Menschen, Gewicht > 40 kg, Größe > 1,5 m, geringer Sexualdimorphismus	pflanzliche und tierische Nahrung, anfangs Savanne, später immer weiter ausgedehnt	
H. indet. H. habilis	3,5 – 0,6 Mill. J.	Gehirnvolumen 550 – 800 cm^3, zierlicher Körperbau, deutliche Stirn mit Überaugenwülsten	Savanne	Herstellung von Steinwerkzeugen
H. erectus	1,9 – 0,3 Mill. J.	Gehirnvolumen 700 – 1200 cm^3 (Durchschnitt: 1000 cm^3), Gewicht 40 – 60 kg, Größe bis 160 cm, noch kein Kinn, deutliche Überaugenwülste, Schädelwand dick	von Europa bis Südost-Asien, Nahrung: Eßbare Früchte und Wurzeln, Großwildjagd, z.T. Höhlenbewohner, z.T. in zeltartigen Hütten aus Zweigen und Fellen	vielerlei Steinwerkzeuge, roh behauen. Feuer genutzt ab ca. 400 000 J.
H. sapiens	seit 300 000 J.	Gehirnvolumen 1000–2000 cm^3, Schädelwand dünn, Hinterhaupt etwa 5eckig, Stirn gut ausgebildet, Kinn wenigstens im Ansatz vorhanden, Tendenz zur Verkleinerung der Überaugenwülste	Alte Welt, viel später auch Amerika und Australien, gemischte Ernährung, Bau von Hütten und Häusern	Ständige Weiterentwicklung der Werkzeuge aus Stein, Knochen, Geweih, Holz, Ton, zuletzt Metall, Nah- und Fernwaffen

Name	Alter	Körperliche Merkmale	Ökologie (soweit bekannt)	Werkzeuge
H. sap. stein-heimensis (»Präsapiens«)	300 000– 150 000 J.	Gehirnvolumen bis 1300 cm³, Skelett und Schädel zierlich, Überaugenwülste vorhanden, Kinn nur angedeutet	Europa	Werkzeuge weiter entwickelt als bei H. erectus (feinere Bearbeitung), Speerspitzen, Haumesser
H. sap. nean-derthalensis (»Neander-taler«, Seiten-zweig)	100 000– 35 000 J.	Gehirnvolumen bis 1600 cm³, Durchschnitt höher als beim heutigen Menschen, grobknochig, untersetzt, Überaugenwülste vorhanden, Stirn relativ flach	Europa und Vorderasien, wahrscheinlich Anpassungsform an Klimaverschlechterung in der Würmeiszeit	Moustier-Kultur
H. sap. sapiens (Jetztmensch)	ab 60 000 J.	Gehirnvolumen durchschnittlich um 1400 cm³, Größe je nach Population 130–190 cm, Gewicht 50–70 kg, Überaugenwülste reduziert, Kinn ausgebildet	weltweit verbreitet, seit ca. 30 000 J. in Australien und Amerika, seit etwa 8000 J. aktive Umge-staltung der Umwelt, Ackerbau, Viehzucht, Städte	

1.2.2 Forschungsweise und Deutungsschwierigkeiten bei der Klärung der Stammesgeschichte des Menschen

Um den Ursprung des Menschen und seine Stammesgeschichte aufzuklären, muß die anthropologische Forschung zwei Hauptfragen bei allen Funden menschlicher Fossilien klären:
1. Wie alt ist der Fossilfund? Das ist die **Frage der Datierung.**
2. Wo ist der Fossilfund systematisch einzuordnen? Das ist die **Frage der Einordnung in das taxonomische System.**
Die Schwierigkeiten der Datierung wurden zu Beginn des Abschnitts 1.2 dargestellt. Genauso große Schwierigkeiten ergeben sich auch beim Versuch der Einordnung eines Fossilfundes in einen Verwandtschaftszusammenhang, also in das *natürliche System.* Dieses System unter Einschluß der verschiedenen ausgestorbenen Gruppen des Menschen ist ja nicht schon jetzt so bekannt, daß man einen Fossilfund auf Grund seiner Merkmale gleich richtig einordnen könnte. Im Gegenteil, das System entsteht erst im Zusammenhang mit den Funden. Diese sind aber sehr lückenhaft. Wie soll man entscheiden, ob ein Fund zu einer neuen Menschenform gehört oder ob er nur die Abwandlung eines bereits bekannten Typs ist, also zur Variationsbreite dieses Typs gehört? Oft läßt erst eine Mehrzahl von Funden eine bestimmte Deutung und Einordnung in das System wahrscheinlich werden. Mit anderen Worten: das Ordnungssystem wird erst im Zusammenhang mit den Fossilfunden ergänzt und mit dem Füllen der Fundlücken auch verändert.

Ein wesentliches Kriterium für die Einordnung eines Fossils ist der Grad der Ähnlichkeit mit bereits bekannten Formen. Der Ähnlichkeitsgrad ist um so genauer festzulegen, je vollständiger der Fund ist. Existiert beispielsweise aber zunächst nur ein Unterkieferstück (z.B. Fund von Lothagam, Bild 8) so ist zu erwarten, daß die darauf gründende Einordnung in die Entwicklungsreihe geändert wird, sobald mehr Skelett-Teile bekannt werden. In hohem Maße kommt es auch darauf an, wie man die Merkmale von Fossilien deutet, d. h. welche als wesentlich angesehen werden und welchen nur geringes Gewicht beigemessen wird. So hat man lange Zeit Australopithecus entweder als direkten Vorfahren von Homo angesehen oder auch in eine Seitenlinie gestellt, die dann ausstarb. Erst weitere Funde (vgl. Bild 10) und Datierungsuntersuchungen haben dann geklärt, daß beide gleichzeitig lebten, Australopithecus also nicht der Vorfahre von Homo gewesen sein kann. Es kann auch vorkommen, daß ein bestimmtes Fossil (F in Bild 15) von einem Forscher vor die Gabelung der Entwicklungslinien Mensch/heutige Menschenaffen eingeordnet, von einem anderen in die Homo-Linie und von einem dritten in eine Seitenlinie gestellt wird. Das vorliegende Fossilmaterial reicht für eine eindeutige Entscheidung nicht aus (vgl. Bild 6). Es hängt hierbei außerdem davon ab, wie die Merkmale des Fossilrestes gewichtet werden. Strukturmerkmale des Schädels gelten als wichtiger gegenüber solchen des Oberschenkels.

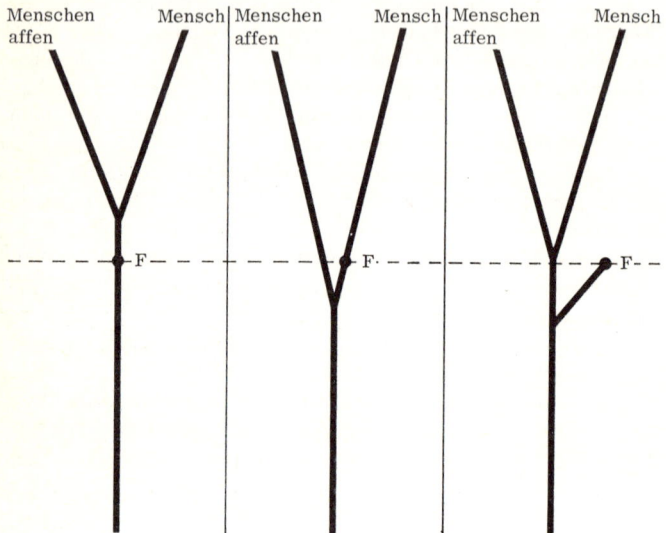

Bild 15: Verschieden mögliche Einordnungen eines Fossils F. Erklärung im Text.

Die Auswertung von Fossilfunden durch die Paläontologen und Anthropologen sei an einigen Beispielen demonstriert. Die Forscher versuchen durch genaue Beobachtung und Messung alle erkennbaren Merkmale der Fossilien möglichst genau zu bestimmen. Sie interpretieren dann die Merkmale hinsichtlich ihrer Bedeutung, ihrer Funktion. Dabei ziehen sie Schlüsse unter Verwendung bereits vorliegender Erkenntnisse, vor allem von heutigen Lebewesen.

Bei allen Schlußfolgerungen geht man davon aus, daß bei fossilen Formen die gleichen Beziehungen zwischen Bau und Funktion (oder Lebensweise) bestehen wie bei heute lebenden Formen. Das ist eine höchst einleuchtende Annahme.

Beispiele für Schlußfolgerungen aus Fossilfunden

Merkmale des fossilen Objekts	Mögliche Schlußfolgerungen
Schneidezahn kegelförmig	Dient zum Festhalten der Nahrung (Beute)
Schneidezahn meißelförmig	Dient zum Abreißen von Teilen der Nahrung oder zum Abnagen von Knochen des Beutetiers
Eckzahn kräftig, spitz	Fleischfresser, dient zum Kämpfen und zum Töten der Beute
Eckzahn zurückgebildet	Pflanzenfresser, Allesfresser
Backenzahn scharfkantig	Fleischfresser, dient zum Zerteilen der Nahrung
Backenzahn breitkronig mit Falten und Höckern	Pflanzenfresser, dient zum Zermahlen der Nahrung
Schnauze lang	Ausgezeichneter Geruchsinn, da Platz für große Riechschleimhaut, Schnüffeln am Boden; greifen Gegenstände mit den Kiefern (z. B. Hund, Schwein)
Schnauze schwach ausgebildet	Weniger guter Geruchsinn; orientieren sich mit dem Gesichtssinn und tragen den Kopf hoch (z. B. Huftiere)
Gehirnschädel klein	Kleines Gehirn mit beschränkter Zahl von Verhaltensmustern, niedere Intelligenz
Gehirnschädel groß	Großes Gehirn mit vielfältigen Verhaltensmöglichkeiten, höhere Intelligenz
Scheitelkamm ausgebildet	Ansatzstelle für starke Kaumuskeln, Gebiß als Waffe oder für mahlende Bewegungen zum Aufschließen pflanzlicher Zellwände
Hinterhauptsloch hinten am Schädel	Wirbelsäule waagerecht, Vierbeiner
Hinterhauptsloch in der Mitte des Schädelbodens	Wirbelsäule senkrecht, aufrechtgehender Zweibeiner
Becken langgestreckt	Vierbeiner
Becken »becken«förmig	aufrechtgehender Zweibeiner (Baucheingeweide vom Becken gehalten)

| Bei fossilen Menschen: knöcherner Gaumen flach | Sprachartikulation schlecht |
| Bei fossilen Menschen: knöcherner Gaumen hochgewölbt | Sprachartikulation wie beim heutigen Menschen |

1.3 Population und Selektion in der Evolution des Menschen

Da sich Evolution in der Population abspielt, wäre es wünschenswert, Aussagen über die Variationsbreite von Merkmalen
der Vorfahren des heutigen Menschen machen zu können. Bei
Ramapithecus, Australopithecus und den älteren Formen ist jedoch
die Zahl der Funde für sichere Aussagen zu klein; daher sind die
Artabgrenzungen unsicher.

Bei *Homo erectus* läßt die relativ geringe Variationsbreite der
Funde vermuten, daß ein gemeinsamer Genpool aller Menschen
vorlag. Dies gilt für die ganze weitere Evolution des Menschen; der
Homo sapiens ist durch allmähliche Artumwandlung entstanden.
Dabei sind neue wertvolle Merkmale irgendwo im Verbreitungs-
gebiet des Menschen aufgetreten, wurden durch Wanderungen von
Gruppen verbreitet und durch Vermischung und Unterwerfung auf
andere Gruppen übertragen. Deshalb sind die Rassen stets nur
eine gewisse Zeit lang vorhanden. Auch die heutigen Menschenrassen sind wahrscheinlich nicht älter als etwa 35 000–50 000 Jahre. Sicherlich hat der Neandertaler – sein Verschwinden in Europa
ist offenbar auf den Cro-Magnon-Menschen zurückzuführen –
Gene in die Cro-Magnon-Bevölkerung eingebracht, denn eine un-
terworfene Bevölkerung wird nie völlig ausgerottet.

Seit der Zeit des *Homo erectus* kam es nie mehr zu einer dauernden und völligen geographischen Isolation oder zu einer totalen
ökologischen Spezialisierung einzelner Gruppen, so daß auch nie
eine Artenspaltung eintreten konnte. *Der Mensch hat zwar eine
außerordentliche ökologische Mannigfaltigkeit entwickelt, nämlich
mit Hilfe seiner Erzeugnisse* (Werkzeuge, Kleider u.a.), *nicht jedoch durch biologische Spezialisierung.* So besiedelte eine einzige
Art alle Nischen, die Homo-artige Wesen überhaupt besiedeln
können: »Der Mensch hat sich auf das Nichtspezialisieren spezialisiert.« Durch das Eindringen in immer neue ökologische Nischen
hat der Mensch seit dem Pleistozän seine Umwelt immer stärker
umgestaltet. Das Aussterben mancher Großtiere ist darauf zurückzuführen. So wurde der Höhlenbär in der letzten Eiszeit nicht deshalb ausgerottet, weil er gejagt wurde, sondern als Folge der über-

mächtigen Konkurrenz des Menschen hinsichtlich Nahrung und Wohnung; er ist in der Selektion dem Menschen unterlegen.

Die *natürliche Selektion* ist auch heute noch wirksam, in Gebieten mit Nahrungsmangel oder schlechten hygienischen Verhältnissen in der rohesten Form, die vor allem die Kinder trifft. Auch dort, wo die Kindersterblichkeit als Selektionsfaktor durch hygienische Maßnahmen weitgehend ausgeschaltet ist, erfolgt Selektion durch unterschiedliche Fortpflanzungsraten (die bei Kulturvölkern allerdings vorwiegend soziokulturell bedingt sind, s. u.). Ein bekanntes Beispiel für die Wirkung der natürlichen Selektion ist das Auftreten des Sichelzell-Hämoglobins in Malariagebieten, in denen die Heterozygoten wegen geringer Krankheitsanfälligkeit Vorteile haben (vgl. Studienbd. Evolution 3.5.4.3.1). Aus Arabien sind nun sogar Populationen bekannt geworden, bei denen auch die homozygoten Träger des Sichelzell-Gens fast gesund sind. Bei ihnen ist allerdings ein Teil des Blutfarbstoffs durch das fetale Hämoglobin F ersetzt, das normalerweise nur vor der Geburt gebildet wird und besonders günstige O_2-Transport-Eigenschaften aufweist. Durch eine Mutation der zeitlichen Regulation der Hämoglobin-Bildung und durch die Auswirkung der natürlichen Selektion ist im arabischen Raum ein neues, für Malariagebiete vorteilhaftes Stadium der Evolution erreicht worden.

Wirkung von Kultureinflüssen auf die Selektion. Der im Lauf der Evolution des Menschen immer stärker gewordene Einfluß der Kultur zeigt sich in folgenden Änderungen der Selektionsbedingungen:

1. Viele Selektionsfaktoren schwächen sich ab infolge der veränderten Lebensweise (Zivilisation) (vgl. Studienbd. Genetik Abschn. 15).

2. Kulturelle Normen wirken sich auf die Partnerwahl aus; so gibt es z. B. kulturspezifische Heiratssitten und Heiratsverbote sowie unterschiedliche Schönheitsideale (orientalisches Ideal der Fettleibigkeit, europäisches Ideal der griechischen Körperproportionen).

3. Verschiedene Teile einer Population können unterschiedliche Fortpflanzungsraten haben und zwar aus wirtschaftlichen, ideologischen, religiösen oder politischen Gründen.

1.4 Variabilität des rezenten Menschen

1.4.1 Variabilität der Populationen: Menschenrassen

Über die Entstehung der heutigen Menschenrassen ist fast nichts bekannt, sie gehören aber sicher alle zu *Homo sapiens* und können sich ohne Einschränkung miteinander mischen. Die Differenzierungen der Populationen in **Rassen traten auf als Anpassung an unterschiedliche Umweltverhältnisse.** Es war also vor allem die natürliche Selektion wirksam, wie man dies aus den weitgehend auch für den Menschen geltenden *ökologischen Klimaregeln* ersehen kann:

1. **Die Bergmannsche Regel:** Die Körpergröße nimmt aufgrund der Temperaturverhältnisse im allgemeinen vom Äquator zum Pol zu. Dies ist z. B. gut belegt für die Indianer Amerikas.
2. **Allensche Regel:** In kälteren Gebieten sind die Extremitäten im Vergleich zum Körper kürzer. Die Verkleinerung der Körperoberfläche verringert die Wärmeabgabe. So haben Eskimos und Lappen kurze Extremitäten, die Negergruppe der Niloti-den im östlichen Afrika dagegen sehr lange.

Die beiden Regeln stehen allerdings in gewissem Widerspruch zueinander, da abnehmende Körpergröße nur schlecht mit erheblicher Verlängerung der Extremitäten vereinbar ist, ohne zu starker Disproportionierung zu führen. So entsprechen die Eskimos zwar der Allenschen Regel, sind jedoch in der Gesamthöhe des Körpers klein entgegen der Bergmannschen Regel, ebenso sind die Niloti-den entgegen dieser Regel hochwüchsig.

Weitere genetische Anpassungen an die Temperaturverhältnisse sind:

die stärkere Einlagerung von Fett in die Unterhaut bei Populationen kalter Gebiete (Eskimos, Lappen);

die ökonomische Regulation der Schweißabsonderung bei Bewohnern dauernd heißer Gebiete (Negride gegenüber Europiden),

die rasche Veränderbarkeit des Grundumsatzes bei Populationen in Gebieten mit starker Temperaturdifferenz zwischen Tag und Nacht (vor allem in Wüsten und Halbwüsten) und die ebenfalls in solchen Gebieten auftretende Fettablagerung an eng begrenzten Körperregionen (z. B. Fettsteißbildung bei Buschleuten und Australiden der Wüstenzone).

Eine weitere Klimaregel **(Glogersche Regel)** besagt, daß in heißen und besonders in feucht-heißen Gebieten Haut und Haare stärker pigmentiert sind (Bild 16). Das Hautpigment *Melanin* ab-

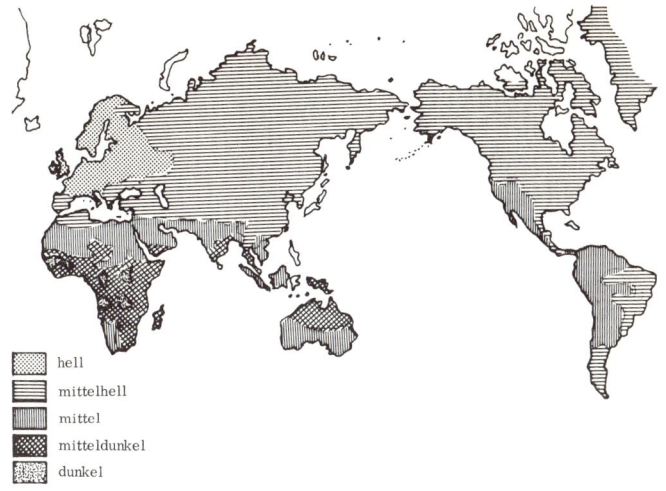

hell
mittelhell
mittel
mitteldunkel
dunkel

Bild 16: Verteilung der menschlichen Hautfarben 1500 n. Chr. (Gloger-sche Regel) (nach BRACE und MONTAGU)

sorbiert in hohem Maß UV-Strahlen und schützt daher vor Strah-lenschäden, die zu Hautkrebs führen können. Melanin schützt auch vor Vitamin-D-Hypervitaminose, da die Synthese dieses Vit-amins unter Einfluß des UV-Lichts in der Haut erfolgt. Bei der Be-siedlung lichtärmerer Zonen der Erde war die Gefahr einer unzu-reichenden Vitamin-D-Versorgung gegeben, doch sichert eine pigmentärmere Haut immer noch seine ausreichende Bildung, sie hatte daher Selektionsvorteil. Diese Depigmentierung ist am aus-geprägtesten bei den Nordeuropiden, aber auch bei Feuerland-In-dianern und Ainus gut feststellbar.

Für die Nasenform sind ebenfalls selektive Anpassungen nach-gewiesen: breite Nasen findet man vor allem bei Populationen im feucht-warmen Klima, schmale und hohe Nasen vor allem in trok-kenen (ariden) Gebieten (z. B. arabische Beduinen, nordamerika-nische Prärie-Indianer, Indianer der Hochanden). Lange Nasen-gänge sind in trockenem Klima vorteilhaft, weil die sehr trockene Atemluft intensiver mit den befeuchtenden Schleimhäuten in Be-rührung kommt.

Dem Auftreten von Rassen des Menschen liegt – wie bei jeder Rassenbildung – eine Veränderung von Genhäufigkeiten in der Population zugrunde. Diese war nur möglich infolge geographi-

Tabelle 6: Hauptrassen und ihre Variabilität im Erscheinungsbild

Merkmal	Europide Bild 18a	Mongolide Bild 18b	Negride Bild 18c
Statur	klein – groß grazil – untersetzt	klein – mittelgroß grazil – untersetzt	klein – sehr groß grazil – stämmig
Kopfform	kurz – lang	meist kurz	lang – kurz
Gesicht	reliefreich, niedrig, rund – hoch, schmal	meist flach (breite Jochbögen), rund, mittelhoch	häufig Prognathie, hoch – niedrig, Stirn z. T. steil
Nase	hoch, schmal, gerade – flach, breit, gekrümmt	flach, breit – hoch, gerade	flach und breit
Lippen	schmal – dick	schmal – dick	dick – wulstig
Rumpf	relativ lang	variabel	variabel
Muskulatur	deutlich hervorstehend	nicht deutlich hervorstehend	kräftig, unterschiedlich stark hervorstehend
Weibliche Brust	halbkugelförmig	meist flach	kegelförmig
Sexualdimorphismus	deutlich	gering	meist sehr gering
Körperbehaarung	reichlich	schwach	schwach
Haar	hell – schwarz, schlicht – wellig, dünn	schwarz, straff, glatt, dick	schwarz, kraus, dick
Augen	blau – dunkelbraun	dunkel, schmale Lidspalte, oft Mongolenfalte	dunkel
Haut	hellrötlich – hellbraun	hellgelblich – olivbraun	hellbraun – sehr dunkelbraun
Blutgruppen	hoher Anteil an Allel A	hoher Anteil an Allel B (außer Indianer)	hoher Anteil an Allel 0
Zugehörige Gruppen	in Europa: Nordide, Osteuropide, Alpinide, Dinaride, Mediterranide	in Asien: Mongolide i. e. S.; Tungide (echte Mongolen), Simide	in Afrika: Äthiopide, Nilotide, Sudanide, Bantuide, Paläonegride

stark vermischt; Lappen
in Nordafrika: Berber, Tuareg
in Asien: Orientalide, Armenide,
Irano-Afghanide, Indide; ursprünglich aus Asien: Zigeuner
Mischgruppe zu Mongoliden:
Turanide
zu Negriden: Äthiopide

(Chinesen), Sibiride, Paläomongolide
in Amerika: Indianer, in drei
Einwanderungswellen
1. Lagide (Feuerländer), Margide
2. Südamerikanische Indianer
(Pampide, Patagonide, Brasilide,
Andide)
Mittelamerikanische Indianer
(= Zentralide)
Nordamerikanische Indianer
(Silvide, Pazifide)
3. Eskimos

Reliktgruppen:
Australide: Viele Skelett- und Schädelmerkmale erinnern an frühe Homo-sapiens-Formen (z. B. Überaugenwülste). Hierher gehören Australier, Tasmanier (von Europäern ausgerottet), Melanesier (Papuas, Fidschi-Insulaner sowie die Negritos, das sind asiatische Pygmäen auf den Philippinen, den Andamanen und auf Malaysia). Weddide (Südindien und Ceylon), Polynesier (Mischbevölkerung von Melanesiern mit ursprünglichen Mongoliden und Europiden auf Hawai, Samoa, Tahiti, Tonga, der Osterinsel, zu ihnen gehören auch die Maoris auf Neuseeland).
Ainu: Körpermerkmale teils an Australide, teils an europide erinnernd. Aschfarbene Haut, starke Behaarung. Auf Hokkaido und Sachalin.
Bambutide: Afrikanische Pygmäen, Zwergwuchs als Anpassung an den Biotop des tropischen Regenwaldes.
Khoisanide: Reste einer altafrikanischen Bevölkerung im südlichen Afrika mit altertümlichen Merkmalen. Hierzu gehören die Buschmänner = Sanide (kleinwüchsig) und die Hottentotten = Khoi (größerwüchsig).

scher Schranken. Die Erhaltung einer genetischen Verschieden-
heit von Populationen ist beim Menschen vor allem durch soziokulturelle (sprachliche, soziale, religiöse, politische) Schranken verursacht. Wanderungen einzelner Populationen führten immer wieder
zu Veränderungen durch Anpassungen an andere Lebensräume.
Auch die soziokulturellen Schranken änderten sich im Lauf der
Zeit. Die Folge waren Populationsdurchmischungen. Schon deshalb kann eine genaue Zahl menschlicher Rassen nicht angegeben
werden.

Man gliedert heute in drei gut unterscheidbare Großrassen oder
Rassenkreise: *Europide* (= *Kaukasoide*), *Mongolide* und *Negride*.
Jeder Rassenkreis läßt sich in meist nur unscharf gegeneinander
abgesetzte Rassen aufgliedern. Insbesondere in den Grenzgebie-
ten findet man häufig viele Merkmalsübergänge. Außer den drei
Großrassen gibt es noch einige Reliktgruppen unklarer Zugehö-

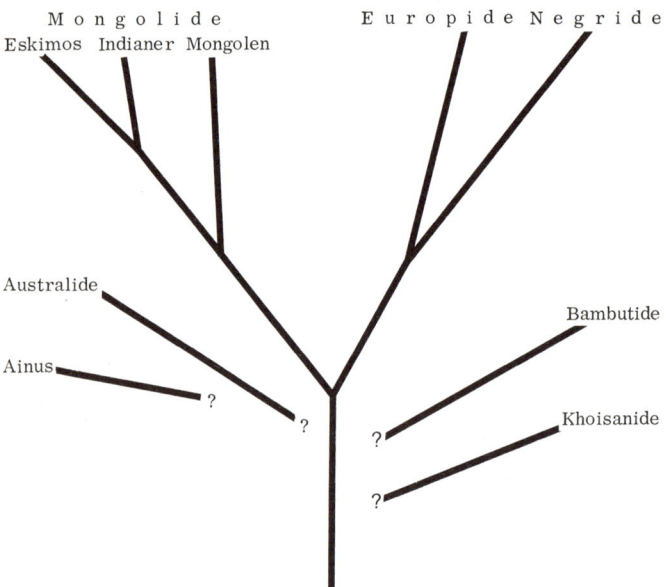

Bild 17: Phylogenie der Rassenkreise nach derzeit herrschender Ansicht. Nach Messungen des genetischen Abstandes soll die Trennung
der Negriden vor der Trennung Europide/Mongolide erfolgt sein. Der
genetische Abstand wird bestimmt durch die Zahl der Unterschiede in
der Aminosäuresequenz der untersuchten Proteine (vgl. Studienband
Evolution, 3.6.5).

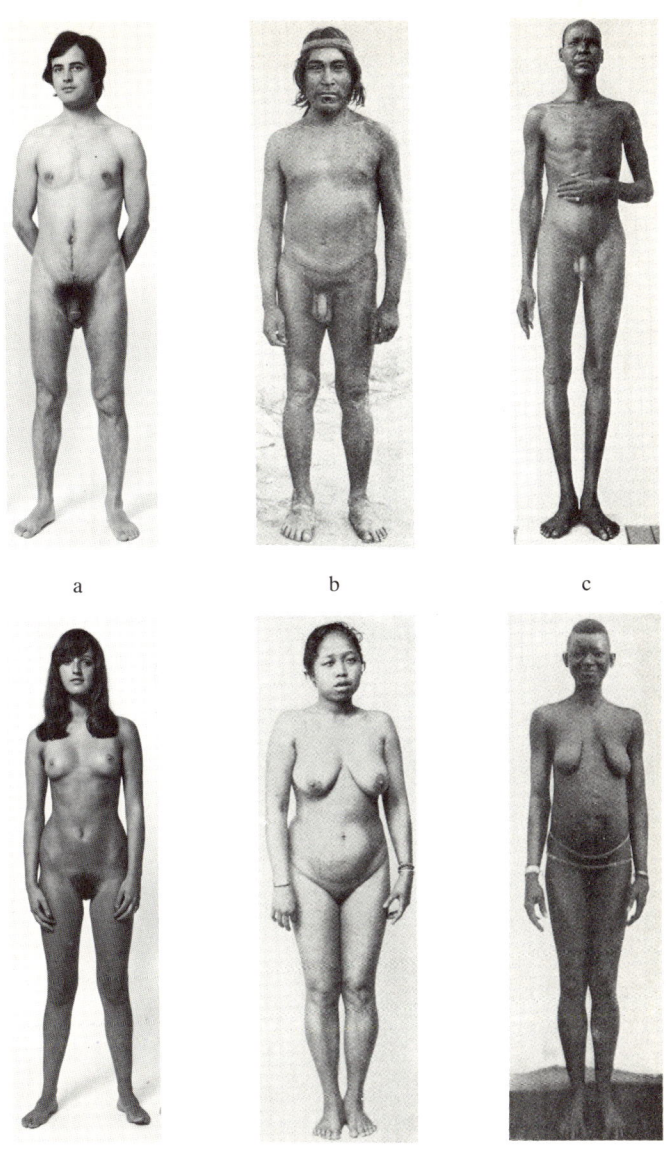

Bild 18: Körperbau der drei Großrassen: Europide – Mongolide – Negride (vgl. Tabelle 6).

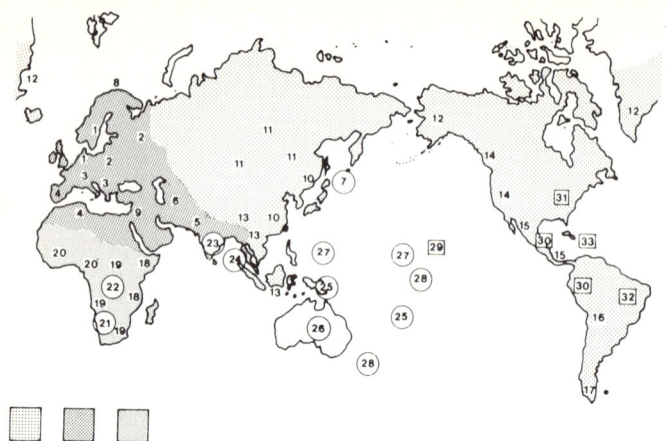

Bild 19: Geographische Verteilung der Menschenrassen (Zahlen vgl. Erläuterung rechts) (nach KATTMANN)

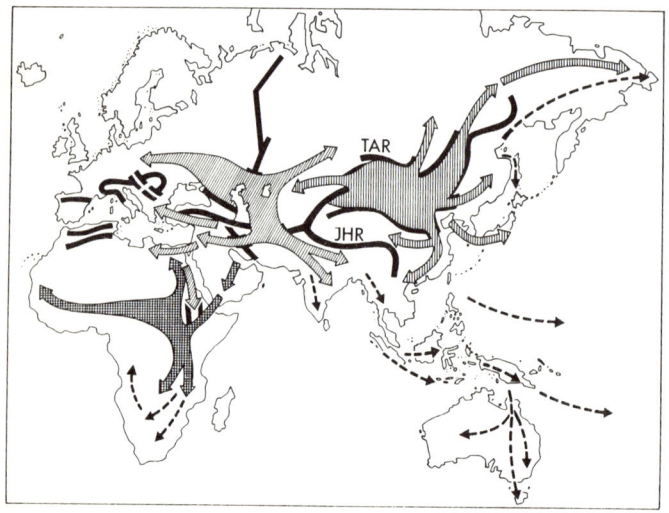

Bild 20: Wahrscheinliche Entstehungsgebiete und Ausbreitung der heutigen Großrassen in der Zeit des Spätpaläolithikums (vor ca. 40000–10000 Jahren). Gestrichelte Pfeile geben die Abdrängung früher *Homo sapiens*-Formen in Rückzugsgebiete an. Schwarz: ausbreitungshemmende Gebirgszüge. TAR = Tieno-altaischer Gebirgsriegel; IHR = Irano-himalayischer Gebirgsriegel

	Rassen der Großgruppen	○ Sonder-gruppen	□ Populationen mit starker neu-zeitlicher Rassenmischung
Europide	1 Nordeuropide = Nordide 2 Osteuropide 3 Alpide 4 Mediterranide, Berber und Tuareg 5 Indide 6 Turanide 8 Lappide 9 Orientalide und Armenide	7 Ainu 21 Khoisanide (Hottentotten, Buschmänner) 22 Afrikanische Pygmide (Pygmäen) = Bambutide 23 Weddide 24 Negritide 25 Melaneside (Papuas)	29 Neu- hawaiianer 30 Ladino 31 Nordameri- kanische Farbige 32 Südameri- kanische Farbige 33 Karibische Farbige
Mongolide	10 Sinide 11 Klassische Mongo- lide = Tungide und Sibiride 12 Eskimide 13 Südostasiatide = Paläomongolide 14 Nordamerika- nische Indianide 15 Zentralamerika- nische Indianide 16 Südamerika- nische Indianide 17 Lagide (Feuerländer)	26 Australide 27 Mikroneside 28 Polyneside	
Negride	18 Äthiopide und Nilotide 19 Sudanide und Bantuide 20 Paläonegride		

rigkeit. Sie stammen vermutlich von Altformen des *Homo sapiens* ab (vgl. Bild 16).

Die erwähnten Klimaregeln sind bei allen Rassenkreisen gültig. Stark pigmentiert sind z.B. im europiden Rassenkreis die südlichen *Indiden,* im negriden Rassenkreis die *Sudaniden,* im mongoliden Rassenkreis die *brasiliden* und *andiden Indianer.* Allerdings ist die

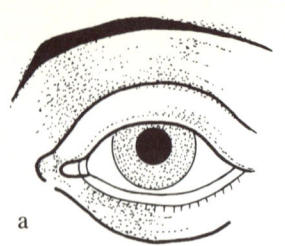
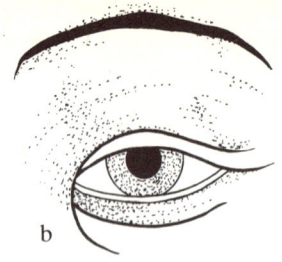

a   b

Bild 21: Linkes Auge (a) eines Europäers und (b) eines Mongolen. Die Mongolenfalte entsteht dadurch, daß die obere Lidfurche sich an der inneren Seite stark senkt und den inneren Augenwinkel verdeckt.

adaptive Schwankung der Hautfarbe sehr unterschiedlich; sie ist bei den Europiden am größten und bei den Mongoliden am geringsten.

Als **Kriterien für die Gliederung der Rassen** sind nur körperliche (anatomisch und physiologische), umweltstabile Merkmale sowie die ursprüngliche Verbreitung geeignet. Da die Variationsbreite der Population einer Rasse im allgemeinen größer ist als die Merkmalsunterschiede zwischen den Rassen, ist eine eindeutige Kennzeichnung schwierig. Dies trifft insbesondere dann zu, wenn die Rassen seit langer Zeit dem gleichen Kulturraum zugehören und sich daher oft stark vermischt haben (z.B. in den alten Kulturräumen Europa, Indien und Ostasien). In neuester Zeit ist infolge der fortschreitenden kulturellen »Europäisierung der Erde« auch eine immer stärkere Durchmischung der Großrassen im Gange.

Über die Merkmale und die Gliederung von Reliktgruppen und Großrassen unterrichtet die Tabelle 6.

Bild 22:

a: Australider Mann: breites Gesicht und breite Nase, niedrige Stirn, dunkle Hautfarbe, starke Behaarung

b: Onge-Frau von den Andamanen-Inseln: Zwergwuchs, Gesichtszüge kindlich, Körpergestalt ähnlich dem europiden Typus

c: Bambutider Mann (afrikanischer Pygmäe): Haut gelb bis braun, wird früh faltig. Körperbehaarung deutlich (stärker als bei Negriden)

d: Buschmann (Sanider): kleinwüchsig, dunkle Hautfarbe, Haut wird früh faltig, Gesicht flach, Stirn steil, Körperbehaarung schwach

e: Rehobother Bastard: Mischbevölkerung von Hottentotten und Europäern (Buren) aus Rehoboth (Namibia). Bei ihrer Untersuchung hat E. FISCHER erstmals die Gültigkeit der Mendelschen Regeln für Rassenkreuzungen des Menschen nachgewiesen.

a

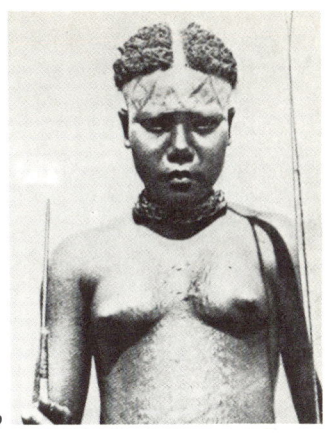
b

c

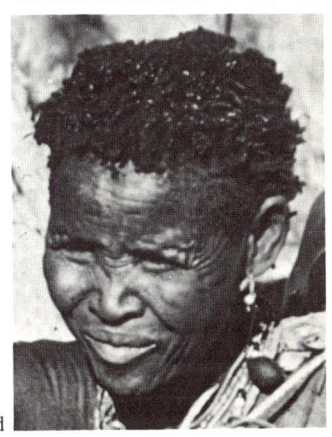
d

e

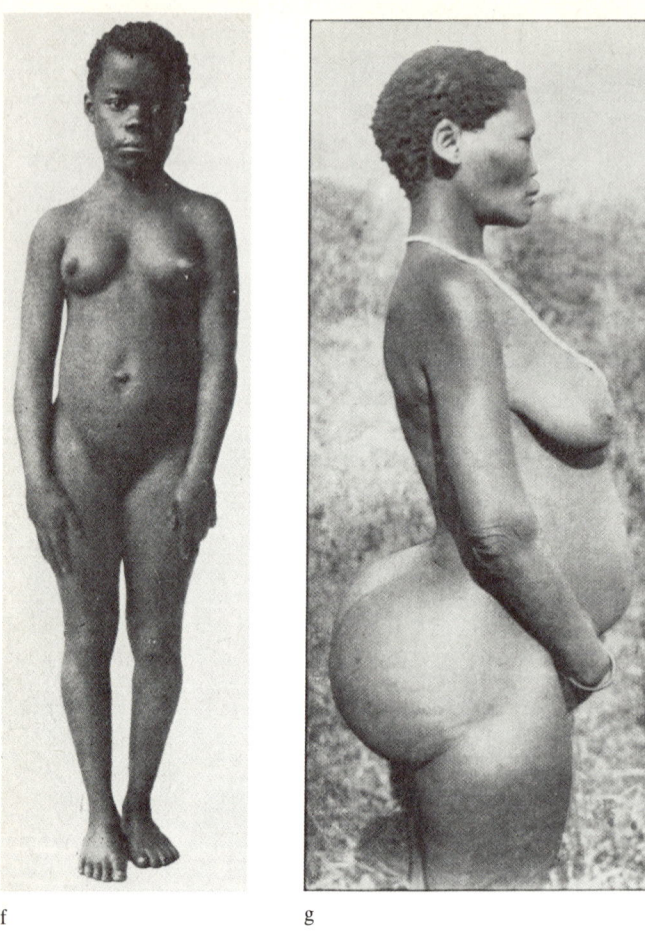

f   g

f: Bambutide Frau: gut erkennbar sind die kindlichen Körperproportionen der zwergwüchsigen Bambutiden (Körpergröße der Frau 120 cm).
g: Steatopygie (Fettsteiß) bei einer Hottentottin

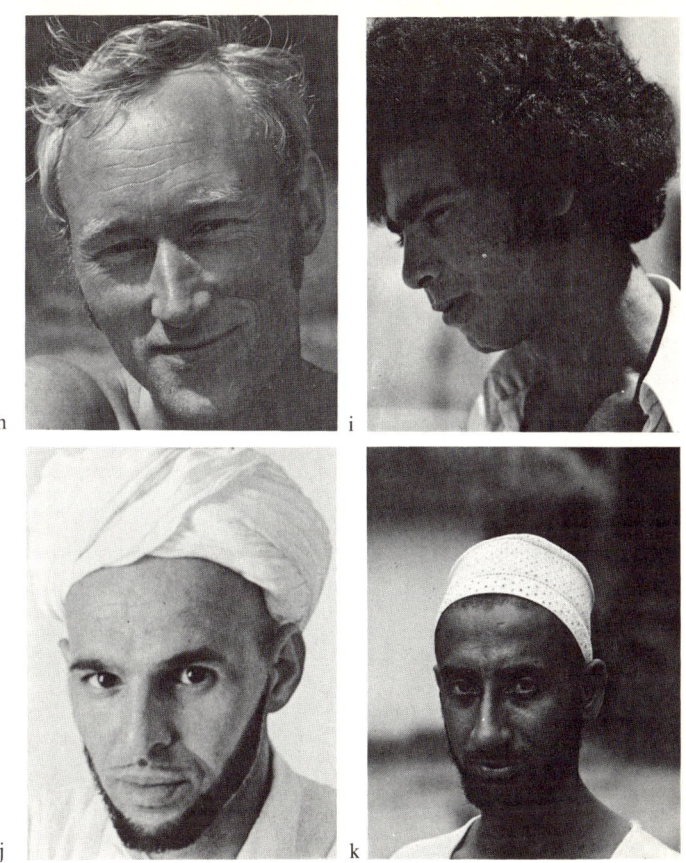

Bild 22h bis 22m: Vertreter der europiden Großrasse

h: Nordider Mann (aus Nordeuropa): stärkste Depigmentierung, großwüchsig, schmale Nase, kräftiges Kinn

i: Mediterranider Mann (aus dem Mittelmeerraum): Depigmentierung
geringer, kleinerwüchsig

j: Berberider Mann (aus Nordafrika): ziemlich hellhäutig, rundköpfig

k: Orientalider Mann (Araber): Haut hell bis braun, Nase groß, Haare
häufig wellig-lockig. Hierher gehören die meisten Araber und Israelis.

l: Armenider Mann (aus Anatolien): Kopf kurz und hoch, flacher Hinterkopf, Nase groß, Lippen breit

m: Indide Frau (aus Südindien): Kopf lang und schmal, Gesicht oval, Stirn steil, Körperbau mittelgroß bis grazil

n: Turanider Mann (aus Innerasien): Kopf breit, Wangenbeine hervortretend, im Körperbau mittelgroß. Turanide sind eine Mischgruppe von Europiden und Mongoliden, waren ursprünglich Reitervölker (Dschingis-Khan, Tataren).

Bild 22o bis t: Vertreter der mongoliden Großrasse

o: Tungide Frau (aus der Mongolei): Gesicht rundlich, großer Abstand

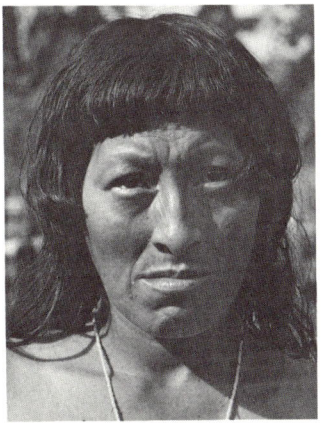

der Augenhöhlen. Haut hell, Haare schwarz. Mongolenfalte sehr gut
ausgebildet
p: Sinider Mann (aus China): Gesicht längergestreckt als bei Tungiden,
Kinn oft zurückgesetzt, schmale Lippen
q: Lagide Frau (Feuerland-Indianerin): ursprünglichste Gruppe der
Ureinwohner Amerikas. Grober Schädelbau, breite Nase, derbe Kiefer,
keine Mongolenfalte
r: Brasilider Mann (Indianer des Amazonas-Regenwaldes): kleinwüchsig,
dunkelhäutig, Gesicht nur in der Augenpartie deutlich mongolid
s: Silvider Mann (nordamerikanischer Indianer): großwüchsig, Gesicht
rechteckig, kantig, früh faltig

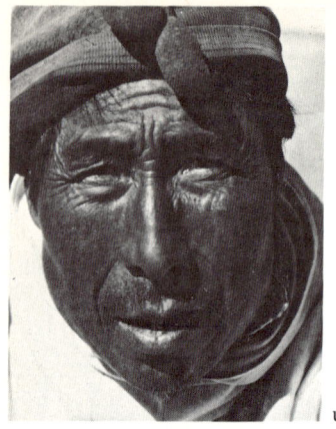

u

v

w

t: Eskimider Mann (Eskimo von Grönland): größte Ähnlichkeit zu den asiatischen Mongolen; in der dritten (letzten) Einwanderungswelle aus Asien zugewandert

Bild 22 u bis w: Vertreter der negriden Großrasse

u: Äthiopider Mann (aus Äthiopien): Kopf schmal, hohe Stirn, Nase schmal, Lippen breit. Die nördlichen Äthiopiden aus Äthiopien sind eine Mischpopulation von Negriden und Europiden

v: Sudanide Frau (nördliches Schwarzafrika): Gesicht breit und flach, Körperbau mittelgroß und muskulös

w: Bantuide Frau (zentrales und südliches Afrika): Gesicht kantiger als bei Sudaniden, Körperbau mittelgroß bis gedrungen

1.4.2 Variabilität innerhalb einer Population

Innerhalb einer Population bestehen vielerlei Variabilitäten. Sie betreffen die Entwicklung, den Körperbau und die Psyche; sie werden hier am Beispiel der am besten untersuchten Bevölkerung Europas behandelt.

1.4.2.1 Altersvariabilität, Akzeleration

Eine Variabilität zeigt die körperliche Entwicklung *(Ontogenese)* bei jedem einzelnen Individuum. Das nachgeburtliche Wachstum verläuft beim Menschen ungleichmäßiger als bei den anderen Primaten. Eine erste stärkere Streckung findet um das 6. Lebensjahr statt. Auffällig ist dann insbesondere der Wachstumsschub während der Pubertät, der bei Tieren keine Entsprechung hat. Mit der Entwicklung bis zur körperlichen Reife (die nicht mit der Geschlechtsreife zusammenfällt, sondern einige Jahre später liegt) sind Proportionsänderungen verbunden: die relative Kopfgröße nimmt fortlaufend ab, die relative Beinlänge zu. Parallel dazu verknöchert zunehmend das Skelett; von der Pubertät an verwachsen die Epiphysen der Längsknochen und damit ist kein weiteres Längenwachstum mehr möglich. Danach beginnen die Knochen des Schädels miteinander zu verwachsen, die Knochennähte verschwinden. Mit Hilfe dieser Kenntnisse kann man aus Knochen das Lebensalter eines Menschen ziemlich genau feststellen (Bedeutung für die Kriminalistik und die Archäologie).

Im Verlauf des letzten Jahrhunderts ist eine fortgesetzte Zunahme der Körpergröße und eine zeitliche Vorverlegung der Geschlechtsreife zu erkennen. Man bezeichnet diesen Vorgang als **Akzeleration** (Entwicklungsbeschleunigung). Die jährliche Zunahme der Körperhöhe betrug im 20. Jahrhundert in Mittel- und Nordeuropa durchschnittlich 0,9 mm (Bild 23). Die Menschen waren im Durchschnitt noch nie so groß wie heute. Dies betrifft alle Altersstufen, auch Neugeborene sind heute im Durchschnitt größer und schwerer als früher. Die zeitliche Vorverlegung der Geschlechtsreife ist im weiblichen Geschlecht eindeutig meßbar am Eintritt der 1. Menstruation *(Menarche)*. Sie schwankt in Europa im Durchschnitt gegenwärtig zwischen dem 10. und 13,5. Lebensjahr, lag 1930 im Durchschnitt zwischen dem 12. und 16. Lebensjahr und um 1900 zwischen dem 13. und 17. Lebensjahr. Wir wis-

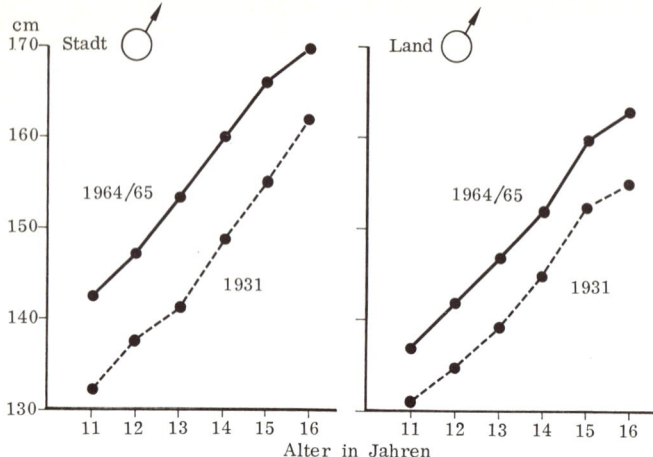

Bild 23: Körperhöhenveränderungen (1931 und 1964/65) bei männlichen Jugendlichen in der Stadt und auf dem Lande in Rumänien (nach NEKRASOV u.a. 1967). In anderen Ländern werden ähnliche Veränderungen festgestellt.

sen aber aus Quellen des Mittelalters, daß sie damals in der sozialen Oberschicht ebenfalls im 11.–14. Lebensjahr lag, bei der bäuerlichen Bevölkerung hingegen später. Auch heute kann man in manchen Ländern noch deutliche Unterschiede entsprechend der sozialen Schichtung nachweisen. Die Vorverlegung der Geschlechtsreife ist in Europa offenbar seit etwa 15 Jahren beendet, seither sind in den durchgeführten Massenuntersuchungen keine signifikanten Veränderungen mehr gefunden worden. Der Zeitpunkt der psychischen Reifung des Menschen wird durch den Vorgang der Akzeleration nicht beeinflußt und ist vermutlich praktisch unverändert geblieben.

Als **Ursache der Akzeleration** werden mehrere Faktoren diskutiert. Für die Körpergrößenzunahme spielt sicherlich die Ernährung eine Rolle, dies beweist z.B. die Verringerung der Akzelerationsrate in Deutschland nach beiden Weltkriegen. Daneben sind auch soziale und psychische Faktoren von Bedeutung, vor allem geringerer Erziehungsdruck und eine Reizüberflutung durch die zivilisatorische Umwelt (»Urbanisierung«), sie sollen sich über das vegetative Nervensystem und das hormonale System auswirken. Vor allem die Sexualakzeleration muß auf solche Faktoren zurückgeführt werden. Manche Erhebungen sprechen dafür, daß geistige

70

Tätigkeit ebenfalls die geschlechtliche Reife vorverlegt. Als weitere Ursache der Akzeleration wurde auch an eine Art von *Heterosis-Effekt* gedacht, weil Heiratsschranken verschwinden und die Isolation zurückgeht. Jedoch hat man bei Untersuchungen an menschlichen Bastardbevölkerungen nur zum Teil eine Körpergrößenzunahme nachweisen können.

Parallel mit den Veränderungen in der Jugendentwicklung sind auch – weniger auffällig – **Veränderungen in der Altersentwicklung** festzustellen. Die *Menopause* (Aufhören der Eizellenreifung und der Menstruation) hat sich im Verlauf des letzten Jahrhunderts von durchschnittlich 45 Jahren auf 48,5 Jahre verlegt, der mit dem Alter auftretende Leistungsabfall im Sport ist um mehrere Jahre verzögert und schließlich hat sich die durchschnittliche Lebensdauer in allen Ländern mit hohem Stand der Zivilisation erheblich verlängert.

1.4.2.2 Geschlechtsvariabilität

Die Unterschiede zwischen Mann und Frau sind unter allen Menschenrassen beim Europäer am ausgeprägtesten, aber auch hier zeigt die Variationsbreite der beiden Geschlechter einen weiten Bereich der Überlappung. Dies gilt sogar für die sekundären Geschlechtsmerkmale. In unmittelbarem Zusammenhang mit der Schwangerschaft stehen: der größere Beckenraum der Frau, die breiteren Beckenschaufeln, der stumpfere Winkel der vorderen Schambeinäste und der größere Beckenausgang. Ein Gegengewicht gegen diese Beckenausbildung ist die stärkere Biegung der Wirbelsäule, die wiederum zu größerer Anfälligkeit für Bandscheibenschäden führt. Im Verhältnis zur Körpergröße ist der weibliche Kopf größer als der männliche, das Hirngewicht ist im Durchschnitt zwar absolut geringer, relativ aber größer als beim Mann.

Zu den Geschlechtsunterschieden gehören neben den körperlichen auch psychische Merkmale. Diese können angeboren sein, wenn sie auf die hormonalen Verhältnisse des weiblichen Körpers zurückgehen. Sie können anerzogen sein, wenn die Erziehung auf eine bestimmte Art »weiblichen Verhaltens« ausgerichtet ist. Bei den psychischen Merkmalen ist die Variabilität so groß, daß ein weiter Überlappungsbereich zwischen Mann und Frau vorliegt. Deshalb wird man nie bei einer Person alle »typischen« Merkmale ihres Geschlechts vorfinden.

Erläuterung von Fachausdrücken in Abschnitt 1

Akzeleration: Beschleunigung der körperlichen Entwicklung in der Jugend und Zunahme der Körpergröße

Cerebralisation: Starke Vergrößerung des Großhirns beim Menschen gegenüber dem Großhirn der Menschenaffen

Endogener Rhythmus: Rhythmischer Ablauf biologischer Erscheinungen aus innerer Ursache (d. h. genetisch bedingter Rhythmus)

Fortpflanzungspotential: Maximal mögliche Nachkommenzahl in einer bestimmten Zeit; nur unter optimalen Bedingungen erreichbar (Fehlen von Feinden, Krankheiten, Nahrungsmangel und anderen nachteiligen Einflüssen)

Hominisation: Merkmalsveränderungen während der Entwicklung zum Menschen aus der Tierstufe. Vorgang der Menschwerdung

Kultur: Alles, was eine bestimmte Gruppe von Menschen in einer bestimmten Zeit und einem umgrenzten Gebiet in der Auseinandersetzung mit der Umwelt hervorgebracht hat; äußert sich in Sprache, Religion, Ethik, Staat, Recht, Handwerk, Technik, Kunst, Wissenschaft u. a. Im Deutschen wird oft Kultur von Zivilisation, der materiellen Seite der Lebensgestaltung einer Gruppe, unterschieden.

Mosaikevolution: In der Evolution einer Art können die einzelnen Organe unterschiedliche Evolutionsgeschwindigkeit haben (Watsonsche Regel); ein Organ kann noch ursprüngliche, ein anderes bereits fortschrittliche Merkmale aufweisen.

Neolithische Revolution: Übergang von der nomadischen Lebensweise als Jäger und Sammler zur seßhaften des Ackerbauers und Viehzüchters während der Mittel- und Jungsteinzeit

Neotenie: Lebenslanges Verharren in der Jugendphase, auch Geschlechtsreife in dieser Phase

Ökologische Nische: Gesamtheit aller Umweltbedingungen, die für eine Art lebenswichtig sind und von ihr genutzt werden

Ontogenese, Ontogenie: Entwicklung des Organismus von der befruchteten Eizelle bis zum Alter. Umfaßt bei Säugern die 4 Phasen: Embryonalentwicklung, Jugendentwicklung, Erwachsenen- und Altersphase

Phylogenese, Phylogenie: Stammesgeschichte

Pollenanalyse: Pollen sind äußerst widerstandsfähig und deshalb in vorgeschichtlichen Ablagerungen oft gut erhalten. Aus Art und Menge der Pollen läßt sich auf Pflanzenzusammensetzung und Klima der Zeitperiode schließen, aus der die Pollen stammen.

72

Präadaption: Im voraus bestehende Merkmale, die sich für eine später auftretende Umweltbedingung als besonders vorteilhaft erweisen, so daß die Träger der Merkmale Selektionsvorteile haben

Rasse: Population einer Art, die sich in mehreren Erbmerkmalen von andern Populationen der gleichen Art unterscheidet.

Religiöse Vorstellungen: Vorstellungen über überirdische Kräfte und Glaube an ein Fortleben nach dem Tode.

Ritual: Feierlicher Brauch, oft religiösen Charakters

Tier-Mensch-Übergangsfeld: Evolutionsstufe, auf der ihre Vertreter noch menschenäffische, aber auch schon menschliche Merkmale zeigen, weshalb eine sichere Entscheidung, ob noch Menschenaffe oder schon Mensch, nicht möglich ist.

Tradition: Brauch, Gepflogenheit, Überlieferung

Tradieren: Zur Gepflogenheit machen

Urbanisation: Verstädterung. Hohe Wohndichte; Vielfalt von Anregungen und Leistungen. Intensive Kommunikation. Reizüberflutung vor allem in den Großstädten, Streß durch Leben in der Masse.

Zivilisation: Gesamtheit der materiell-technischen Einrichtungen einer Kultur. Überformung und Verfeinerung der ursprünglichen Lebensweise durch Wissenschaft und Technik.

Aufgaben zu Abschnitt 1

1. Welche Merkmale hat der Mensch mit allen Organismen gemeinsam, welche mit allen Wirbeltieren, welche mit allen Säugetieren und welche mit allen Affen?

2. Welche Verfahren benützt man zur Untersuchung der Verwandtschaftsverhältnisse von Mensch und Menschenaffe?

3. Beide Augen der Primaten sind nach vorn gerichtet. Warum ist dies bei Hangelkletterern von der Selektion stark begünstigt?

4. Der heutige Mensch hat ein durchschnittliches Gehirnvolumen von über 1300 cm³, der Schimpanse von 390 cm³, der Gorilla von 500 cm³ und der Orang-Utan von 410 cm³. Warum steht dies nicht in Widerspruch mit der These, wonach der Schimpanse dem Menschen auch in seiner Psyche näher steht als die anderen Menschenaffen?

5. Die Spanne der Schädelkapazität des *Australopithecus* entspricht der Spanne beim heutigen Gorilla (420–750 cm³). Läßt sich daraus der Schluß ziehen, daß beiden Formen gleiche Gehirngröße und gleiche Intelligenz zukommt?

6. Welche Eigenschaften der Vor- und Frühmenschen kann man erkennen oder als wahrscheinlich vermuten, wenn man ein ganzes Skelett oder große Teile davon findet?

7. Welche wichtigen Kulturmerkmale heben *Homo erectus* weit über die Tierstufe hinaus?

8. Verlief die Evolutionsgeschwindigkeit der Gattung *Homo* einigermaßen gleichmäßig? Wovon kann sie abhängen?

9. Was sind die wichtigsten evolutiven Trends in der Entwicklung des Menschen?

10. Könnte man auch annehmen, daß die Menschenaffen vom Frühmenschen abstammen, also zu einer Seitenlinie mit regressiver Evolution gehören?

11. Die Verbreitung von *Australopithecus, Homo erectus* und *Homo sapiens neanderthalensis* ist recht unterschiedlich. Welche Gründe könnte das haben?

12. Der Neandertaler hat im Vergleich zum *H. s. sapiens* noch einige primitive Züge (Überaugenwülste, Kiefer). Lassen sich daraus Schlüsse auf die Qualität seiner Psyche (auf die Höhe seines menschlichen Status) ziehen?

13. Die menschliche Evolution ist eine typische Mosaikevolution. Was drückt man damit aus und wie läßt sich die Behauptung begründen?

14. Im Stammbaum des Menschen finden sich einige nicht genau zugeordnete und deshalb noch nicht benannte Fossilfunde *(H. indeterminatus)*. Welche Umstände erschweren die Einordnung eines menschlichen Fossilrests zu einer bestimmten Rasse oder Art?

15. Vor 40 000 Jahren lebten *Homo s. neanderthalensis* und *H. s. sapiens* nebeneinander. Warum kann die eine der beiden Formen nicht von der anderen abstammen?

16. Welche Umstände haben zur Entstehung der menschlichen Rassen geführt?

17. Die Wissenschaft stellt alle heute lebenden Menschen zur gleichen Art. Wie begründet sie das und was kann man über die Weiterentwicklung der menschlichen Rassen vermuten?

18. In der Tabelle über die Rassengliederung sind für jede Rasse mehrere kennzeichnenden Merkmale genannt. Können Sie darunter ein Merkmal finden, dessen Ausprägung allein schon zur Definition der Rassen genügen würde?

19. Wie paßt sich eine Tierart, wie der Mensch an kaltes Klima an?

20. Beim heutigen Menschen sind die Gestaltungsunterschiede zwischen den Geschlechtern geringfügig. Bei vielen Tierarten be-

steht jedoch ein starker Sexualdimorphismus. Welcher Selektionsdruck kann dazu führen?

21. Kann man sagen, daß eine der menschlichen Rassen biologisch am fortschrittlichsten ist, weil sich ihre Merkmale besonders
weit vom gemeinsamen Vorfahren entfernt haben?

22. Die Blutgruppe 0 ist in manchen Gebieten sehr häufig, obwohl das zuständige Gen rezessiv ist. Die nordamerikanischen Indianer haben sogar zu 97 % die Blutgruppe 0. Lassen sich diese
Tatsachen unter dem Aspekt der Evolution verstehen?

2. Evolution des Gehirns und des Bewußtseins

2.1 Einleitung

Die Höherentwicklung des Gehirns bei den Wirbeltieren führt
zu einer zunehmenden Verbesserung und Vervollkommnung in
der Verarbeitung der Information, die durch die Sinnesorgane aus
der Umwelt aufgenommen wird. Schließlich entsteht eine neue Eigenschaft des Zentralnervensystems: das **Bewußtsein.** Es ist ange-
deutet bei Menschenaffen, aber erst voll beim Menschen ausgebildet. Bewußtsein ist die Widerspiegelung der sogenannten objektiven Welt im ZNS. Nur beim Menschen wird das Bewußtsein zum
reflektierenden Selbstbewußtsein, der Mensch weiß, daß er etwas
weiß, und er weiß auch um seinen eigenen Tod. Dieses Todesbewußtsein muß sicher dann vorhanden sein, wenn Tote bestattet
werden (beim frühen Neandertaler, vgl. Abschn. 3.2.2.3).

Mit dem Wissen vom Tod kommt die *Angst* in die Welt. Alle
Angst hat vermutlich ihre Wurzel in der Todesangst. (Die von Tieren geäußerte Furcht bezieht sich stets auf eine konkrete Sache,
z.B. auf einen Feind). So ist jeder entscheidende Fortschritt der
Evolution verbunden mit einem Nachteil: die Vielzelligkeit mit
dem Tod, das Nervensystem mit dem Schmerz, das Bewußtsein mit
der Angst. Dies gilt auch für die kulturelle Evolution: »Die Moral
ist verknüpft mit dem Zweifel, der Besitz mit der Sorge« (RIEDL).

Die Entstehung des Bewußtseins war sicher, wie jeder andere
Evolutionsschritt, verknüpft mit zahlreichen Fehlentwicklungen,
die durch die Selektion wieder verschwanden. Nur eine einigermaßen zutreffende Abbildung der Welt im ZNS hat genügend Selek-

tionsvorteile, um zu überleben. Jedoch ist auch beim Menschen der Bewußtseins- und Denkapparat nicht optimal ausgebildet (eine optimale Adaption kann es in der Evolution nicht geben, vgl. Studienband Evolution 3.5.10); dafür zahlt der Mensch bis heute mit der Verführbarkeit durch Demagogie, mit der Unterdrückung durch Ideologien, mit Krieg u. a. (vgl. 2.5.4).

2.2 Evolution von Gehirn und Psyche

Die Evolution des Gehirns ist an seiner immer komplizierter werdenden Struktur (Bild 24) und den gleichzeitig komplexer werdenden Fähigkeiten der Tiere zu erkennen. Diese Fähigkeiten gehen auf die steigenden Leistungen des Gehirns bei der Informationsverarbeitung und Integration zurück. Dieser Höherentwicklung (Anagenese) des Gehirns entspricht sehr wahrscheinlich die **psychische Evolution.**

Schon bei Einzellern gibt es **einfache Reflexe** (Phobie- und Taxie-Verhalten, z. B. bei *Euglena* oder *Paramaecium*). Ein bestimmter Reiz führt stets zur gleichen Reizantwort. Dasselbe gilt für einfachste Vielzeller: Auf der Stufe einfacher Nervensysteme liegen Reiz-Antwort-Automaten vor; im Nervensystem erfolgt eine Verrechnung der eingehenden Reize, ein Lernen ist nicht möglich. Hat die Zentralisierung des Nervensystems und damit die Ausbildung eines Gehirns ein bestimmtes Mindestmaß erreicht, wird ein *hierarchisches Programm von Reflexen* ausgebildet. Seine übergeordneten Dauerbefehle bezeichnet man als **Triebe** *(Instinkte, Dauermotivationen).* Ihnen liegen spezifische Verknüpfungen von Nervenzellen zugrunde *(Schaltmuster, Programme).* Deshalb können auch Fehlschaltungen auftreten, Irrtümer sind also möglich. Das komplexer werdende Gehirn ist in der Lage, Umweltsituationen als Erfahrungen zu speichern und daran das Verhalten des Organismus zu orientieren; es entsteht ein **individuelles Gedächtnis** und die Fähigkeit zu lernen. Der durch Gedächtnis und Lernfähigkeit beeinflußbare Anteil des Gehirns wird mit der Höherentwicklung immer größer. Schließlich führt bei höheren Wirbeltieren der vor allem bei Jungtieren wirksame **Nachahmungstrieb** zur Weitergabe individueller Erfahrungen. So entsteht eine echte Kommunikation

Bild 24: Evolution der Gehirnstruktur bei Säugern. Zurückdrängung der Primärregion innerhalb der Neurinde durch den Zuwachs der jüngsten Neurinde. a Igel, b Lemur, c Affe, d Mensch. (Nach BRODMANN)

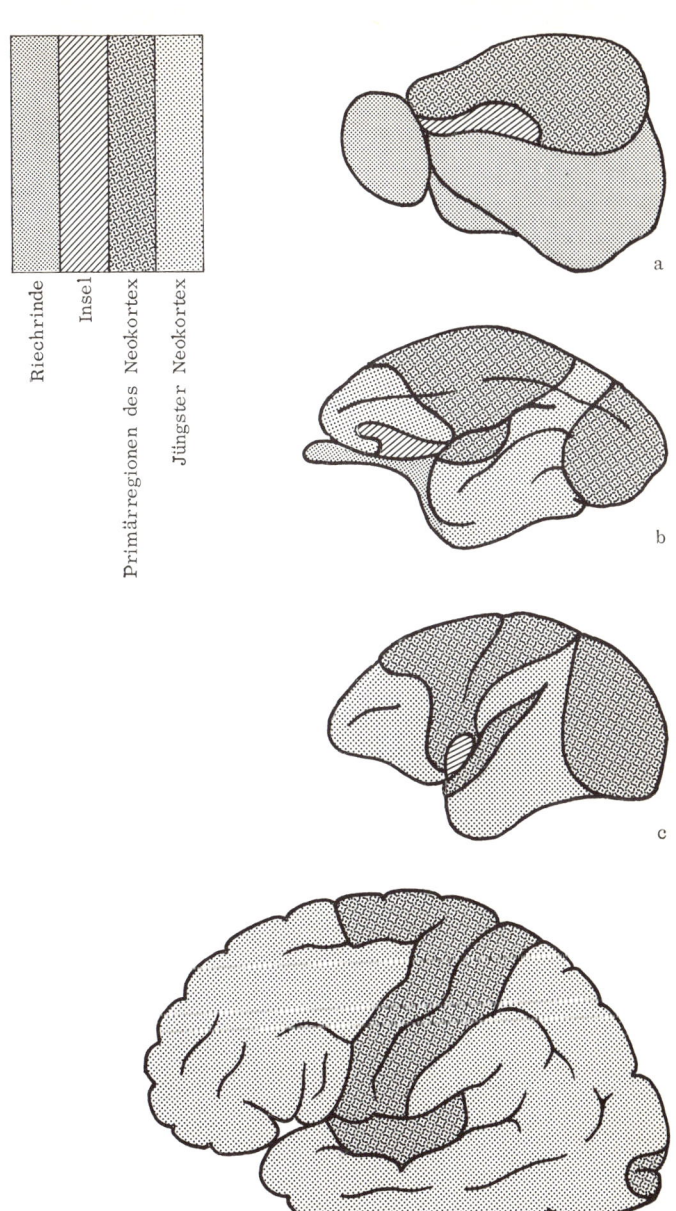

Riechrinde

Insel

Primärregionen des Neokortex

Jüngster Neokortex

a

b

c

d

zwischen den Individuen einer Art. Bei den Affen dehnt sich dieser Nachahmungstrieb bereits auf die ganze Lebenszeit aus (man spricht deshalb von »nachäffen«). Dasselbe trifft auf den Menschen zu. Bei ihm erreicht das Gehirn einen so hohen Komplexitätsgrad, daß die Weitergabe individueller Erfahrung ohne Vormachen, allein mit Hilfe einer hochentwickelten Symbolsprache, möglich ist (vgl. 3.4.4).

Die Gehirnevolution zeigt also deutlich eine Zunahme der Plastizität der Funktion, die beim Träger die Abhängigkeit von der Umwelt verringert und schließlich beim Menschen sogar zur Beherrschung seiner Umwelt führt.

Verfolgen wir nun die **Stadien der psychischen Evolution,** soweit sie sich von der vergleichenden Verhaltensforschung erschließen lassen:

Empfindungen (Wahrnehmungen) darf man allen Tieren zuschreiben, die Sinnesorgane besitzen. Bei den höheren Wirbeltieren sind die Sinnesorgane recht gleichartig gebaut, die Wahrnehmungen also wohl auch ähnlich. Die Gefühlstöne von Empfindungen sind beim Menschen teils individuell erworben, teils angeboren. Vermutlich trifft dies bei höheren Tieren in gleicher Weise zu.

Einfache **Vorstellungen** über einen Sachverhalt gibt es bei allen Tieren, bei denen Erinnerungen an individuelle Empfindungen – also Gedächtnisleistungen – das Verhalten beeinflussen. Kompliziertere Vorstellungen erfordern Anfänge von Abstraktion und führen zu averbalen (nicht durch Worte ausdrückbaren) Begriffen und Urteilen, dem **unbenannten Denken.** Diese ist bei dressurfähigen Tieren anzunehmen. Das sind neben den Wirbeltieren auch hochentwickelte Wirbellose (Arthropoden, Tintenfische). Futterdressuren belegen, daß einige Vogel- und Säugetierarten die Anzahl von Futterbrocken unterscheiden können. Sie haben also Zahlenvorstellungen (das sind völlig abstrakte Begriffe). Solche Futterdressuren erfordern die Fähigkeit zu **averbalen Urteilen.** Die Tiere verbinden das gewünschte Futter mit einem bestimmten Reiz und sie vermögen diese Verbindung unter anderen Assoziationen auszuwählen. Die averbalen Urteile werden im Verlauf der Anagenese bei den Wirbeltieren immer wichtiger. Die Selektion liest die auf die Umweltverhältnisse am besten passenden Urteilsformen aus. Deshalb passen auch die Grundprinzipien des menschlichen Denkens auf die Umwelt (vgl. 4.3.2).

Averbale **logische Schlußfolgerungen,** die man als einsichtiges Handeln bezeichnen muß, sind durch die Verhaltensforschung bei Kolkraben, höheren Primaten und Raubtieren nachgewiesen. Affen zeigen beim Lernen durch Nachahmung ein *einsichtiges Ver-*

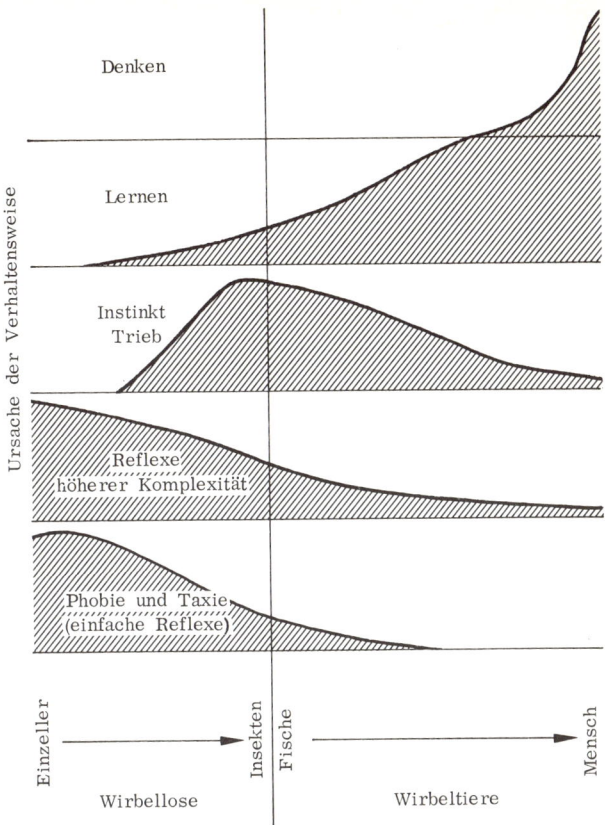

Bild 25: Das Verhalten von Tier und Mensch hat verschiedene Ursachen. Im Verlauf der Evolution ändern sich die Anteile der einzelnen Verhaltensursachen am Gesamtverhalten. Auf den höchsten Stufen der Evolution steigt der Anteil solcher Verhaltensursachen, die ein von Individuum zu Individuum unterschiedliches Verhalten bedingen (m. a. W. je höher die Evolutionsstufe, desto stärker unterscheidet sich das Verhalten der Individuen voneinander).

halten und erkennen einfache Kausalzusammenhänge. Bei der Lösung von Problemen verwenden sie häufig nicht die Versuch/Irrtums-Methode, sondern finden durch Nachdenken spontan eine Lösung, z. B. die Verwendung eines Stockes als Werkzeug. Dies ist eine – wenn auch einfache – **schöpferische Leistung.** Menschenaffen erlernen auch die Bedienung ziemlich komplizierter Apparate; so können Schimpansen Fahrrad fahren und einen Jeep richtig steuern.

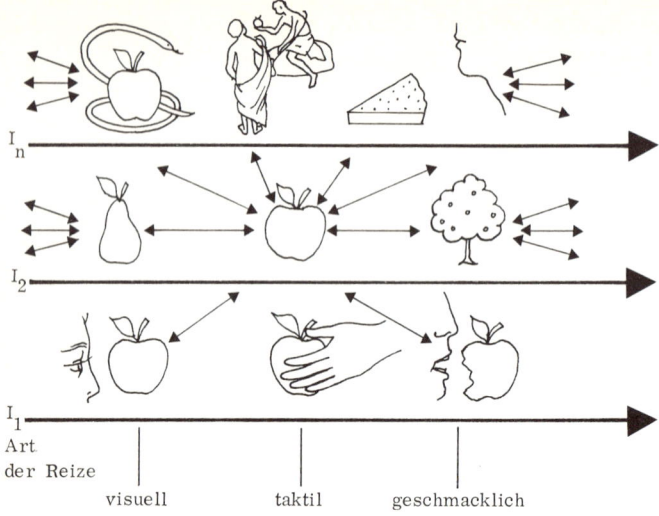

I_n

I_2

I_1

Art
der Reize

visuell　　　　taktil　　　geschmacklich

Bild 26: Schema der Verarbeitung von Informationen durch das Nerven-system. Untere Reihe: von den Sinnesorgangen ausgehende Reize (vi-suell, taktil, geschmacklich usw.) schicken Informationen zum Gehirn. Auf der ersten Integrationsstufe (I_1) werden diese Stimuli in Sinneswahr-nehmungen umgewandelt. Auf der zweiten Stufe (I_2) fließen sie zusam-men und bilden einen Begriff des Gegenstandes (in dem hier gegebenen Beispiel die Vorstellung eines Apfels). Dieser Begriff kann mit anderen verwandten Begriffen verbunden werden (eine andere Frucht, ein Apfelbaum usw.). Wenn dieser Begriff sich festgesetzt hat, kann er auf der höchsten, wahrscheinlich nur im menschlichen Hirn verwirklichten Integrationsstufe (I_n) in metaphorischem oder symbolischem Sinne ver-wendet werden (Sündenfall, Urteil des Paris, Apfeltorte, Adamsapfel usw.). Diese letzte Stufe ist wahrscheinlich mit dem Sprachvermögen korreliert. Die Folge der Integrationsstufen ist zugleich eine Folge der Evolutionsstufen des Gehirns. (Nach UNGAR)

Nur beim Menschen werden Begriffe in symbolischem und über-tragenem Sinn benutzt (Bild 26). Der Mensch denkt vorzugsweise in *Wörtern,* sie sind Symbole für Begriffe. Erst dadurch wird eine eindeutige Unterscheidung der Dinge von den Empfindungen und Vorstellungen möglich. Für den primitiven Menschen (ebenso wie für das Kleinkind in unseren Kulturkreisen) ist die Trennung zwi-schen dem realen Objekt und den Wahrnehmungseigenschaften oft noch unvollständig oder fehlt sogar völlig; selbst der gebildete Kulturmensch spricht den Dingen häufig Qualitäten zu, die in

Wirklichkeit Produkte unseres Nervensystems – unseres Bewußtseins – sind (ein Gegenstand erscheint nur uns rot, schmeckt nur
uns süß).

2.3 Die Bedeutung der Größenzunahme des Gehirns für die kulturelle Evolution

Die Größenzunahme des Gehirns bei der Evolution des Menschen ist die Folge eines Selektionsdrucks, den vor allem die Verbesserung der Kommunikation in der sozialen Gruppe auslöste
(vgl. Bild 13). Vermutlich hat vor allem die Lernfähigkeit der Kinder zugenommen. Für die Fähigkeit zur Symbolbildung ist eine
Mindestgröße des Gehirns Voraussetzung. Nimmt man die Befunde der Entwicklungspsychologie an heutigen Kleinkindern, so
beträgt das erforderliche Volumen 750 cm^3. Dieses Volumen wird
beim heutigen Menschen am Ende des 1. Lebensjahrs, beim *Homo
erectus* wurde es vermutlich etwa im 4.–6. Lebensjahr erreicht.
Beim heutigen Kind kann somit das kulturelle Erfahrungslernen,
einschließlich der Symbolsprache, früher einsetzen als bei *Homo
erectus,* der somit weniger Zeit für das Erlernen von Kultur zur
Verfügung hatte. Mit der Zunahme der Kulturinformation im Verlauf der Evolution von *Homo sapiens* wird dieses Kultur-Lernen
immer wichtiger.

Seit dem Jungpaläolithikum hat allerdings keine nennenswerte
Größenzunahme des Gehirns mehr stattgefunden. Als Ursache dafür sieht man an, daß der Selektionsdruck durch eine vom Menschen immer mehr zu seinen Gunsten veränderte Umwelt geringer
geworden ist. Durch die fortlaufend zunehmenden Kultureinflüsse
auf das Leben des Menschen ist der Fortpflanzungserfolg nicht
mehr mit einer Überlegenheit korreliert. Dies gilt um so mehr, je
weiter Kultur und Zivilisation entwickelt sind. In allen Lebens-
räumen gleichen sich die Menschen in ihren Beziehungen und Ab-
hängigkeiten von Umweltfaktoren immer mehr.

2.4 Biologische Grundlagen des menschlichen Geistes (Bewußt-seins)

Geist und Bewußtsein werden vielfach gleichgesetzt (vgl. auch
2.5), doch liegt beim Begriff »Geist« die Betonung auf Verstand
und Vernunft. Die Forschungen über das *Bewußtsein* bzw. den
menschlichen Geist bedienen sich dreier Methoden:

1. Vergleichende Gehirnforschung.
2. Untersuchung der psychischen Entwicklung des Menschen. Dieses Verfahren beruht auf der Anwendung der biogenetischen Regel auf psychische Vorgänge. Nach dieser Regel ist die Jugendentwicklung eine kurze Wiederholung der Stammesentwicklung.
3. Neurophysiologische und neuropsychologische Untersuchungen des menschlichen Gehirns mit und ohne Bewußtsein.

Ein menschliches Gehirn umfaßt über 10^{10} Neuronen, von denen jedes durchschnittlich 10000 Verbindungen (Synapsen) zu anderen Neuronen aufweist, somit gibt es mindestens 10^{14} Kontakte. Daraus resultieren etwa 10^{30} verschiedene Schaltmöglichkeiten (zum Vergleich: 70 Jahre sind $2{,}2 \cdot 10^9$ sec). Auf dieser praktisch unendlich großen Zahl von Assoziationsmöglichkeiten beruhen die Leistungen des Gehirns.

An den Synapsen laufen bei der Weitergabe von Impulsen chemische Vorgänge ab; diese sind temperaturabhängig. Eine gleichbleibende Körpertemperatur ist daher für ein rasches und geordnetes Funktionieren des Nervensystems unerläßlich; Warmblütigkeit ist eine notwendige Voraussetzung für Hochleistungen des Gehirns.

Der Mensch besitzt weniger als 10^6 Gene, die die Information für den ganzen Menschen enthalten. Wenn es nun im Gehirn eine um viele Zehnerpotenzen höhere Anzahl von Synapsen gibt, so muß die Bildung sehr vieler Synapsen gemeinsam durch jeweils nur wenige Gene gesteuert werden. Demnach müssen die Gene eine große Variationsbreite zulassen, weshalb Modifikationen in der individuellen Ontogenese starken Einfluß haben.

Dies erklärt, warum sich das Gehirn an recht unterschiedliche Leistungsanforderungen anzupassen vermag. Zwar können nach fertiger Ausdifferenzierung keine neuen Nervenzellen mehr gebildet werden; jedoch ändert sich die Feinstruktur von Nervenzellen und ihre Verschaltung als Folge der Benutzung. Durch jeden Lernvorgang werden bestimmte Synpasen bevorzugt beansprucht, sie werden dadurch auf noch nicht bekanntem Wege gangbarer. Für Impulse entstehen so leichter durchlaufbare Bahnen, die man als **Engramme** bezeichnet. Sie sind u. a. Grundlage des Langzeitge-

Bild 27: Schnitt durch ein Stück der menschlichen Großhirnrinde vom Zeitpunkt der Geburt bis zum Alter von 3 Jahren. Man erkennt, daß die größten Veränderungen sich in den ersten 3 Lebensmonaten abspielen: die Zahl der Nervenzellen nimmt zu und vielfältige Verknüpfungen treten auf.

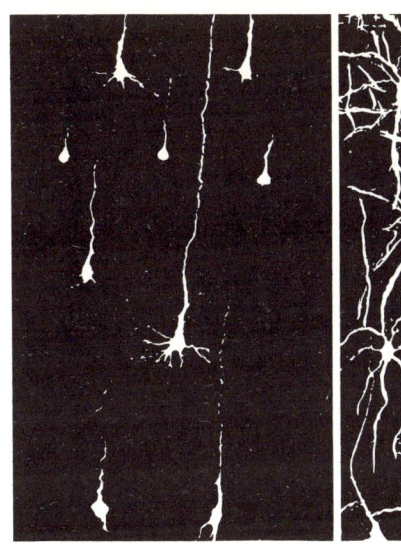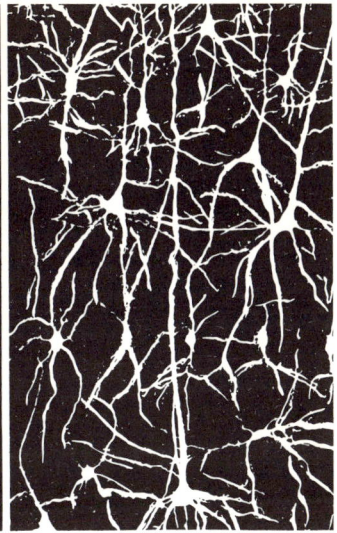

0 Monate (Geburt)   3 Monate

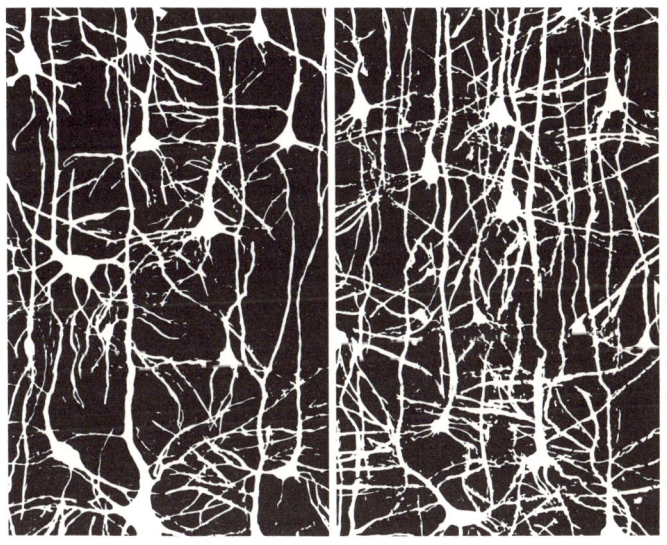

15 Monate   36 Monate (3 Jahre)

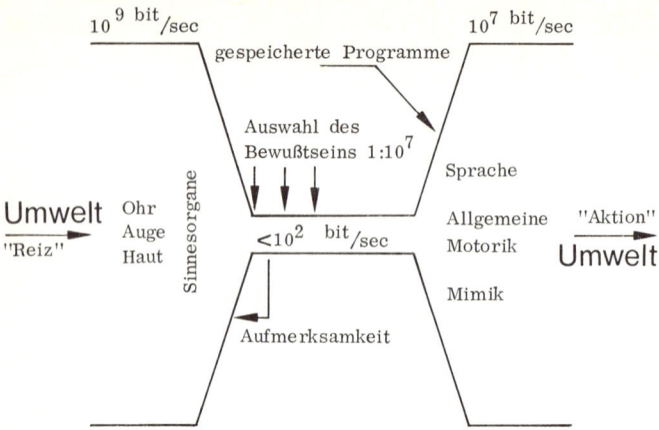

Bild 28: Modell der Wahrnehmung (»Flaschenhalsmodell« von KEIDEL). Die maximale Informationsmenge aus den Sinnesorganen (sensorischer Input) wird durch Auswahl und Bildung von stabilen Schaltungsmustern zur bewußten Informationsverarbeitung im Verhältnis $1:10^7$ bis $1:10^8$ eingeschränkt. Der motorische Output enthält eine sehr viel größere Informationsmenge, die derjenigen des sensorischen Inputs nahe kommt. Dabei machen unbewußt gespeicherte, aus der Vergangenheit stammende oder angeborene Informationen den Hauptanteil aus. Je größer die Aufmerksamkeit, desto mehr Informationen gelangen ins Bewußtsein. Je größer die Zahl der durch synaptische Verknüpfung von Nervenzellen gespeicherten Erinnerungen, desto mehr Informationen gehen an die tätig werdenden Organe.

dächtnisses. Andere, nicht beanspruchte Synapsen verkümmern. Experimentell wurde nachgewiesen, daß während der Gehirntätigkeit nicht nur Neurotransmitter und cAMP, sondern auch RNA und Proteine verstärkt gebildet werden. Eine gesteigerte Proteinsynthese findet sich besonders in den Gehirnstrukturen, die Beziehung zum Langzeitgedächtnis haben. Die Aufnahme von Gelerntem ins Langzeitgedächtnis kann durch Hemmung der Translation (z. B. durch Puromycin) gestört werden.

Je größer die Anzahl möglicher zeitweiliger Neuronenverbindungen ist, um so komplexer kann die Hirntätigkeit sein. Die materielle Kapazität des Gehirns wird durch den Menschen für seine Intelligenzleistungen erst zum Teil genutzt. Es gibt also im Gehirn des fertigen *Homo sapiens* noch genügend Reserven für eine weitere Evolution der Psyche; das Gehirn ist deshalb an eine zukünftige kulturelle Weiterevolution präadaptiert.

Die Verknüpfungen mancher Teile des riesigen Neuronennetzwerkes im Gehirn sind weitgehend starr. Solche festliegenden Schaltungen legen z.B. das angeborene Verhalten fest. Andere Teile sind stark modifizierbar, hier hat das Lernen großen Einfluß auf die Bildung der Verknüpfungen. Teile des Netzwerks sind zum Zeitpunkt der Geburt bereits fertig, andere entstehen erst danach, vor allem in der Zeit der ersten 3 Lebensmonate (Bild 27). Daher sind Umwelteinflüsse, die der Säugling unbewußt empfängt, sehr wichtig; sie prägen Grundmuster (knüpfen Verbindungen von Nervenzellen), die später nicht mehr verändert werden können. So ist z.b. bei angeborenem Schielen eine spätere Operation zwecklos, da die danach deckungsgleichen Bilder im Gehirn dennoch nicht mehr zu einem einheitlichen Bild zusammengefaßt werden. Die Schaltmuster liegen bereits unveränderlich fest.

Bei Ratten wies man nach, daß in eintöniger Umgebung aufgezogene Tiere weniger Synapsen ausbilden und daher weniger lernfähig sind als solche, die in abwechslungsreicher Umwelt aufwachsen. Auch Eiweißmangel führt zu einer verringerten Zahl von Synapsen. Solange also Menschen der Entwicklungsländer schon als Kinder hungern müssen, können sie nicht so viel lernen und Fähigkeiten erwerben, daß sie sich später hinreichend selbst helfen können!

Das Gehirn hat zunächst die Aufgabe der Auswahl aus der riesigen Zahl von Sinneseindrücken, die fortgesetzt aus der Umwelt einlaufen. Von den meisten Sinneseindrücken, die Sinneszellen erregen, gelangt nichts zum Bewußtsein (Bild 28). Sonst wäre um uns das Chaos. Diese Reaktion des Informationsstromes erfolgt im Schaltnetz der Neuronen durch ein Zusammenwirken fördernder und hemmender Synapsen. Hemmende Synapsen sind schon deshalb erforderlich, weil sonst eine Reizung zur Erregung großer zusammengeschalteter Teile des ganzen Systems führen könnte. Je nach dem Schaltplan des Netzes aus stimulierenden und hemmenden Synapsen und je nach dem eingehenden Außenreiz kommen unterschiedliche, aber stets sehr komplexe Muster der Neuronen-Erregung zustande. Dabei läßt sich insgesamt erreichen:

1. eine Aktivierung von zusätzlichen Neuronen,
2. eine Hemmung vorher aktiver Schaltungen,
3. die quantitative Veränderung einer anhaltenden Aktivität,
4. Verknüpfungen vorher getrennter Erregungsmuster.

Auf eine solche Verschmelzung sensorischer Impulsmuster führt man die *Wahrnehmungssynthese* zurück. Daher nehmen wir nicht getrennt Blüte-Farbe-Geruch sondern diese drei Dinge als Einheit wahr.

Bewußt und unbewußt wahrgenommene Information wird im Gehirn verarbeitet und kann dann zu motorischen Reaktionen führen.

Die **Erinnerung** (»Gedächtnis«) ist eine spezifische Aktivierung bestimmter, früher gebildeter Schaltmuster. Gedächtnis liefert beim Tier – zunächst unbewußt – Vergangenheit zurück. Gedächtnis ist eine notwendige Voraussetzung für die Ausbildung von Bewußtsein. Die Schaltmuster der Erinnerungen sind räumlich und zeitlich faßbare Erregungen, die sich über große Teile der Großhirnrinde *(Cortex)* und der subcorticalen Gangliensysteme erstrecken; sie sind also nicht punktuell zu lokalisieren. Die Rückrufung einer Erinnerung erfordert die Tätigkeit von Millionen von Neuronen. Die Engramme in der Hirnrinde sind in der Regel mehrfach vorhanden. Der Ausfall eines kleinen Teils der Rinde führt also meistens nicht zu einem erheblichen Gedächtnisverlust. Andrerseits ist jedes Neuron der Rinde vermutlich in viele Engramme (Schaltmuster) eingebunden.

Die Schaltmuster der Engramme sind räumlich in gewissem Maße »beweglich«; die Beteiligung oder Nichtbeteiligung eines einzelnen Neurons hat keinen nennenswerten Einfluß. Auch zeitlich sind die Muster nicht starr. Erinnerungen verändern sich und können schließlich in unbewußte Bereiche übergehen.

Abläufe in einfachen Schaltmustern werden uns in keiner Weise bewußt, sie stellen **Unbewußtes** dar. Auch Vorgänge in komplexen Schaltungen müssen nicht in jedem Fall zum Bewußtsein gelangen. So vermögen manche Blinde unbewußt zu sehen, sie können sich orientieren und laufen auch nicht gegen eine im Zimmer neu aufgebaute Wand. Solche Vorgänge sind kontrolliert durch das Mittelhirn, dessen Schaltmuster nicht ins Bewußtsein gelangen. Die Betreffenden können sich daher frei und ohne Stock bewegen.

Komplexe Schaltungen, die in der Hierarchie der möglichen Erregungsmuster bereits eine sehr hohe Stufe bilden, führen zu bewußten psychischen Phänomenen. Das **Bewußte** ist daher nur ein kleiner Teil der menschlichen Gehirntätigkeit, außerdem kann Bewußtes ins Unbewußte »absinken«.

Träger der Vorgänge	Vorgang	Bedeutung
Nervenzellen mit komplexer Verschaltung	Erregung bestimmter Gruppen von Nervenzellen (Erregungsmuster)	unbewußtes Phänomen oder bei hochkomplexen Erregungsmustern bewußtes (psychisches) Phänomen

2.5 Bewußtsein

2.5.1 Definition und Entstehung des Bewußtseins beim Individuum

Zum Bewußtsein gehören nicht nur das willentliche Denken, sondern auch Empfindungen, Wahrnehmungen, Vorstellungen und ihre Verknüpfung in Denkvorgängen zu Begriffen, Schlüssen und Urteilen. Alle diese Phänomene sind nur dem eigenen *Ich* als Wirklichkeit unmittelbar gegeben; das Ich setzt sie aber bei anderen Menschen als ebenso vorhanden voraus (vgl. 4.3.2.1). Auch bei Tieren dürfen wir einfache Vorgänge solcher Art vermuten.

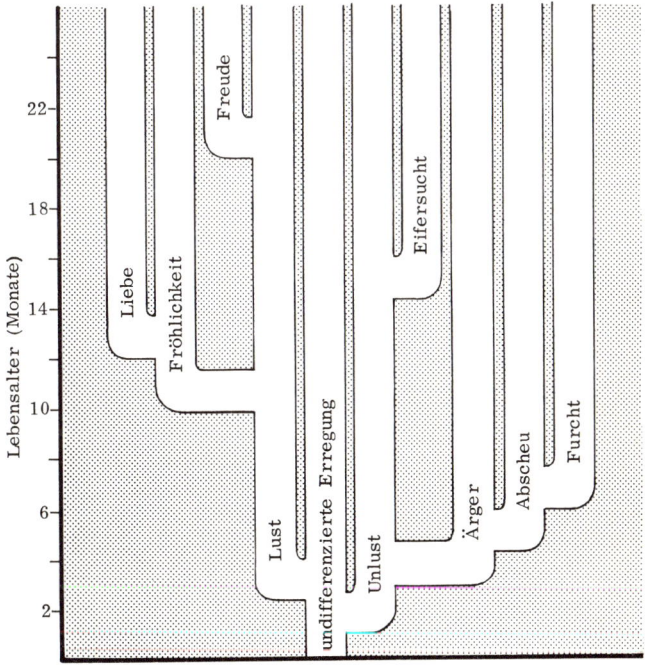

Bild 29: Entwicklung der Gefühle: Aus der undifferenzierten Erregung der ersten Lebenstage entwickeln sich die Emotionen »Lust« und »Unlust«, die als Ursprung aller folgenden Differenzierungen angesehen werden. Diese Ergebnisse wurden durch Beobachtung und Beschreibung des Ausdrucksverhaltens gewonnen. Ähnlich dürfte die Entwicklung der Gefühle in der Stammesgeschichte abgelaufen sein. (Nach LEGEWIE und EHLERS)

Das psychische Erleben des Menschen ist aber in jedem Augenblick eine Einheit und die Einzelfaktoren können oft nicht eindeutig voneinander getrennt werden. *Grundlagen aller Bewußtseinsprozesse sind Empfindungen und Vorstellungen.* Soweit sie stark gefühlsbetont sind, nennt man sie kurz »Gefühle«. Die Vorstellungen können einfach strukturiert sein (z. B. Hunger) oder sehr komplex (z. B. Liebe, Neid, Haß). Die durch die psychische Entwicklung in der Ontogenese ausgebildeten verschiedenen Schaltungsmuster, die den jeweiligen Gefühlen entsprechen, sind eine Art von Gestalt; sie haben eine immer wiederkehrende gleichartige Form. Die Zusammenfassung in »Gestalten« (z. B. Melodie statt Folge von Einzeltönen) erleichtert dem menschlichen Gehirn die Speicherung, weil dadurch nicht Millionen von Einzelpänomenen im Gedächtnis bleiben müssen, sondern nur das Kennzeichnende. Der Schaltungsaufwand wird verringert *(Ökonomie des Schaltungsaufwandes).* Bei der Anregung bestimmter Bereiche der Schaltungsmuster werden diese vollständig aktiviert, und so entsteht ein bestimmtes Gefühl (durch Wahrnehmen der Mutter wird das Gefühl Liebe ausgelöst).

Empfindungen als primäre Erlebnisse, die normalerweise durch Umweltreize ausgelöst werden, haben eine bestimmte Qualität, Intensität, Lokalität und Temporalität. Außerdem können sie noch einen Gefühlston aufweisen. Die Qualität (rot, süß, Ton c) kommt nicht dem Gegenstand zu, sondern geht auf physiologische Vorgänge zurück. Die Intensität ist nicht physikalisch meßbar, sondern kann nur abgeschätzt werden. Unter Lokalität versteht man die räumliche, unter Temporalität die zeitliche Festlegung. Empfindungen bleiben nie isoliert, stets knüpfen Vorstellungen daran an und erst dadurch gehen Empfindungen in den Bewußtseinszusammenhang ein. Auch die durch Vorstellungsbeziehungen bestimmten Empfindungen sind wiederum »Gestalten«, die den

Bild 30:
a: Lage der sensorischen und motorischen Zentren (Repräsentationen des Körpers) in der linken Großhirnrinde sowie Lage der Schnittebenen für die Darstellungen b und c.
b: sensorische Zentren der Großhirnrinde.
c: motorische Zentren der Großhirnrinde.
Die Körperteile sind entsprechend der Größe der zugehörigen Gehirnzentren gezeichnet. Das Gehirnzentrum für die Hand ist größer als das für das ganze Bein; dies führt zu einer erheblich vielseitigeren Beweglichkeit der Hand, ist also Ursache der »Handlungsfähigkeit« des Menschen. Der Körper ist in mehreren motorischen Zentren der Großhirnrinde abgebildet, die angegebene Repräsentation ist die umfangreichste und wichtigste (Motorisches Feld I, M I, der Gehirnphysiologie). Entsprechendes gilt für die sensorische Repräsentation. (Nach SCHMIDT-THEWS)

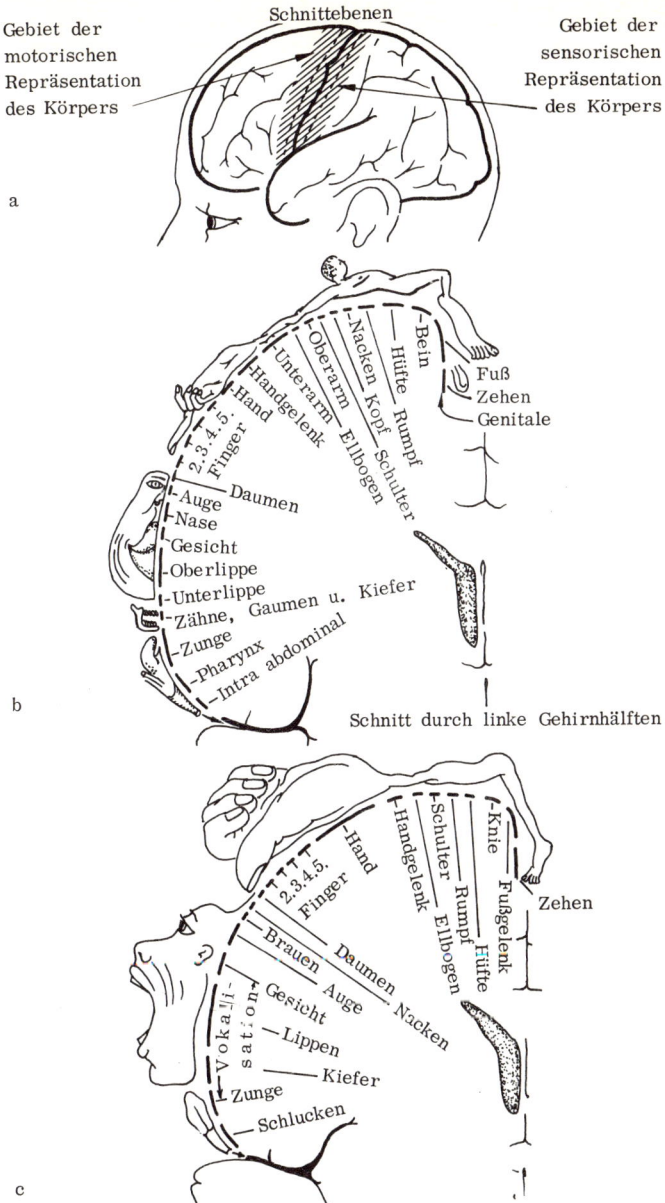

Gebiet der motorischen Repräsentation des Körpers

Schnittebenen

Gebiet der sensorischen Repräsentation des Körpers

a

b

Bein
Hüfte
Rumpf
Nacken Kopf Schulter
Oberarm Ellbogen
Unterarm
Handgelenk
Hand
2.3.4.5. Finger
Daumen
Auge
Nase
Gesicht
Oberlippe
Unterlippe
Zähne, Gaumen u. Kiefer
Zunge
Pharynx
Intra abdominal

Fuß
Zehen
Genitale

Schnitt durch linke Gehirnhälften

c

Knie
Fußgelenk
Hüfte
Hand
2.3.4.5. Finger
Schulter
Rumpf
Ellbogen
Handgelenk
Daumen
Nacken
Brauen
Auge
Vokalisation
Gesicht
Lippen
Kiefer
Zunge
Schlucken

Zehen

89

Schaltungsaufwand herabsetzen. Man nennt sie »Wahrnehmungen«. Bei mehrfachen ähnlichen, kombinierten Empfindungs- und Vorstellungsabläufen schwindet die besondere räumliche und zeitliche Einordnung in die Erlebnisse; so entstehen sekundäre Vorstellungen, die man »Begriffe« nennt. Zuerst werden Individualbegriffe ausgebildet; dann werden diese zunehmend verallgemeinert (mein Schreibtisch → Schreibtisch → Tisch; vgl. 3.4.4.2).

Das **Ich** als Träger des Bewußtseins ist nicht eine vorgegebene Einheit. Es kann nicht auf einer bestimmten Genkombination beruhen, sonst hätten eineiige Zwillinge identische Ichs. Das Ich muß vom Individuum in der Zeit nach der Geburt erworben werden als ein subjektiver Bezugspunkt für alle Umweltreize. Dieser Vorgang ist entwicklungspsychologisch faßbar.

Die Ausbildung der Ich-Vorstellung beginnt mit Empfindungskomplexen, die stark gefühlsbetont sind. Früh wird das Erfahrungsbild des ganzen Körpers aufgebaut. Wir erleben unsern Körper nur im Gehirn. Ein Schmerz am Finger entsteht im Gehirn und ist im dortigen sensorischen Abbild unseres Körpers (vgl. Bild 30) lokalisiert. Später kommen Erinnerungsbilder hinzu. Damit ist das Selbst bereits festgelegt, es bleibt von da an kontinuierlich ein Ich. Durch bewußte Erfahrungen, Neigungen, Grundsätze des Handelns entsteht eine reflektierte, sekundäre Ich-Vorstellung: die Vorstellung der eigenen Persönlichkeit. Dieses Ich kann sich nun auch vorstellen, andere Erfahrungen gemacht zu haben, andere Erinnerungen oder Gefühle zu haben. Bewußte Erfahrungen können daher nicht Ursache des Selbst sein, dieses ist schon vorher fixiert. Vollendet wird die Ausbildung des Ichs erst in der Pubertät.

2.5.2 Evolution des Bewußtseins

Wie schon erwähnt, gibt es bereits bei höheren Tieren Empfindungen, Gefühlsregungen und Gedächtnisleistungen. Dieses sind die Elemente des Bewußtseins. Aufschlüsse darüber, ob auch Bewußtseinsphänomene bei Tieren auftreten, lassen sich nur aus Analogieschlüssen und deren kritischer Betrachtung gewinnen. Selbst bezüglich des Bewußtseins anderer Menschen sind wir auf Analogieschlüsse angewiesen. Gedächtnisleistungen, Lernfähigkeit und Wahlvermögen können nicht als Hinweis auf Bewußtsein gelten; alle diese Eigenschaften haben auch entsprechend programmierte Computer, denen ein Bewußtsein sicher nicht zukommt. Als einigermaßen objektive Kriterien verbleiben daher nur solche der Hirn- und Sinnesphysiologie. Aus der menschlichen

Gehirnphysiologie weiß man, daß Begriffs- und Urteilsbildung an bestimmte Gebiete der Großhirnrinde gebunden sind; jedoch ist über die Integration dieser Gebiete in komplexen Schaltmustern (wie sie dem Bewußtsein zugrunde liegen), noch sehr wenig bekannt. Bei den Menschenaffen ist die Gliederung der Großhirnrinde derjenigen beim Menschen ähnlich. Allerdings fehlt die motorische Sprachregion *(Broca-Zentrum),* von der Impulse an die beim Sprechen beteiligten Organe ausgehen. Auch Bereiche des Stirnhirns und des Temporallappens sind weniger stark differenziert. Immerhin darf man annehmen, daß Menschenaffen einfache logische Zusammenhänge, auch von Abstrakta, klar erfassen können und daß sie ein Ich-Bewußtsein haben, wenn wir auch über dessen subjektives Erleben keine Aussage machen können.

Das **Ich-Bewußtsein** läßt sich beim Schimpansen in einem Experiment nachweisen. Ein Schimpanse erkennt nach einiger Übung sein Spiegelbild als ein Abbild des eigenen Körpers. Wenn man einem Schimpansen dann in Narkose einen blutroten Farbfleck auf die Stirne malt und ihn danach in den Spiegel schauen läßt, so betastet er sofort seine Stirne auf eine mögliche Verletzung. Ein Nicht-Menschenaffe tut dies nie, ebensowenig ein Schimpanse ohne Vor-Kenntnis über das Wesen eines Spiegels. Aufgrund der Erfahrung mit dem Spiegel weiß der Schimpanse also, daß hier sein Körper abgebildet ist; er kann das Abbild zu seinem Körper in Beziehung setzen.

Der Nachweis des Ich-Bewußtseins beim Schimpansen zeigt, daß er eine Bewußtseinsstufe innehat, wie man sie den Vorfahren des Menschen im Tier-Mensch-Übergangsfeld – vielleicht auch noch dem *Australopithecus* – zuschreibt (vgl. 1.2.1). Dem Schimpansen fehlt noch ein Wissen um die Zukunft, das wir für das menschliche Bewußtsein als wesentlich ansehen. Dieses Wissen wurde in der Evolution des Menschen vermutlich erst vom *Homo erectus* erworben.

2.5.3 Bewußtsein in informationstheoretischer Betrachtung

Wie schon Bild 28 zeigte, nimmt der Mensch fortlaufend durch Sinnesorgane Information auf und gibt wiederum in Form von Handlungen Information ab. Bei der Informationsaufnahme treffen Reize auf Rezeptoren, die über Nervenimpulse den sensorischen Bereich erreichen (Bild 31). Dort erfolgt eine Verringerung der Informationsmenge bis sie ins Bewußtsein tritt.

Wenn der Informationsfluß im Gehirn ohne Beteiligung der Außenwelt abläuft, spricht man von **Reflexion.** Da die Information hier nicht aus der

Umwelt stammt, ist der Informationsfluß völlig frei, muß nicht den Natur-
gesetzen und nicht der Logik entsprechen. Was an Information bewegt
wird, hängt nur vom augenblicklichen Zustand des Menschen ab. Diese Art
von Informationsverarbeitung erscheint dem Menschen selbst als etwas Be-
sonderes, daher sucht er dahinter oft einen metaphysischen Grund (STEIN-
BUCH).

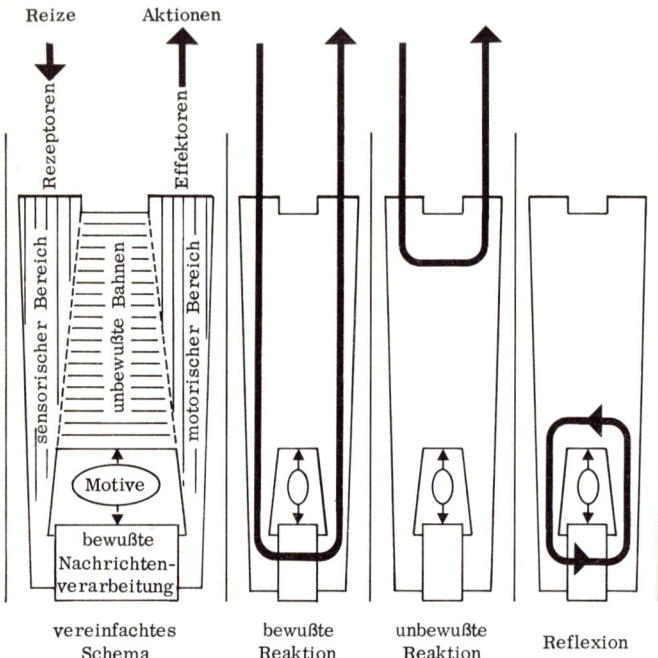

Bild 31: Die Formen der Informationsverarbeitung im ZNS. Aus an-
kommender Information und gespeicherten Programmen (Motiven) werden Befehle für den motorischen Bereich gegeben, die über diesen zur
Aktion führen. Daneben gibt es Bahnen, die keine Schaltungsmuster
des Bewußtseins erregen und daher als unbewußte Reaktion bezeichnet
werden. Solche unbewußten Bahnen können dem Bewußtsein nahe liegen
oder sehr ferne sein; bewußte Bahnen können auch ins Unbewußte absinken. Ferner gibt es einen Informationsfluß, der ohne Beteiligung der
Außenwelt abläuft. Dabei läuft der Informationsstrom vom sensorischen
Bereich zum Bewußtsein und weiter zum motorischen Bereich, von dort
über unbewußte Bahnen wieder zum sensorischen Bereich usw. Dieser
Informationsfluß wird als Reflexion bezeichnet.

2.5.4 Gehirnfunktion und Bewußtsein

Über die Schaltmuster, die das Bewußtsein hervorrufen, kann man Aussagen machen durch Vergleich der Muster beim Bewußtlosen mit Mustern desselben Menschen bei Bewußtsein. Bei Bewußtlosen ist das Aktivitätsmuster der Neuronen regelmäßiger und einfacher. Das Bewußtsein erfordert eine große Anzahl aktiver Neuronen; allerdings braucht nicht die ganze Großhirnrinde von Aktivitätsmustern überzogen zu sein.

Eine wichtige anatomische Basis für die psychische Einheit des Menschen ist die Verknüpfung von rechter und linker Hirnhälfte durch das *Corpus callosum.* Auch bei starker Schädigung einer Hälfte bleibt die Einheit erhalten. Werden die beiden Hälften chirurgisch getrennt, so ist das Verhalten der linken Körperseite, besonders der linken Hand, nicht mehr willentlich kontrollierbar und gelangt nicht ins Bewußtsein. Die nicht dominante Gehirnhäfte (normalerweise die rechte) besitzt offenbar kein »Bewußtsein«, kann aber intellektuelle Leistungen vollbringen. Sie ist wie ein Computer der dominanten Hälfte untergeordnet. Bestimmte komplexe Engramme sind beim Menschen auf eine Gehirnhälfte beschränkt, so z.B. das Sprechvermögen auf die dominante (meist die linke) Hälfte (Bild 32). Aus all diesen Daten ergibt sich, daß die dominante Gehirnhälfte die materielle Basis des Ich ist; hier sind Bewußtsein, Begriffsbildung und Sprache lokalisiert. Dieses Ich ist nach der Ausbildung der Integrationsmuster in der Ontogenese des Bewußtseins für jeden Menschen die oberste Realität. Die Umwelt ist uns nur über das Bewußtsein zugänglich. Auch die bizarrsten Erfahrungen bei Drogeneinnahme werden stets dem eigenen Bewußtsein zugeschrieben, nie einem Einblick in geistige Ereignisse eines anderen Individuums. Daraus erhellt die hochintegrative Funktion der Großhirnrinde.

Angeborene Motivationen (Triebe) und Emotionen sind im Zwischenhirn und dem limbischen System des Großhirns zu lokalisieren. Man bezeichnet diese Gehirnteile, ihres gegenüber der Großhirnrinde höheren phylogenetischen Alters wegen, als *Althirn* (Bild 33). Dieses Althirn hat eine sehr lange Evolutionsgeschichte, ist im Verlauf der Evolution sehr gut angepaßt worden und war daher für das Überleben ihrer Träger sehr zweckmäßig organisiert. Mit der Ausbildung der Großhirnrinde und des Bewußtseins entstehen Spannungen, wenn Vorgänge der Rinde (z.B. vernünftiges Denken) durch Vorgänge im Althirn beeinflußt werden. Dann greifen Affekte und Emotionen ins Bewußtsein ein, dieses wird dann durch nicht rationale Faktoren beeinflußt. Das

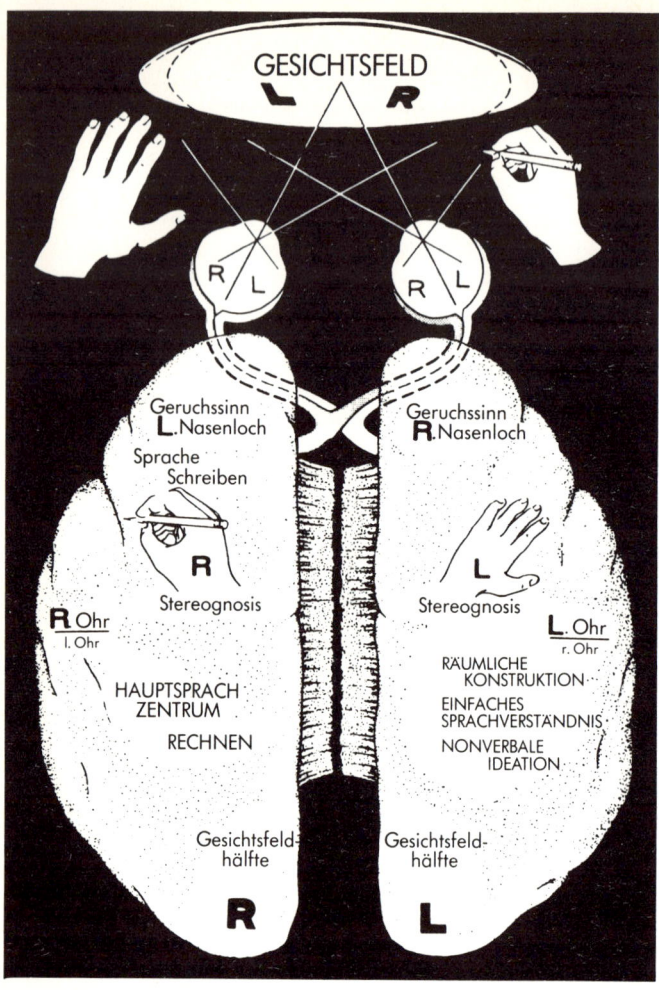

GESICHTSFELD
L **R**

Geruchssinn
L.Nasenloch

Sprache
Schreiben

R

Stereognosis

R Ohr
l. Ohr

HAUPTSPRACH
ZENTRUM

RECHNEN

Gesichtsfeld-
hälfte

R

Geruchssinn
R.Nasenloch

L

Stereognosis

L. Ohr
r. Ohr

RÄUMLICHE
KONSTRUKTION

EINFACHES
SPRACHVERSTÄNDNIS

NONVERBALE
IDEATION

Gesichtsfeld-
hälfte

L

Bild 32: Schematische Projektion des wahrgenommenen Gesichtsfeldes auf die beiden Sehrinden sowie die Orte des Sprachverständnisses. Stereognosis = Fähigkeit, Gegenstände allein durch Betasten zu erkennen.

Zwischenhirn ist zuständig für die unbewußten Beziehungen des Menschen zur Umwelt. Es enthält die vererbten, in Nervenzellenschaltungen fixierten Verhaltensprogramme. Sie werden zwar durch übergeordnete Zentren der Großhirnrinde kontrolliert, können aber nicht unterdrückt oder wegtrainiert werden. So kann der Mensch z.B. in einen Hungerstreik treten und sich zu Tode hungern, aber er kann nicht den Hunger unterdrücken oder wegerziehen. Unter bestimmten Umständen können auch die Antriebe des Zwischenhirns der Kontrolle durch die Großhirnrinde entgleiten; der Mensch wird von Gefühlen überwältigt, das Unbewußte bestimmt das Handeln: das Es beherrscht das Ich. Dieser Gegensatz von *Althirn* und *Neuhirn* (Großhirnrinde) beim Menschen ist durch den Evolutionsvorgang gegeben und unaufhebbar. Er ist ein lange bekanntes Charakteristikum des Menschen: »Der Geist ist willig, aber das Fleisch ist schwach.« (Wenn man die ererbten Programme des Zwischenhirns als tierisches Erbe, somit als nicht hu-

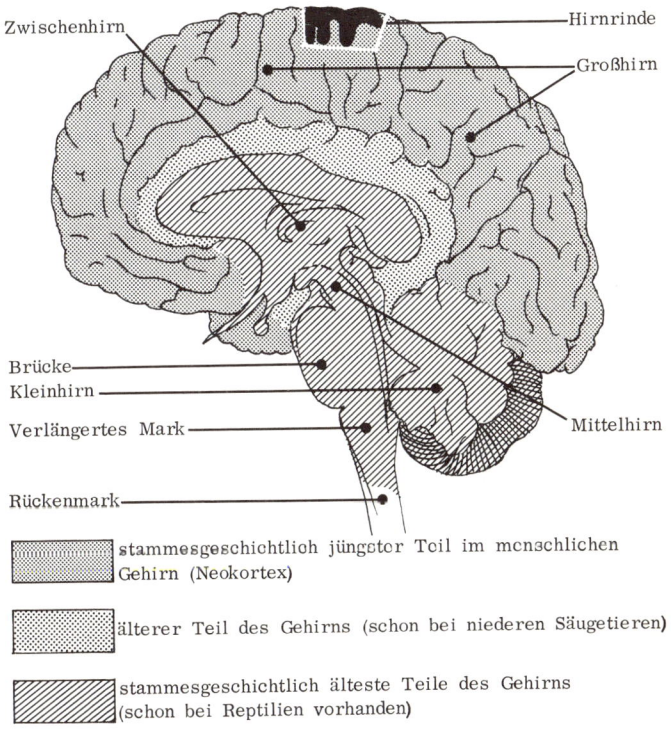

Bild 33: Althirn (Stammhirn) und Neuhirn (Großhirn).

man und als eine »Schuld« ansieht, so lassen sie sich als Erbsünde bezeichnen.) Der Zwiespalt von Es oder Unterbewußtem des Althirns und dem kontrollierenden Ich der Großhirnrinde ermöglicht dem Menschen aber auch, Triebe zu *sublimieren* (FREUD), d. h. die Kraft des Triebes in durch das Neuhirn gesteuerte Handlungen umzusetzen. Dies ist eine wichtige Grundlage der menschlichen Kultur. Elemente des Unterbewußten können z. B. durch Träume, durch bestimmte äußere Anregungen oder auch durch Bewußtmachung mit Hilfe der Psychologie ins Bewußtsein gelangen. Möglicherweise sind solche archaischen Elemente der Psyche auch bei der Intuition beteiligt; vor allem für die künstlerische Kreativität darf dies angenommen werden. Das **Kollektive Unbewußte** (C. G. JUNG) ist das allen Menschen gemeinsame Ergebnis der Evolution der Psyche; es läßt Ereignisse, die bei jedem Menschen wiederkehren – Liebe, Angst, Kampf, Eltern-Kind-Beziehung, Geschlechterbeziehung – ähnlich erleben und führt zu ähnlichem Verhalten.

Die vom Menschen bewußt »erlebte« Welt ist also nicht nur Produkt der Großhirnrinde, sondern mitbestimmt durch Erregungsmuster, die das Althirn in die Rinde einspeist. Der Mensch ist nicht nur durch sein Bewußtsein bestimmt. Das Erwachen des Bewußtseins ist beim heutigen Menschen vermutlich noch nicht vollendet, eine zunehmende Einsicht ist zu erwarten. Für einen Fortgang der biologischen Evolution des Menschen könnte man ein zunehmendes Dominieren der Großhirnrinde erwarten, die Funktionen des Althirns würden immer unwichtiger; der Mensch also menschlicher (und frei von »Erbsünde«, solche Überlegungen leiten hin zur evolutionären Metaphysik von TEILHARD DE CHARDIN). Allerdings bleibt die Frage, inwieweit eine weitere biologische Evolution des Menschen noch wesentlichen Einfluß auf das Evolutionsgeschehen haben wird, da die kulturelle Evolution sehr viel rascher verläuft und beim Menschen die biologische Evolution in der Bedeutung weitgehend abgelöst hat (vgl. 4.2).

Neben dem vom einzelnen Menschen erlebten Bild der Welt, das durch Bewußtsein und Unterbewußtsein bestimmt ist, vermag der Mensch durch Denken ein Abbild der Welt herzustellen, das von Erlebnissen und Bildern des Individuums unabhängig ist. Dies geschieht in den Naturwissenschaften. Allerdings sind auch die sprachlichen Begriffe der Naturwissenschaften mit Unschärfe behaftet. Erst eine völlige Umsetzung in mathematische Symbole und Formeln macht davon frei (vgl. 3.4.4.5). Daher ist die Mathematisierung ihrer Theorien das Endziel aller Naturwissenschaften seit Beginn der Neuzeit (J. KEPLER: »Mathematik ist einzig und ewig, ein Widerschein vom Geiste Gottes«, und: es sei Aufgabe der Na-

turwissenschaften, die göttlichen Schöpfungsgedanken nachzudenken).

Die Evolution des Althirns verläuft weit langsamer als die des
Neuhirns. Da das Bewußtsein aber auch durch die Muster des Althirns bestimmt wird, sind Irrationalismen im menschlichen Tun
nicht selten. Sie sind Ursache für ideologische, konfessionelle, ras-
sistische Auseinandersetzungen und sogar für blanken Terror. Andererseits ist das Zusammenwirken von Rationalem und Irrationa-
lem auch die Grundlage wichtiger Kulturphänomene, nur dadurch
ist die Kunst in all ihren Erscheinungsformen möglich.

Die **Einsichtsfähigkeit** des Menschen ist biologisch beschränkt,
der Mensch ist nur teilweise frei. Auch sein **Wille** ist als Bewußt-
seinsphänomen von Unbewußtem abhängig. Deshalb ist selbst ein
in der Theorie widerspruchsfreier Plan in der Wirklichkeit der
menschlichen Gesellschaft nie vollständig ausführbar; es wird immer Abweichler geben. Strenge Ideologien jeglicher Art verfolgen
solche »Saboteure«, sie werden dann als Konterrevolutionäre,
Ketzer oder als vom Teufel Besessene ausgeschaltet.

Alle großen Ideologien mit Ausschließlichkeitsanspruch (vgl.
3.1.2) sind konstruierte Entwürfe dafür, wie die menschliche Gesellschaft beschaffen sein sollte, sie sind jedoch auf einen nicht vorhandenen rein rationalen Menschen hin ausgerichtet und unterliegen daher stets der Gefahr, *inhuman* zu sein. Daraus lassen sich
Folgerungen ziehen: man darf keine einzelne Ideologie zur absoluten Herrschaft gelangen lassen, weder im einzelnen Individuum,
noch in der menschlichen Gesellschaft (vgl. 3.1.2). Die Forderung
nach der Herrschaft der menschlichen Vernunft ist für das Individuum und für die Gesellschaft zwar ein wünschenswertes Ziel, aber
beim gegenwärtigen biologischen Zustand des Menschen eine
Utopie.

2.5.5 Denken

Unter Denken versteht man einen Teilbereich des menschlichen
Bewußtseins, der als dessen höchste Leistung angesehen wird.
Denken steht in enger Beziehung zur Sprache, die als wichtiges
Kulturelement des Menschen gesondert betrachtet wird (vgl.
3.4.4). Das **Denken** kann man einteilen in wunschgerichtetes und
zielgerichtetes. Vorwiegend wunschgerichtet ist die **Phantasie,** ein
weitgehend zielgerichtetes Denken arbeitet *logisch* (folgerichtig).
Hohe Anteile beider Denkbereiche liegen beim schöpferischen
(kreativen) Denken vor. Das Entstehen des typisch menschlichen

Tabelle 7: Notwendige Voraussetzungen des Denkens

1. Neugierverhalten:
   bei vielen Säugern und Vögeln

2. Raum-Repräsentanz (wirklichkeitsentsprechende Abbildung des Raums) im Gehirn:
   erfordert vorderständige Augen, ausgebildet bei Baumtieren (s. 1.1). Bei vielen Primaten

3. Nachahmung:
   führt zu Traditionsbildung. Bei einigen Vögeln und Säugern, u. a. Primaten, nachgewiesen

4. Geringe Spezialisierung der Vorderextremität:
   Ausbildung der Greifhand, ermöglicht eine große Breite von Willkürbewegungen und Werkzeuggebrauch. Zwischen »Hand«eln und Denken bestehen Wechselbeziehungen. Nur bei höheren Primaten

5. Abstraktionsvermögen:
   erfordert eine Mindestgröße des Gehirns.
   Die Punkte 2 und 5 sind die wichtigste Grundlage des unbenannten Denkens, das man bei Menschenaffen feststellte (u. a. Schimpansen).

Denkens erforderte eine Reihe von Präadaptionen; darüber unterrichtet die Tabelle 7.

Das Denken besteht offenbar aus gesetzmäßigen Vorgängen und aus Zufallsprozessen in den Erregungsmustern des Gehirns. Es kann nicht nur gesetzmäßig ablaufen, sonst wäre es nicht frei, es kann aber auch nicht bloß zufallsgemäß ablaufen, sonst hätte es keinen Sinn (Riedl).

Aus der *Raumrepräsentanz* im Gehirn entsteht einfaches *Denken als Probehandeln in der Vorstellung:* vor der tatsächlichen Handlung werden aufgrund der Vorstellungen *Urteile* (Vor-Urteile) gefällt. Handlungen, die in der Überlegung Mißerfolge erwarten lassen, werden nicht ausgeführt, erfolgversprechende jedoch verwirklicht. Dieses Verfahren des Probehandelns hat hohen Selektionswert und wurde daher schon bei nichtmenschlichen Primaten immer mehr vervollkommnet. Beim Menschen sind viele Denkvorgänge, auch abstrakter Art, auf Probehandlungen im vorgestellten Raum zurückzuführen. Daher wird auch in allen Sprachen des Menschen im Denkgefüge auf *Raumvorstellungen* Bezug genommen: wir denken nach, überlegen, begreifen, wir zeigen Übermut, wir sind tief betrübt. Zahlreiche Verhältniswörter bezeichnen ursprünglich Raumbeziehungen: vor, hinter, unter, auf.

Das Denken erfordert viele Leistungen eines »Apparats« im Großhirn, der Sinneseindrücke verarbeitet. Diese Schaltvorgänge gelangen nicht ins Bewußtsein, sie werden auch als »ratiomorpher Apparat« oder »Weltbildapparat« bezeichnet. Von den Leistungen dieses Apparats können wir aber dann etwas bemerken, wenn wir durch die Sinne getäuscht werden. Insbesondere die optischen Täuschungen sind wohl bekannt. Der **ratiomorphe Apparat** ist unbelehrbar, die Täuschungen bleiben immer bestehen. Der ratiomorphe Apparat hat ein Gedächtnis von hoher Kapazität, sein Informationsinhalt übersteigt den des bewußten Gedächtnisses um ein Vielfaches. Der ratiomorphe Apparat liefert auch die uns angeborenen Erkenntniskategorien, nach denen wir die uns bewußt werdenden Wahrnehmungen gliedern. So können wir uns z.B. nur drei Raumdimensionen vorstellen, rechnen kann man aber in der Mathematik mit beliebig vielen Dimensionen. Jedoch wäre uns ohne »innere Anschauung« – stets im vorgestellten Raum – ein Denken unmöglich (vgl. 4.3.2.2).

Das Denken enthält immer auch unbewußte Elemente, durch die plötzlich neue Verknüpfungen zustande kommen. So entsteht das **»Aha«-Erlebnis** dann, wenn im Denkprozeß unvermutet die vermeintlich oder tatsächlich richtige Lösung eines Problems auftaucht. Beim ästhetischen Erleben sind unbewußte Schlußfolgerungen sogar vorherrschend, doch sind auch in diesem Bereich bewußte Denkleistungen der notwendige Anstoß.

Unbewußte Teile der Denkstrukturen, die wir durch Lernen oder Prägungen zumeist früh im Leben erworben haben, sind die Grundlage von *Überzeugungen, Gesinnungen, Einstellungen.* Sie liefern eine Art Sieb, das nur bestimmte Wahrnehmungen durchläßt: man sieht vor allem das, was man erwartet. Man erwirbt eine Sammlung früherer Entscheidungen, die in entsprechenden Problemsituationen wieder verwendet werden. Solches erhöht die Sicherheit und verringert die Ratlosigkeit; auf diese Weise entsteht die »Lebenserfahrung«. Gleichzeitig ist dieser Vorteil jedoch durch den Nachteil erkauft, daß das Umlernen immer schwieriger wird. Geringer werdende geistige Beweglichkeit und abnehmende Fähigkeit Neues zu verarbeiten, ist ein Kennzeichen des geistigen Alterns.

Für Denkvorgänge überaus wichtig ist die Bildung bestimmter komplizierter Schaltungen von Neuronen im Gehirn; so entstehen die zugehörigen Erregungsmuster immer leichter und vollständiger. Man spricht von **Bahnungen** und vermutet, daß durch Wiederholung von Denk- und Lernvorgängen im beteiligten Neuronennetz Synapsen neu geknüpft und die postsynaptischen Erregungsschwellen gesenkt werden. Die Neuronenbahnen werden leichter durchgängig.

Lernvorgänge können als Spiel mit bestimmten Spielregeln beschrieben werden, analog der Selbstorganisation der Materie (Theorie von Eigen, vgl. Studienbd. Evolution, Abschn. 3.9). Die Spieltheorie untersucht diese Spielregeln mathematisch, sie ist somit Grundlage einer theoretischen Beschreibung von Lernprozessen. Die beste Schaltung wird erreicht durch das Wechselspiel von zufälligen Ereignissen einerseits und gesetzmäßigen Vorgängen andrerseits; diese sind gegeben durch das Struktur- und Funktionsmuster der Nervenzellen und ihrer Synapsen. *Das Lernen des Individuums ist eine Evolution des Denkens in der Ontogenese.* Die allgemeinen Regeln dafür entsprechen denen der organismischen Evolution in der Phylogenese. Da ein Teil der Intelligenz nicht erblich festliegt, sondern entwicklungsfähig ist, leistet die soziale Umwelt des Menschen für die Intelligenz des Individuums das, was die genetische Rekombination für die biologische Evolution bewirkt: das Individuum erhält durch Lernen Kenntnis von vielerlei Meinungen und Ansichten und vermag diese durch »intellektuelle Rekombination« für sich optimal zu verknüpfen. Die Voraussetzung ist allerdings völlige Meinungs- und Gedankenfreiheit. Bei der biologischen Evolution kommt es durch die Wechselbeziehung von Arten zur Koevolution. Ebenso treten bei der ontogenetischen **Evolution des Denkens** im Individuum Hierarchien von Symbolen und Ansichten auf. Sie sind im Denkprozeß entstanden, stehen in Wechselwirkung miteinander und entwickeln sich weiter – im Sinne einer Koevolution – im Gehirn des Einzelnen. Lernvorgänge sind offenbar die funktionelle Selbstorganisation des Gehirns und formal vergleichbar der Selbstorganisation der Materie (vgl. 3.4.3.1).

Erläuterung von Fachausdrücken zu Abschnitt 2

Althirn (Stammhirn): Ursprüngliche Hirnteile (Nach-, Hinter-, Mittel-, Zwischen- und Vorderhirn (basales Großhirn), bei allen Wirbeltieren vorhanden

Neuhirn: Neuentwicklungen des Gehirns bei Säugern, vor allem die Rinde des Großhirns (2 Hemisphären im Vorderhirn) und Teile des Kleinhirns (2 Hemisphären im Hinterhirn)

Anagenese: Höherentwicklung im Evolutionsprozeß. Beruht auf der Zunahme von genetischer Information

Bewußtsein: Das Ganze des uns unmittelbar zugänglichen Seelenlebens. Ungegenständliches Gegenwärtighaben von Erlebnis-

sen, die dem erlebenden Einzelwesen zugehören (Ich-Bewußtsein oder Selbst-Bewußtsein). Zum Bewußtsein gehören Wahrnehmen, Denken, Wollen, Gefühle, Phantasie.

Engramm: Im Gehirn in Form bestimmter Strukturen gespeicherte
Erfahrungsinformationen. Speicherung vermutlich durch Verknüpfung von Nervenzellen. (gramma gr. Inschrift).

Erregungsmuster: Erregung, die durch ein bestimmtes Muster von
Nervenzellen läuft (d. h. durch ein Geflecht in bestimmter Weise
miteinander verknüpfter Nervenzellen)

Gedächtnis: Summe der Engramme, die Grundlage der Erinnerungen sind

Geist: Mit Bewußtsein oft gleichgesetzt. Ursprünglich philosophi-
scher Begriff, der die spezifisch menschlichen Fähigkeiten umfaßt, also vor allem Denken, Verstand, Vernunft.

Informationstheorie: Theorie der Übertragung von Nachrichten
(zeitliche und räumliche Folge von Signalen) und der Messung
von Informationsgehalten. Teilgebiet der Mathematik.

Instinkthandlungen: Erblich festgelegtes, stets in gleicher Weise
ablaufendes Verhalten

Lernen: Änderung von Verhaltensweisen auf Grund von Erfahrung. Beim Lernvorgang werden Informationen aufgenommen
und im Gedächtnis gespeichert.

Motivation (Antrieb, Handlungsbereitschaft): Innere Bedingungen (z. B. Hormonkonzentration), die den Ablauf einer Handlung bestimmen

Neuron: Nervenzelle als Funktionseinheit des Nervensystems

Ritualisierung: Umwandlung einer ursprünglich biologischen
Funktion (Mund-zu-Mund-Füttern des Säuglings) in eine Kommunikationsfunktion (Küssen als Ausdruck der Zuneigung)

Synapse: Kontaktstelle zwischen zwei Nervenzellen oder zwischen
Nervenzelle und Muskelfaser bzw. Drüsenzelle. An der Synapse
werden Nervenimpulse übertragen oder gehemmt.

Aufgaben zu Abschnitt 2

1. Der Mensch kann nicht solitär (für sich allein) existieren. Ist
dies die Folge der Zivilisation?

2. Bei Übertragung von an Tieren gewonnenen Befunden der
Verhaltensforschung auf den Menschen muß man vorsichtig sein.
Warum?

3. Die angeborenen Verhaltenseigenschaften des Menschen sind
das Ergebnis seiner stammesgeschichtlichen Entwicklung. Sie wa-

ren für das Leben in der Frühzeit der Menschheit vorteilhaft, passen aber oft nicht in das Leben in einer Massengesellschaft, obwohl
diese der Mensch selbst geschaffen hat. Was läßt sich tun, um die
fehlende Anpassung zu erreichen?

4. Widerspricht die These »jeder Fortschritt in der Evolution ist
verbunden mit einem Nachteil« (vgl. 2.1) nicht dem Grundprinzip
der Evolution, wonach stets das Vorteilhaftere erhalten bleibt?

5. Welche Beobachtung steckt in dem Wort »nachäffen« und
welche allgemeine Bedeutung hat diese Eigenschaft?

6. Was versteht man in der Psychologie und Sinnesphysiologie
unter Wahrnehmen von »Gestalten«?

3. Kulturelle Evolution

3.1 Merkmale der Kultur

3.1.1 Begriff der Kultur

Allen Menschen kommt die Fähigkeit zur Kultur zu; sie ist ein
Artmerkmal des Menschen: »Der Mensch ist von Natur aus ein
Kulturwesen« (GEHLEN). Wie sich innerhalb dieser Fähigkeit die
jeweilige Kultur ausprägt, hängt von Umweltfaktoren und von den
in der betreffenden Population herrschenden Ideen ab. Diese
Ideen bezeichnet man als die **Leitideen** oder Grundanschauungen.
Die Befähigung der Menschen für Kultur hat sich in den letzten
5000 Jahren nicht mehr wesentlich gesteigert, hingegen haben sich
die Kulturen in ihrer Ausbildung (»kulturelle Phänotypen«) außerordentlich gewandelt. Biologisch gesehen sind dies also modifi-
katorische Entwicklungen der Kultur innerhalb der genetisch festgelegten Reaktionsbreite für Kulturfähigkeit. Die jeweilige Kultur
ist somit nicht genetisch festgelegt, sondern beruht in ihrer konkreten Ausbildung auf der Wirksamkeit von Leitideen, die durch Tradition weitergegeben werden. Verlieren diese ihre prägende Kraft,
so wird die darauf aufbauende Kultur früher oder später verschwinden. Der oft rasche Aufstieg und Zerfall von Kulturen ist in
erster Linie auf diese Ursache zurückzuführen; erst in zweiter Linie
spielen Umweltfaktoren eine Rolle.

Jede Kultur kann charakterisiert werden durch drei typische Merkmale, die allen Kulturen zukommen:

1. offene (erlernte, nicht angeborene) Verhaltensweisen = **Sozifakte**
2. materielle Ergebnisse offener Verhaltensweisen (Werkzeuge, Geräte u. a.) = **Artefakte**
3. mögliche Verhaltensweisen: Annahmen, Ideen, Werte, Bestrebungen = **Mentifakte**

Sozifakte treten auch bei höheren Tieren verbreitet auf; Artefakte findet man als Werkzeuggebrauch und -herstellung bei Tieren nur vereinzelt. Die Mentifakte sind ausschließlich menschlich und in Form der Leitideen die Grundlagen aller Kultur.

Durch die Kultur schafft sich der Mensch in mehr oder weniger großem Umfang eine künstliche Umwelt, die ihn schützt. Ohne den Kulturschutzschild wäre der Mensch in der gegebenen Umwelt unfähig zu überleben.

Die Mentifakte setzen ein bewußtes begriffliches Denken und damit Abstraktionsvermögen voraus. Ein *Begriff* ist bereits eine Abstraktion der Wahrnehmung, also ein Zeichen. Die Herstellung von Zeichen *(Symbolen)* ist eine wichtige Leistung des menschlichen Geistes (vgl. 3.1.4). Die Invarianten (unveränderlichen Eigenschaften) einer Wahrnehmung werden durch das Gehirn von den zufälligen Anteilen der Wahrnehmung abgetrennt. So ist der Mensch zu einer hochentwickelten *Gestaltwahrnehmung* befähigt. Der Begriff »Baum« ist abgeleitet von Gegenständen mit Baumgestalt, er bezieht sich aber nicht nur auf »viele Bäume« oder »alle Bäume, die ich gesehen habe«, sondern ist das Zeichen für sämtliche Bäume, die **denkmöglich** sind (vgl. 2.2).

Die Fähigkeit zum bewußten begrifflichen Denken ist mit einer Objektivierung der Umwelt verknüpft. Sie ist dem Menschen angeboren und in der Evolution sehr wahrscheinlich zusammen mit der Sprachfähigkeit entstanden. Beide bedingen sich gegenseitig (vgl. 3.4.4). Die Fähigkeit zur Objektivierung wendet der Mensch auch auf sich selbst an; dies ist eine wichtige Grundlage des Wissens von sich selbst **(Selbst-Bewußtsein)**: »Das Tier weiß, aber nur der Mensch weiß, daß er weiß«. Die Entwicklung des bewußten begrifflichen Denkens und des Selbstbewußtseins ist ein konvergenter Evolutionsschritt: durch Zusammentreten bestehender Reaktionsabläufe entsteht beides als neue, nicht vorhersagbare Qualität, die allerdings nachträglich einer kausalen Analyse zugänglich ist.

Die Objektivierung der Welt während der Menschwerdung ist uns unmittelbar nicht zugänglich. Man kann jedoch Hinweise auf die Art dieses

Vorgangs erhalten durch Untersuchung der Entstehung von Begriffen beim Kleinkind, also bei der Ontogenese des Menschen. Die Aufmerksamkeit des Kleinkindes gilt zuerst den Bewegungen. Durch Bewegungen werden Veränderungen herbeigeführt, die die räumliche Umgebung des Kindes anders erscheinen lassen. Manche dieser Bewegungen betreffen das Kind unmittelbar – es bekommt Nahrung. Die Bewegung erhält so einen »Sinn«, sie wird zur Handlung. So lernt das Kind auch zu beobachten, daß andere Personen Nahrung zum Mund bringen. Dadurch lernt es, was »Essen« ist. Der Raum, in dem man wohnt, ist ein Gegenstand, den man »Zimmer« nennt. Parallel zum geistigen Erfassen des Objekts verläuft das Verstehen des Namens des Objekts, nur dadurch ist es zu benennen und das Kind kann sich – nach dem Sprechen-Lernen – mit anderen Personen darüber verständigen. Die Entdeckung der Umwelt bedeutet also eine geistige Konstruktion der Welt (PIAGET), diese Konstruktion umfaßt Sinn- und Namengebung gemeinsam.

Eine weitere Eigenschaft des Menschen, die zur Entwicklung seiner Kulturen erheblich beigetragen hat, ist der auf dem angeborenen Neugierverhalten beruhende hochentwickelte Spieltrieb. Spiel ist eine selbstgenügsame Tätigkeit ohne bestimmte Absicht. Viele höhere Wirbeltiere zeigen in ihrer Jugend ausgeprägtes Spielverhalten. Der Mensch ist jedoch »das spielerischste aller Tiere«, der »Homo ludens«.

3.1.2 Modell einer Kultur

Der folgende Abschnitt geht von hochentwickelten Kulturen (sog. *Hochkulturen*) aus; auf die einfacher organisierten sogenannten *Primitivkulturen*, wie sie seit der Altsteinzeit existieren und in Relikten heute noch vorliegen, wird später noch eingegangen.

Eine hochentwickelte Kultur läßt sich in einem vereinfachenden Modell darstellen (MOHR; Bild 34).

Aus den vorhandenen Leitideen entsteht bei Bezug auf die Realität eine oder auch eine Mehrzahl von Ideologien. »Ideologie« ist hier im allgemein-soziologischen Sinn verstanden und bezeichnet alle sozial und politisch wichtigen Auffassungen, die einer größeren Zahl von Personen gemeinsam sind. Es handelt sich um meist emotional gefärbte Aussagenkomplexe, mit denen die Ideen einer Gruppe von Menschen ausgedrückt werden. Solche Ideologien besitzt jeder Mensch, sie sind Voraussetzung seiner sozialen Beziehungen und seines Denkens. Sobald in einer menschlichen Population Gedanken frei geäußert werden können, bildet sich eine Vielzahl von Ideologien aus, die miteinander konkurrieren. Selbst der einzelne Mensch kann für verschiedene Teilbereiche seines Tuns

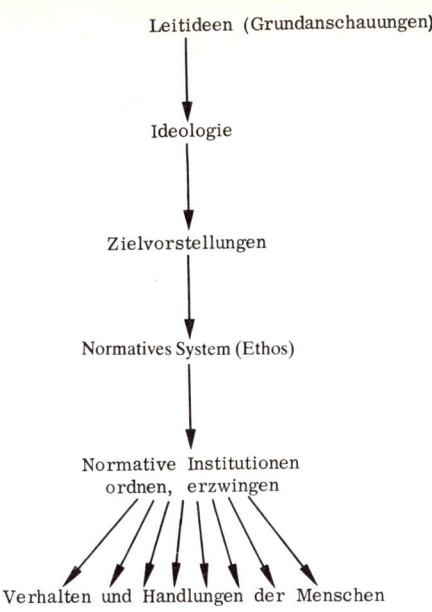

Leitideen (Grundanschauungen)

Ideologie

Zielvorstellungen

Normatives System (Ethos)

Normative Institutionen
ordnen, erzwingen

Verhalten und Handlungen der Menschen

Bild 34: Modell einer Kultur (nach MOHR). Normative Institutionen
sind z. B. Verwaltung, Rechtswesen, Polizei u.a.

verschiedene Ideologien besitzen. Ideologien enthalten stets nicht
beweisbare Sätze; jede Zustimmung zu einer Ideologie ist letztlich
nicht rational begründbar und erfordert daher eine Glaubensent-
scheidung. Daher kann eine Ideologie auch leicht den Charakter
einer Religion oder Ersatzreligion annehmen.

Ideologien sind die Grundlage für Zielvorstellungen der Gesellschaft in einer Kultur, zumindest werden die Zielvorstellungen im
Nachhinein von der Ideologie abgeleitet. Eine Ideologie muß also
die Ableitung von Gebots- und Verbotssätzen ermöglichen, an denen sich die Zielvorstellungen orientieren. Diese Gesetze (normativen Sätze) bilden das *Ethos* der betreffenden Kultur. In der Praxis
führen normative Sätze zur Ausbildung bestimmter Ordnungssy-
steme für das Verhalten in wirtschaftlicher, politischer, sozialer
und sittlicher Hinsicht. So entstehen *Institutionen* der Kultur;
durch diese wird unser tatsächliches Verhalten stabilisiert und ka-
nalisiert. Die Institutionen werden durch Tradition weitergegeben.
Sie bleiben daher stets in gewisser Weise labil; sie können zwar den
Zerfall der Leitideen und des Ethos lange überdauern, sterben
aber doch irgendwann ab, wenn Leitideen und Ethos keinen Rück-
halt in der Population mehr haben.

Zumindest seit Aufklärung und Französischer Revolution sind im Abendland Toleranz und Freiheit des Individuums und daher der *Pluralismus der Ansichten* wichtige Leitideen der Kultur. Werden diese Leitideen anerkannt, so entsteht immer eine pluralistische Kultur mit mehreren bis vielen konkurrierenden Ideologien und damit auch einem widersprüchlichen Ethos. Die normativen Institutionen müssen daher eine Kompromißstruktur aufweisen. Diese Inkonsequenz ist also nicht Zeichen für den Zerfall der Kultur, sondern für ihre Humanität im Sinn der erwähnten Leitideen.

In der Zeit des Mittelalters und des Absolutismus war oft nur eine einzige Ideologie offiziell zugelassen, ebenso ist es in allen totalitären Staaten der Gegenwart. Dies führt zu Gesetzen und Institutionen, die Unterdrückung, geistigen Terror und sogar physische Vernichtung Andersdenkender erlauben.

Heutige Hochkulturen lassen sich in zahlreiche Teilkulturen aufspalten, deren Leitideen unterschiedlich sind. Als Beispiel einer solchen Teilkultur ist die »Wissenschaft« in Bild 35 dargestellt. Leitidee der Wissenschaft ist das Streben des Menschen nach ob-

Leitidee: Gewinnung von zuverlässigem Wissen
und objektiver Erkenntnis

↓

Ideologie: Wissenschaftlichkeit als oberstes Prinzip
Kriterium der Überprüfbarkeit am Experiment
Uneingeschränkte Gültigkeit der Logik

↓

Ziel: Vorurteilslose Erkenntnis der Wirklichkeit
und Nutzung zum Allgemeinwohl

↓

Normatives
System: Wissenschaftliches Ethos als Partialethos
(Forderungen nach Objektivität, Freiheit des Denkens,
Verzicht auf Dogmen, intellektuelle Ehrlichkeit,
Kontrollierbarkeit der Aussagen)

Bild 35: Modelle der Teilkultur Wissenschaft (nach MOHR). Leitidee und Ideologie der Wissenschaft sind deren nicht begründbare (metaphysische) Voraussetzungen.

jektiver Erkenntnis. Dieses Streben hat eine mehrfache Ursache: angeborenes Neugierverhalten, Befreiung von der Angst vor unerklärlichem Weltgeschehen und Emanzipation von der Subjektivität der Erklärung durch Magier oder Priester und schließlich die Möglichkeit der Anwendung von Erkenntnissen zur Erleichterung der menschlichen Existenz. Diese letztere Ursache gewinnt in der Neuzeit zunehmend an Bedeutung und führt zur engen Verknüpfung von Wissenschaft und Technik. Das normative System der Wissenschaft läßt leicht erkennen, daß es ein Partialethos ist, d. h. es kann nur im Hinblick auf ein bestimmtes Ziel – das Ziel der Wissenschaften – für alle verbindliche Normen liefern. Die Wissenschaft vermag daher auch nie alle Zielvorstellungen für eine Population zu entwickeln, und z.B. grundsätzlich keine Aussagen über den Sinn der Welt und des Daseins zu machen.

Genau genommen läßt sich aus allen Ideologien jeweils nur ein Partialethos ableiten; politische Ideologien neigen allerdings stets dazu, ihr Partialethos zum Universalethos zu machen.

Die genetische Reaktionsbreite des menschlichen Verhaltens ist geringer als der Spielraum, der dem menschlichen Geist zur Aufstellung normativer Systeme und damit normativer Institutionen zur Verfügung steht. Der Mensch kann also Normen festlegen, die sein Verhaltensvermögen überfordern. Dies führt dann entweder zur Veränderung der Verhaltensnormen in einem allmählichen Prozeß oder einer Revolution der Kultur, oder aber zum Aufbau eines Systems der »doppelten Moral«, die Kultur wird hierdurch korrupt. In einer humanen Gesellschaft sollten die Erkenntnisse der Wissenschaft dazu dienen, das normative System so zu verändern, daß die maßgebenden Normen innerhalb der genetischen Reaktionsbreite des Menschen liegen (vgl. 4.2).

Da verschiedene Kulturen unterschiedliche Leitideen und Normen haben, werden auch die Regeln ihres Aufbaus voneinander abweichen. Sie haben oft auch unterschiedliche Regeln für die Formulierung und daher im Erkennen von Problemen und von Lösungsansätzen. So kam es nur im europäischen Raum zur Entwicklung der modernen Wissenschaften, denn allein hier wurden die Regeln für die Gewinnung objektiver Erkenntnis so vervollkommnet, daß eine rasche Wissenschafts-Evolution möglich wurde. Ebenso hat jede Kultur Regeln, wie z.B. Erzählungen aufgebaut, Bilder angefertigt werden usw. Erst die moderne Weltkultur des 19./20. Jahrhunderts hat zumindest in den pluralistisch organisierten Gesellschaften solche Regeln in den Hintergrund gedrängt.

3.1.3 Werkzeuge: Organe nach Bedarf

Die Herstellung von Werkzeugen in Hinblick auf einen zukünftigen Zweck ist ein typisches Merkmal des Menschen. Diese Handlung erfordert Einsicht und Wissen um den Zweck des Werkzeugs. Mit der Werkzeugherstellung beginnt die kulturelle Evolution. Die Vervollkommnung der Werkzeuge und die zunehmende Geschicklichkeit im Gebrauch hatte für den Menschen außerordentliche Selektionsvorteile. Sie gaben ihm die Möglichkeit, sich zusätzliche und je nach Bedarf konstruierte »Organe« zuzulegen und zu verwenden.

Tiere sind auf die arteigenen Organe angewiesen. Beim höheren Tier kann der Einsatz von Organen durch Erfahrung (Lernen) verändert und verbessert werden. *Ein* Organ erfüllt bei einem Tier in der Regel mehrere Funktionen, die unterschiedliche Selektionsdrücke hervorrufen. Die verwirklichte Form des Organs ist ein Kompromiß zwischen den verschiedenen Selektionsdrücken. So dient der Schnabel eines Vogels dem Nahrungserwerb, dem Nestbau, der Fütterung der Jungen und zum Teil noch der Lauterzeugung und als optisches Signal.

Der Mensch hat demgegenüber bei der Werkzeugherstellung viel günstigere Möglichkeiten. Die Werkzeuge werden je nach Zweck spezifisch gestaltet, Kompromisse sind nicht erforderlich. Der Mensch kann nach Bedarf mit einer Mikroskopiernadel oder mit einem Preßluftbohrer hantieren. Aus diesem Grunde konnte der menschliche Organismus selbst unspezialisiert bleiben. Er besitzt keine speziellen Anpassungen, er ist ein »*offener Ökotyp*«. Im Verlauf der kulturellen Evolution wird die Spezialisierung und Komplexität der Geräte immer größer. Anfangs verlief dieser Vorgang sehr langsam (vgl. 3.2.2.1), nahm dann in seiner Geschwindigkeit aber rasch zu. Die derzeitige Evolution dieser »Organe nach Bedarf« äußert sich in der explosiven Entfaltung und Fortentwicklung der Technik (vgl. 3.4.7.3).

So wie der Biologe an wesentlichen Merkmalen die Artzugehörigkeit eines Lebewesens erkennt, vermögen auch der Vorgeschichtsforscher und der Kulturgeschichtler einen vom Menschen geschaffenen Gegenstand einer bestimmten Kulturform zuzuordnen. Das ist in beiden Fällen nur möglich, weil bestimmte Strukturen unveränderlich längere Zeit beibehalten werden; sie sind kennzeichnend.

In engem Zusammenhang mit der Entwicklung der Werkzeugherstellung steht die Nutzung des Feuers. Sie lieferte Wärme und Licht. Erst dadurch war die Erhaltung und Evolution des Menschen unter den sich verschlechternden Lebensbedingungen während der Kaltzeiten gesichert. Das Feuer machte ferner eine verbesserte Nahrungserschließung möglich und war später für die Metallgewinnung und -verarbeitung von entscheidender Bedeutung.

Mit Hilfe der Werkzeuge und der Feuernutzung wurde der Mensch in die Lage versetzt, die Umwelt aktiv und zielgerichtet seinen Bedürfnissen anzupassen. Der Mensch ist heute in hohem Maß evolutionsaktiv, er greift durch sein Tun in die biologische Evolution; auch in seine eigene, ein. Durch die Beeinflussung der Umwelt öffnet er sich viele, natürlicherweise nicht für ihn passende Lebensräume.

Mittlerweile hat der Mensch fast die ganze Erde als Lebensraum erobert, er hält mehr ökologische Nischen besetzt als irgendeine andere Art. Dennoch bleibt der Mensch auf der ganzen Erde stets Angehöriger einer einzigen Art. Einnischung und adaptive Radiation beschränken sich auf die kulturelle Evolution.

Schon kurzfristige geographische Trennung von Gruppen führt zu Unterschieden in den Gebräuchen und dann auch der Sprache. Die Differenzen im Kulturgut vergrößern sich im Lauf der Zeit und bewirken die Mannigfaltigkeit menschlicher Kulturen. Der Mensch spaltet sich in verschiedene »*Kulturarten*« auf, während er biologisch *eine* Art bleibt. Man spricht hier von »*Pseudospeziation*«. Diese Pseudospeziation zeigt vielerlei Analogien zur Artbildung *(Speziation)* in der biologischen Evolution. Die Entstehung zahlreicher Kulturformen kann man als kulturelle adaptive Radiation auffassen. Ihre Entstehung erfordert kulturelle Isolationsmechanismen, so wie die Artbildung genetische Isolationsmechanismen voraussetzt.

3.1.4 Das Zeichen (Symbol) als besondere Leistung des Menschen

Eine einzigartige Leistung des Menschen ist der Aufbau einer **Symbolwelt,** in der Gegenstände durch Zeichen repräsentiert werden. Man hat früher Zeichen und Symbol häufig synonym gesetzt. Die heutige Zeichentheorie *(Semiotik)* hat den Begriff des Symbols viel enger gefaßt; hinzu kommt die Verwendung dieses Begriffs im Zusammenhang mit nicht rationalen Beziehungen (vgl. unten). Daher wird hier, wie in der Semiotik üblich, der Oberbegriff Zeichen verwendet. Ein Wort ist ein Zeichen für einen Gegenstand oder eine Beziehung, ein Satz ein Zeichen für einen Sachverhalt, ein Geldstück ein Zeichen für eine Dienstleistung oder Ware. Zeichen in diesem allgemeinen Sinn ist alles, was zum Zeichen erklärt wird. Solche Zeichen haben also keine von der Sache her verständliche Beziehung zu dem, was sie bezeichnen: das Wort »Apfel« ergibt sich in keiner Weise aus der Frucht, die das Wort bezeichnet. Ein Zeichen ist ein willkürlich gewählter Vertreter eines Objekts, das der interpretierende Mensch (der Interpretand) dem Objekt zugeordnet hat. Der Interpretand muß die Bedeutung des Zeichens kennen; sie wird ihm durch die kulturelle Tradition vermittelt.

Zeichen haben drei verschiedene Funktionen:
1. die Funktion der Kommunikation (Unterhaltung über Äpfel setzt das Wort Apfel voraus),
2. die Funktion der Kodierung (in der Buchstabenfolge Apfel ist die Bedeutung enthalten),
3. die Funktion der Realisation (ein Kleinkind, das »Apfel« schreit, wünscht einen solchen zu erhalten).

Mehrere Einzelzeichen können zu ganzen Zeichenreihen verkettet werden, sie können aber auch zu Zeichenstrukturen höherer Ordnung zusammengefaßt werden (eine Abbildung von Äpfeln, Birnen u. a. wird zum Stillleben). Außerdem kann man Zeichen iterieren, d. h. in beliebigem Maße neue Zeichen von Zeichen herstellen (z. B. »Apfel« bezeichnen durch »A«). Die allgemeine Theorie der Zeichen nimmt mittlerweile eine noch viel weitergehende Klassifizierung von Zeichen nach Funktion und Gebrauch vor. Jedes Zeichen hat stets Beziehungen zu anderen Zeichen (syntaktische Beziehungen), Beziehungen zu Objekten (»Bedeutung« des Zeichens, d. h. semantische Beziehungen) und Beziehungen zu einem Benutzer (pragmatische Beziehungen).

Alle menschliche Kommunikation beruht auf Zeichen. Alle Sprachen sind auf Zeichensysteme aufgebaut. Die Schrift ist stets eine »Symbolschrift« = Zeichenschrift. Alles Denken in Sprache vollzieht sich als ein Denken in und mit Zeichen.

Tiere lernen durch körperliches Probieren. Der Mensch denkt mit Hilfe von Zeichen. Ein Denken mit »Symbolen« ist schon bei Schimpansen nachgewiesen; beim Menschen wird es zum ausschließlichen Denkverfahren des Bewußtseins. Zeichen sind grundsätzlich Voraussetzung aller Wissenschaft.

Ein System von Zeichen, die nach bestimmten Regeln verknüpft sind, und die daher einen Rechenvorgang nach einem festgelegten Schema erlauben, nennt man einen **Algorithmus**. Wenn man z. B. 44 mal 79 in römischen Ziffern (XLIV mal LXXIX) multiplizieren müßte, so wäre das eine sehr zeitraubende Aufgabe. Das arabische Zahlensystem arbeitet nun mit einer Stellenregel, wobei die letzte Stelle einer Zahl Einer, die vorletzte Zehner, die drittletzte Hunderter bedeutet. Außerdem schreibt man bei der Multiplikation die

Einer, Zehner und Hunderter jeweils untereinander. Mit diesen Regeln wird die Aufgabe schon von einem Kind gelöst. Durch einen Algorithmus lassen sich also Ergebnisse gewinnen, die sonst schwierig oder gar nicht zu erhalten wären. Heute ist die Algorithmentheorie eine eigene mathematische Disziplin. Sie ist von außerordentlicher Bedeutung, da jede Aufgabe, deren Lösung durch einen Algorithmus gelingt, auch mit Hilfe eines Rechenautomaten zu lösen ist. Daß sich die Wissenschaft mit Zeichen beschäftigt, ist in der Mathematik leicht zu erkennen. Es gilt dies aber auch für alle Naturwissenschaften, die ja eine Mathematisierung ihrer Bereiche anstreben. Dort, wo diese zumindest näherungsweise erreicht ist, werden Naturgesetze in Formeln dargestellt. Solche Formeln enthalten nur Zeichen, und *die Naturwissenschaften handeln von der Verwendung und Verknüpfung dieser Zeichen und nicht von den tatsächlichen konkreten Gegenständen der Natur.*

Im engeren Sinn wird der Begriff **Symbol** verwendet für ein Zeichen, das Wesentliches vom Bezeichneten wiedergibt und dazuhin auf rational nicht ohne weiteres erfaßbare Bedeutungen hinweist. Derartige Symbole im engeren Sinn sind z.B. religiöse und kultische Symbole (so etwa im Christentum als zentrales Symbol das Kreuz). Solche Symbole können auch Worte, Handlungen und Gebärden sein. So kann etwa Symbol der Liebe sein: ein Kuß, eine Umarmung, eine Rose, das Bild einer Rose, Rosenduft, der Tristanakkord, die Göttin Venus, ein Symbol der Venus, der Gott Amor usw. Solche Symbole mit nicht rationalen Beziehungen werden aufgrund von Erziehung und Indoktrination oft als hohe Werte empfunden (Kampf um eine Fahne, Glaubenssymbole).

In der Psychologie wird der Begriff des Symbols in einem wiederum etwas abweichenden Sinn verwendet: sie schreibt dem Unbewußten eine Symbolik zu. Symbole können einmal Urbilder sein, die dem Menschen aufgrund seiner ererbten Persönlichkeitsstruktur vorgegeben sind (z.B. die Archetypen nach C. G. JUNG), zum anderen auch Zeichen von Inhalten des Unbewußten, die unter dem Tabu der Gesellschaft stehen und daher verschlüsselt, durch Symbole ins Bewußtsein gelangen (z.B. vielerlei Sexualsymbole, wie sie FREUD etwa in seiner Traumdeutung annimmt).

3.1.5 Kulturelle Isolation

Während der frühen Stufen der biologischen Evolution des Menschen mußte er natürliche Isolationsmechanismen entwickeln, durch die er sich von den nächstverwandten Arten absonderte.

Vermutlich sind spezifische körperliche Merkmale des Menschen als Artkennzeichen und sexuelle Auslöser von Anfang an wirksam gewesen. Diese müssen angeboren und daher beim heutigen Menschen ebenfalls veranlagt sein. Aufgrund vergleichender Untersuchungen an Natur- und Kulturvölkern nimmt man als wirksame Merkmale an: Gesäß, lange Beine, Schambehaarung, schmaler Hals, Lippenbildung, sowie Brüste und Kopfhaar bei der Frau. (vgl. 3.3.1.4). Diese erblichen Signale der Art »Mensch« sind in der kulturellen Evolution dann durch die verschiedenen Gruppen unterschiedlich betont oder vernachlässigt und z. T. auch übertrieben worden. So können die Lippen durch Schminke betont oder durch Einlagerung von Fremdkörpern (bei bestimmten Neger-gruppen) vergrößert werden.

Sie reichten aber offenbar nicht aus, die sehr zahlreichen unter-schiedlichen Kulturgruppen auch äußerlich genügend gegeneinan-der abzusetzen. Daher haben sich verschiedene Kulturgruppen Merkmale zusätzlich geschaffen: Bemalungen, Tätowierungen, besonderen Schmuck. Bei höherentwickelten Kulturen findet man Kastenzeichen und Trachten. Solche kulturellen Ritualisierungen sind bis in die Technik hinein zu verfolgen (vgl. 3.4.3.2).

Von besonderer Bedeutung in diesem Zusammenhang ist die Sprachdifferenzierung. Sie war leicht möglich, da die menschliche Sprache eine typische Lernsprache ist. Die »babylonische Sprach-verwirrung« führte zur Ausbildung von mehr als 3000 verschiede-nen Sprachen. Bei Bevölkerungsgruppen Neuguineas, die seit über 3000 Jahren isoliert sind, wurde festgestellt, daß die genetischen (biologischen) und die sprachlichen (kulturellen) Verwandt-schaftsbeziehungen weitgehend parallel laufen (Bild 36).

Durch die Sprachdifferenzierung wird die Isolation zwischen den Gruppen aufrechterhalten und verstärkt. Soziale Kräfte lassen dann die Trennung noch ausgeprägter werden (Heiratsschranken). Die zunehmende Pseudospeziation führt so weit, daß nur den An-gehörigen der eigenen Gruppe das Attribut »Mensch« voll zuer-kannt wird, andere sind »Untermenschen« oder Barbaren. Aus diesem Grunde wurde beim Menschen ritueller Kannibalismus möglich. Aus zerschlagenen und angebrannten Menschenknochen

Bild 36: Parallelität von sprachlicher und genetischer Verwandtschaft der Murapin-Stämme im Bergland Neuguineas. (Nach CALDER)
a: Sprachverwandtschaft der verschiedenen Stämme, deren Namen ange-geben sind.
b: Genetische Verwandtschaft aufgrund der Untersuchung von Blut-gruppen und eniger Enzyme (Abkürzungen vgl. a).

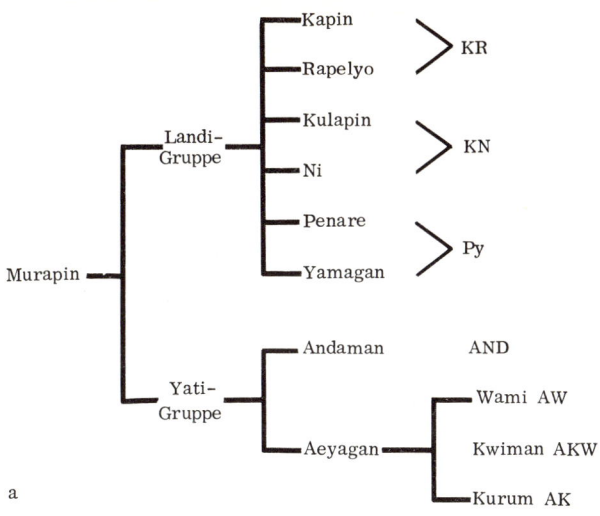

a

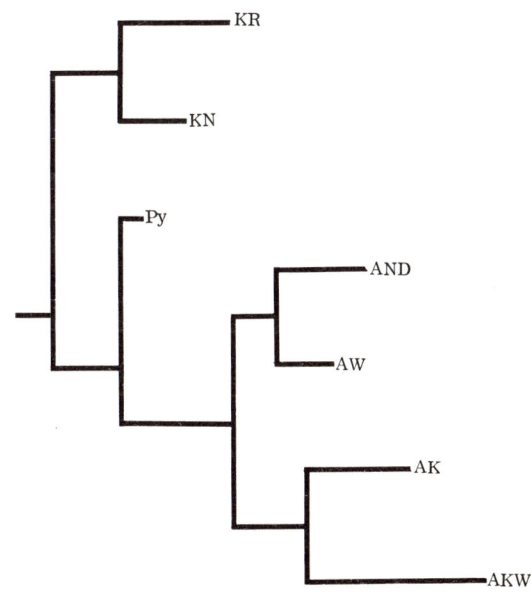

b

113

sowie kunstgerecht am Hinterhauptsloch geöffneten Schädeln geht hervor, daß es unter *Homo erectus* Kannibalen gab (z.B. Peking-Mensch). Innerhalb der Gruppe ist hingegen die angeborene Tötungshemmung voll wirksam.

Das Tempo der kulturellen Evolution war bei den einzelnen Kulturgruppen in Abhängigkeit von den Leitideen, Umweltbedingungen und Kommunikationsmöglichkeiten verschieden, ähnlich wie die biologische Artbildung unterschiedlich rasch abläuft. Daher gibt es heute auf der Erde gleichzeitig Gruppen auf dem kulturellen Niveau der Steinzeit und andere mit hochentwickelter Technik, die auf dem Mond landen können. Unterschiedliche Lösungen derselben Probleme im sozialen Bereich zeigen sich bei verschiedenen Kulturgruppen in verschiedenen Eheformen, Religionen, Wirtschaftssystemen u. a.

3.1.6 Kulturelle Prägung des Menschen

Jeder Mensch wird in eine bestimmte Kultur hineingeboren, wird also durch die Erziehung in einem bestimmten Kulturkreis sozial, politisch, religiös vorbestimmt, ohne daß er eine Wahl treffen könnte. Auch jede Veränderung von Leitideen oder Zielvorstellungen führt nur zu einer anderen Ideologie, die ihrerseits den Menschen gleichermaßen prägt (Beispiele: Jugendbewegung, APO der sechziger Jahre). Dieses Dilemma ist unlösbar (vgl. 3.4.1.1); der einzige Ausweg besteht darin, dem Einzelnen möglichst umfangreiche und vielseitige Informationen über verschiedene kulturelle, soziale, politische und religiöse Möglichkeiten der Lebensgestaltung zu bieten. Dies setzt die Gültigkeit des *Toleranzprinzips* als einer wichtigen Leitidee und somit eine **pluralistische Gesellschaft** voraus.

Der Mensch kann auch seine eigene Kultur negieren und in eine andere Kultur übergehen. Da das normative System kulturgebunden ist, kommt es dabei oft zur Verwirrung des Normensystems; der Mensch verstößt gegen manche Normen in der neuen, von ihm gewählten Kultur. Noch mehr ist dies der Fall, wenn ihm eine andere Kultur aufgezwungen wird.

Kulturen verändern sich auch dadurch, daß im Bereich der Leitideen Veränderungen eintreten (vgl. 3.1.2). Neue Ideen treten auf durch das Denken einzelner Individuen eines Kulturkreises. Diese Ideen verändern im Lauf der Zeit die Kultur. Je mehr sie jedoch Bestandteil der Kultur geworden sind, desto mehr verlieren sie an Bedeutung und Schlagkraft, da mittlerweile sich auch Zielvorstellungen und normatives System der Kultur verändert haben. Auch löst ein Bekanntwerden von Ideen neues Nachdenken von weiteren Individuen aus, das in nicht vorhersehbarer Weise wiederum zu neuen Ideen führt usw. Dies ist ein Grundproblem der Sozialwissenschaften, denn durch alle ihre Feststellungen und Voraussagen (z.B. über den Konjunkturverlauf) kann diesen entgegengewirkt werden. Ein gesellschaftlicher Plan hat nur dann Chancen zur völligen Verwirklichung, wenn man alle nachfolgenden Überlegungen und Neuerungen verhindert. Auf politischem Gebiet ist dazu ein totalitäres Regime, auf religiösem Gebiet eine inquisitorische Staatskirche erforderlich.

Das außerordentlich stark entwickelte Reflexionsvermögen des Menschen zusammen mit einem ausgebauten Kommunikationssystem macht die fortgesetzte Innovation möglich, produziert aber auch systemstörende und -zerstörende Unruhe.

Da der Mensch über sich selbst nachdenken kann, vermag er sich auch stets hinter sich selbst zurückzuziehen; und seine Existenz als eine nur gespielte aufzufassen (er »spielt nur« seinen Beruf, seine Lebensgewohnheiten usw., er ist das gar nicht »eigentlich«). Dies ist eine allein dem Menschen zukommende Möglichkeit: er hat die Fähigkeit zur Nicht-Identität im bezug auf sich selbst (SARTRE).

3.2 Tatsachen der Vorgeschichte

3.2.1 Methodik der Vorgeschichtsforschung

Unter **Vorgeschichte** versteht man die soziale und kulturelle Entwicklung des Menschen von seinen Anfängen bis zum Auftreten von Schrift. Bis zu diesem Zeitpunkt sind die Quellen ausschließlich Skelettfunde und Artefakte (Werkzeuge, künstlerische Produkte usw.) der Menschen, aus denen man auf ihre Lebensweise und ihre Fähigkeiten zurückschließen muß. Dies ist nur möglich durch Vergleich der Funde und der archäologischen Grabungsergebnisse mit Gegenständen und Lebensverhältnissen in heutigen Primitivkulturen. Auch im Bereich der kulturellen Evolution kann man »Kulturfossilien« nur unter Heranziehung der heutigen, »lebenden«, Kulturen einordnen. Dabei wird eine biologische und psychische Einheitlichkeit des Menschlichen vorausgesetzt. Für dieses Vergleichsverfahren ergeben sich Schwierigkeiten daraus, daß erstens ein großer zeitlicher Abstand besteht und zweitens die heutigen Primitivkulturen recht vielfältig sind und außerdem infolge der Europäisierung der Erde mehr und mehr verschwinden. Etliche solcher Kulturen sind bereits ausgestorben, ohne daß sie hinreichend genau untersucht worden wären. Ausschließlich auf Kulturvergleichen beruht die Deutung archäologischer Daten hinsichtlich sozialer Verhältnisse (z. B. Stellung eines Häuptlings, Patriarchat oder Matrilinearität, bei der die Verwandten der Mutter als näher verwandt gelten). Sie ist daher immer hypothetisch. Hinzu kommt, daß unsere archäologischen Kenntnisse recht unvollständig sind; große Gebiete der Erde sind archäologisch gar nicht erforscht.

Eine vorgeschichtliche Kulturstufe wird generell durch die **Werkzeuge** und **Geräte** (das sind bearbeitete Werkzeuge) gekennzeichnet; sie sind die häufigsten Kulturfossilien. Ihr Material ist vorwiegend *Stein,* daneben auch *Knochen, Zähne, Horn* und *Holz.* Erst seit wenigen tausend Jahren treten, anfangs nur ganz lokal, Metalle hinzu: zuerst *Kupfer* und *Gold,* dann *Bronze, Zinn* und *Silber,* dann *Eisen* und schließlich weitere Metalle. Den durch Geräte charakterisierten »Kulturen« kann man nur dort bestimmte Menschenfunde zuordnen, wo Skelett-Teile zusammen mit Werkzeugen gefunden worden sind. Die kulturelle Entwicklung verlief in verschiedenen Teilen der Erde unterschiedlich rasch. Bis ins 20. Jahrhundert gab es Steinzeitkulturen auf der Erde (und heute noch in Relikten), die der Kulturstufe von Jungpaläolithikum/Mesolithikum in Europa entsprachen. Die Untersuchung solcher »lebender Kulturfossilien« ist aus den obenerwähnten Gründen außerordentlich wichtig (ein Beispiel wird in Abschn. 3.2.3.4 geschildert).

Eine Kultur-Gliederung nur oder vorwiegend nach Geräte-Typen ist sicherlich mit Fehlern verbunden, da neben fortentwickelten Geräten stets primitivere nebenbei benützt werden und zufällig auch nur solche gefunden werden könnten. Ferner muß man beachten, daß die gleiche Werkzeugstufe in ganz verschiedenen Kulturkreisen auftreten kann. Eine heute in Äquatorialafrika lebende Volksgruppe kann ähnliche Werkzeuge haben wie eine mitteleuropäische Steinzeitbevölkerung, beide Volksgruppen werden dann auf die gleiche Werkzeugstufe gestellt. Die neuere Archäologie spricht von Geräte-»industrien«, um anzudeuten, daß durch gleiche Geräte eben nicht schon eine gleiche Kultur festgelegt ist. Eine Kultur ist durch vielerlei Faktoren bestimmt und nicht durch eine einzige Gruppe von Produkten. Der Begriff »Industrie« hat in diesem Zusammenhang also nichts zu tun mit einer Massenproduktion. Da der Begriff »Industrie« jedoch üblicherweise in diesem Sinne verwendet wird, ist nachfolgend für eine bestimmte Werkzeugstufe der Ausdruck **Werkzeug-Tradition** benutzt.

Bei den Steingeräten unterscheidet man zwei Grundtypen von

Werkzeugen: *Kerngeräte* und *Abschlaggeräte*. Bei den ersteren wird ein Steinkern (meist Feuerstein) durch Abschlagen kleiner Teile so zugerichtet, daß er eine bestimmte Werkzeugfunktion erfüllt. Hierher gehören die meisten *Geröllgeräte* und *Faustkeile*. Abschlaggeräte werden aus den vom Steinkern abgetrennten Teilen hergestellt. Bei ihnen unterscheidet man mehrere Stufen der Herstellungstechnik, die sich sowohl zeitlich als auch räumlich verzahnen.

3.2.2 Die Anfänge der Kultur

Die Frühgeschichte der Menschheit ist weitgehend an den Fortschritt in der Fertigung handwerklich hergestellter Werkzeuge geknüpft. Jagdwaffen sicherten die Ernährung; Werkzeuge ermöglichten die Anfertigung von Kleidung, den Gebrauch des Feuers und den Bau von Wohnhütten, alles ein Schutz gegen rauhe Witterung. Die mit Werkzeugen geschaffene Verbesserung der Lebensbedingungen ließ die Bevölkerung anwachsen, doch konnte sie nun

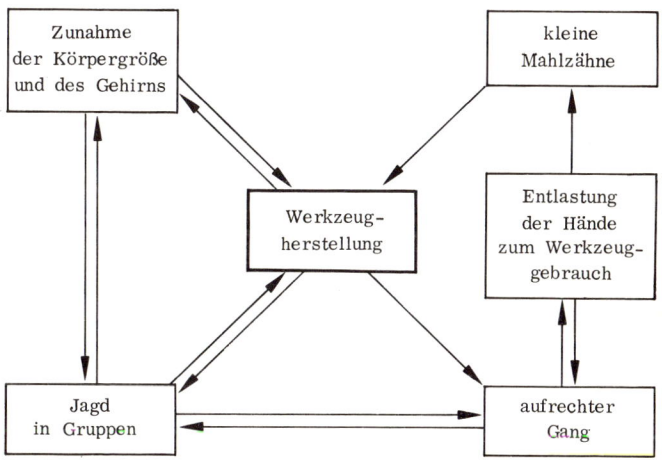

Bild 37: Die während der Hominisation aufgetretenen Merkmale stehen untereinander in vielfacher Wechselwirkung. Durch positive Rückkoppelung tritt eine fortgesetzte Verstärkung auf, z.B. führt der aufrechte Gang dazu, daß die Hände frei und damit zum Werkzeuggebrauch und zur Werkzeugherstellung verfügbar werden. Je mehr nun wieder die Hände solchen Zwecken dienten, desto wirksamer wurde der aufrechte Gang. (Nach LEAKEY)

117

auch kalte Regionen besiedeln, die zuvor unbewohnbar waren. Solche mit dem Werkzeug verbundenen kulturellen Entwicklungen machen den Zusammenhang zwischen Werkzeug-Stufe und Kultur-Stufe verständlich und erklären, warum die Archäologie alle Werkzeugfunde sorgfältig auf Herstellungstechnik und Verwendbarkeit untersucht. Kulturelle Evolutionsvorgänge, wie Werkzeugherstellung und Gruppenjagd, und biologische Evolutionsprozesse, wie z.B. Zunahme der Gehirngröße und aufrechter Gang, stehen untereinander in vielfacher Wechselwirkung (Bild 37).

3.2.2.1 Werkzeuggebrauch und -herstellung

Von den Menschenaffen (vor allem Schimpansen) kennt man eine zielstrebige Werkzeugbenutzung und Werkzeugherstellung für den unmittelbaren Gebrauch. Benutzt werden Steine sowie Stöcke und Äste zum Herbeiholen von Gegenständen und als Schlagwerkzeug bzw. Wurfgeschoß; hergestellt werden längere Stöcke durch Zusammenstecken sowie Stocherstöcke (z.B. durch Reinigung eines Astes von kleineren Zweigen und Blättern). Für den Menschen typisch ist die stets gleichartige Bearbeitung, die man schon bei sehr frühen Werkzeugen feststellt. Dabei wird die Form stark verändert, im Gegensatz zu den äffischen Werkzeugen. Zur Formveränderung wird in der Regel ein anderes Werkzeug benutzt, so z.B. zum Zerteilen von Steinen ein aufgelesener ungeformter Schlagstein (Bild 38). Eine solche **Anwendung von Werkzeugen, um damit Werkzeuge (Geräte) herzustellen,** ist bei Affen nie beobachtet worden und somit **eindeutig ein menschliches Merkmal.** Dieses Verhalten beweist, daß der Hersteller überlegen konnte, wozu das Werkzeug zukünftig taugte.

Die ältesten Werkzeuge des Vormenschen sind uns wahrscheinlich nicht als solche erkennbar, da ihre natürliche Gestalt zu wenig verändert wurde. Wir haben also erst nach Erreichen einer gewissen Bearbeitungsstufe Kenntnis von den Werkzeugen. Die ersten Werkzeuge hatten die Funktion, die Leistung menschlicher Organe zu verbessern. **Werkzeuge sind Verstärker:** der Schlagstein verstärkt die Faust, der Stock verlängert die Arme. Schon früh treten aber auch Werkzeuge mit weiteren Funktionen auf; z.B. Klingen zum Schneiden. Diese Tätigkeit ist in keinem menschlichen Körperorgan vorgegeben. Im Verlauf des *Paläolithikums* werden die Steinwerkzeuge immer besser standardisiert nach Größe und Gestalt. Das ist ein Hinweis auf fortlaufend zunehmende manuelle

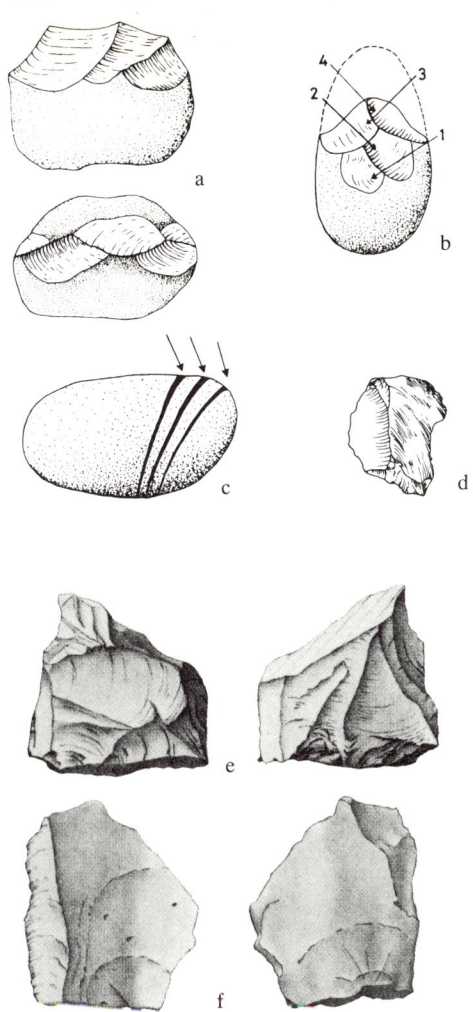

Bild 38: Älteste Steinwerkzeuge und ihre Herstellung
a: Aufsicht und Breitseite eines Handwerkzeuges
b: Schema seiner Herstellung aus einem Geröll (Kieselstein)
c: Schema der Herstellung von Abschlägen aus einem Geröll
d: Abschlag
e und f: Abschlagwerkzeuge von Koobi-Fora, Turkanasee, Alter: 1,6–
1,8 oder 2,6 Mill. Jahre

und geistige Fähigkeiten des Menschen. Neue rasterelektronenmikroskopische Untersuchungen von steinzeitlichen Geräten lassen durch Vergleich mit nachgemachten, entsprechend hergestellten und benutzten Werkzeugen die Verwendung der Geräte in der Steinzeit erkennen. So wurden Holzbearbeitung, Fleisch-Schneiden, Häutebearbeitung u. a. nachgewiesen.

3.2.2.2 Lebensweise

Der Mensch besiedelte anfangs die warmen Gebiete der Alten Welt. Infolge der Absenkung des Meeresspiegels während der Kaltzeiten um etwa 100 m konnte er auch trockenen Fußes den südostasiatischen Raum bis nach Java erreichen. Von dort stammen ja zahlreiche Funde des *Homo erectus.* Hingegen war zwischen Nordafrika und Spanien nie eine Landverbindung. Da aber bekannt ist, daß Spanien zuerst von Nordafrika her besiedelt wurde, müssen diese Erstsiedler Wasserfahrzeuge besessen haben.

Bei den *Australopithecinen* bestand die Nahrung vorwiegend aus kleinen Beutetieren (z.B. Nager, darunter Ratten; kleine Affen u. a.). Großwildjagd wurde noch nicht betrieben; auch eine nennenswerte Herstellung von Werkzeugen ist nicht nachgewiesen, wohl aber Werkzeugbenutzung. Über die Familienstruktur haben wir nur aus indirekten Schlußfolgerungen gewisse Vorstellungen (vgl. Abschnitt 3.3.2.3).

Die frühen ostafrikanischen Vertreter von *Homo* (von Koobi-Fora) stellten Werkzeuge her und führten diese bei ihren Wanderzügen zur Gewinnung von Nahrung mit. Ebenso transportierten sie Fleischnahrung zu den Lagerplätzen, wie die Knochenfunde beweisen. Durch diese Verhaltensweisen unterscheiden sie sich von den Menschenaffen eindeutig.

Der *Homo erectus* des Altpaläolithikums bildete schon früh größere *Jagdhorden,* die Großtiere erlegen konnten; dies beweisen die bei ihren Siedlungen gefundenen Knochen. Das Hordenleben (Horde = Großfamilie) erfordert eine – wenn auch anfangs sehr einfache – Sprache. Die Nahrung bestand zur Hälfte bis zu mehr als Zweidritteln aus den von den Frauen gesammelten pflanzlichen Nahrungsmitteln; nie war die Fleischnahrung vorherrschend. Jagdwaffen waren anfangs Speer und Keule (Nahwaffen), erst im Jungpaläolithikum auch Pfeil und Bogen (Fernwaffen). Auch wurden schon früh Fallgruben ausgehoben. Der Raumbedarf bei diesen Ernährungsverhältnissen betrug in den Warmzeiten etwa 4 km^2 je Person, während der Kaltzeiten jedoch ein Mehrfaches davon. Die Horden sind daher innerhalb eines Reviers umhergewandert. Die Arbeitsteilung zwischen jagenden jüngeren Männern und sammelnden Frauen dürfte schon früh über die sexuelle Partnerschaft hinaus dem Zusammenhalt der Gruppe gedient haben. Den Frauen oblag vorwiegend die Kinderaufzucht; dies führte wahrscheinlich zu einem »sozialen Aufstieg« der Frau. Bei den Menschenaffenhorden dominieren stets männliche Tiere, dies darf auch für die Anfänge der Evolution des Menschen angenommen werden. Im Verlauf des Paläolithikums wird die Rolle der Frau zunehmend aufgewertet. Im Jungpaläolithikum ist *Matrilinearität* bei der Verwandtschaftsgliederung nachzuweisen.

Als *Wohnung* dienten dem Menschen des Paläolithikums zumeist einfache Rundhütten, in den Warmzeiten auch Zelte und Windschirme. Höhlen wurden erst später und hauptsächlich während der Kaltzeiten bewohnt. Der Mensch des Altpaläolithikums war also nicht vorwiegend ein Höhlenmensch! Auch während der Würm-Kaltzeit *(Homo sapiens)* gab es stets Freilandstationen mit Hütten und Zelten. Funde aus Mähren zeigen, daß die Hütten mit Mammutfellen bedeckt waren. Die Rentierjäger, die weit umherstreiften, hatten ebenfalls Zelte, ähnlich den heutigen Lappenzelten.

3.2.2.3 Kulturen des Alt- und Mittelpaläolithikums

Im **Altpaläolithikum,** der Zeit, die vom Auftreten erster Werkzeuge (vor etwa 1,8 oder 2,6 Mill. Jahren am Tyokana-See) bis zum Ende der Eem-Warmzeit oder dem Beginn der Würm-Kaltzeit (vor ca. 100 000–70 000

121

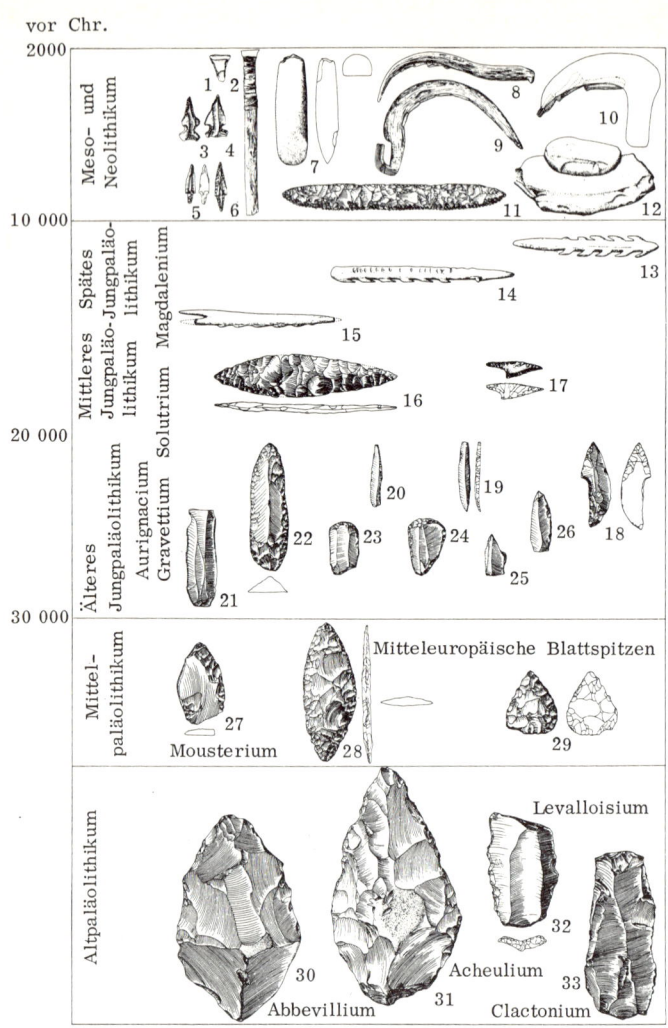

Bild 39: Stufen (Geräte-Industrien) der Steinzeit mit der zeitlichen Aufeinanderfolge von Werkzeugtypen, die eine kontinuierliche Entwicklungsreihe hinsichtlich Funktionsverbesserung und Vielfalt zeigen.
1 – 6 Kleinwerkzeuge aus Feuerstein (3 – 6 Speer- und Pfeilspitzen), 7 geschliffenes Steinbeil, 8 – 9 Werkzeuge aus Geweih, 10 Sichel, 11 Säge aus Feuerstein, 12 Mühle, 13 – 15 Knochengeräte des Magdalenium, 16 Lorbeerblattspitze und 17 Kerbspitze des Solutriums, 18 – 26 Funde

Jahren) reicht, gibt es Geröllgeräte-Traditionen, Faustkeil-Traditionen und die etwas problematische »*osteodontokeratische Kultur*«. Diese letztere ist in Süd- und Ostafrika gefunden worden. Es handelt sich um Knochen mit deutlichen Spuren, daß sie als Werkzeuge gebraucht wurden. Auch zusammengesetzte Knochengeräte findet man dort sowie Gehörne und Zähne, die vermutlich ebenfalls als Werkzeuge dienten. Man hat diese »Kultur« zunächst den Australopithecinen zugeschrieben, sie könnte aber auch von den gleichaltrigen frühen Vertretern der Gattung *Homo* herrühren, da Reste von ihnen meist ebenfalls an den Fundorten nachgewiesen sind.

Ausschließlich von *Homo* stammen mit großer Wahrscheinlichkeit die **Geröllgeräte-Traditionen**. Geröllgeräte werden so angefertigt, daß aufgelesene Gerölle durch einfaches Abschlagen kleiner Stücke eine Arbeitskante erhalten. Später brachte man mehrere Arbeitskanten an; schließlich wurde die Abschlagkante nochmals überarbeitet und dadurch verbessert (Retusche; vgl. Bild 38). Bei den Geröllgeräten unterscheidet man 3 Typen:

a) *pebble tools* (Kieselstein-Werkzeuge): besitzen nur grob behauene Abschlagkanten; dienen als Schlag-, Schneide- und Schabewerkzeuge. Bekannt von Ost- und Südafrika. Entwickelte pebble-tools des *Homo erectus* zeigen fließende Übergänge zu Faustkeilen.

b) *choppers:* sind einflächig behauene grobe Steinwerkzeuge; sie werden von *H. erectus* und vermutlich von *H. praesapiens* hergestellt (to chop = schlagen, schneiden, zerkleinern).

c) *chopping tools:* sind zweiflächig behauene Steinwerkzeuge, die aus Steinkernen und aus Abschlägen von Steinkernen hergestellt wurden. Sie stammen von *H. erectus* und *H. praesapiens*.

Die größte Bedeutung haben die **Faustkeil-Traditionen**. Der Grundtyp des Werkzeugs ist der Faustkeil, der aus einem Steinkern gehauen wird. Er ist beidflächig zugeschlagen, besitzt eine Schneidekante und ist auf einer Seite zugespitzt. Hinzu kommen vielerlei Abschlagwerkzeuge. Nach der Bearbeitung der Faustkeile unterscheidet man mehrere Entwicklungsstufen, die nach der westeuropäischen Abfolge im Altpaläolithikum benannt sind (Bild 39). Außerhalb Europas findet man solche Entwicklungsstufen noch in viel jüngeren Zeiten:

a) Abbévillium (= Alt-Acheulium, früher: Prä-Chelléen): primitive, große und roh behauene Faustkeile. Fundorte: u. a. Frankreich, England, Afrika, Produzent war *Homo erectus*. Die etwa zeitgleiche Abschlag-Technik wird als Clactonium bezeichnet; es handelt sich um grobe und nur wenig retuschierte Abschläge.

---

des Aurignacium und Gravettium, Spitzen mit steiler Retusche (19 typische Gravettespitze, 22 Kratzer mit Kiel), 27 Schaber mit guter Retusche, 28 u. 29 Blattspitzen des Mousterium, 30 roh behauener Faustkeil ohne Retusche, 31 grober Faustkeil mit retuschierter Kante, 32 Abschlag mit Retusche, 33 grober Abschlag ohne Retusche. (Unter Retuschen versteht man eine zusätzliche Bearbeitung der Schneid-, Schabe- oder Stechkante [Arbeitskante] durch feine Abschläge.)

b) Acheulium (früher: Chelléen z. Tl.): große Faustkeile mit retuschierten Kanten. Fundorte: u. a. Afrika, Asien, Swanscombe. Produzent war *H. erectus* und *H. praesapiens*. Zeitlich zugehörige Abschlag-Techniken sind Tayacium (flüchtig bearbeitete und plumpe Werkzeuge) und Levalloisium (Abschläge von vorher präparierten Steinkernen, erste »Klingen-Kultur«).

c) Micoquium (= Spät-Acheulium): meist kleinformatige, gut bearbeitete Faustkeile, oft mit langer Spitze. Produzent war *H. praesapiens*. Die Abschlagtechnik hat sich gegen b) nicht verändert.

Über die Holz- und Knochenwerkzeuge jener Epoche sind wir durch einen glücklichen Fund von Torralba (Spanien, ca. 500 000 Jahre alt) unterrichtet; dort wurden vor allem hölzerne Lanzen nachgewiesen. Knochenfunde stammen auch aus Südfrankreich und aus Clacton in England, sind aber allgemein selten.

Feuerbenutzung durch *Homo erectus* ist für Vertesszöllös (Ungarn) und Choukoutien (China) nachgewiesen und für Torralba wahrscheinlich.

Homo erectus war als Feuerbenutzer in der Lage, auch gemäßigte und kältere Klimazonen der Erde zu besiedeln. Dies war wohl eine Folge des Bevölkerungsdruckes; Jäger und Sammler brauchen sehr große Flächen zu ihrer Ernährung; stehen sie nicht zur Verfügung, droht die Gefahr der Übernutzung der Territorien.

Das **Mittelpaläolithikum** (ca. 90 000/70 000–35 000) kann man als die Zeit des Neandertalers (in Mittel- und Westeuropa) bezeichnen, die zugehörige Stein-Werkzeug-Technik wird *Mousterium* genannt. In der ersten Hälfte des Mittelpaläolithikums verschlechtert sich das Klima fortlaufend, die Würm-Kaltzeit beginnt. Wie aus den Funden zu ersehen, wird nun der Aufenthalt in *Höhlen* üblich. Charakteristisch sind vor allem Abschlaggeräte. Faustkeile werden teilweise sogar aus Abschlägen hergestellt, treten aber mehr und mehr zurück. Die Abschlaggeräte sind anfänglich noch in Levalloisium-Technik, später dann in verbesserter Mousterium-Technik hergestellt, mit feinen Retuschen (Schaber, Kratzer, flache Messer = Blattspitzen, Klingen = Moustier-Spitzen). Knochengeräte sind häufiger, auch kombinierte Stein-Holz-Geräte finden zahlreich Verwendung.

Die Mousterium-Kultur stammt wohl vorwiegend vom Präneandertaler und Neandertaler, jedoch außerdem von frühen Sapiens-Formen. Gegen Ende der Mousterium-Epoche findet man erste ornamentierte Tierfiguren (Sungir bei Moskau, und an der Wende zum Aurignacium am Vogelherd im Lonetal auf der Schwäbischen Alb). Von der Fundstelle Sungir hat man auch erste sichere Nachweise einer **Kleidung**. Sie muß jedoch aus klimatischen Gründen schon viel älteren Ursprungs sein.

Aus dem Beginn der Würm-Kaltzeit stammen die Reste von Kultopfern aus dem Drachenloch und der Wildkirchli-Höhle (beide NO-Schweiz). Sie lassen einen Bärenkult erkennen und geben damit Hinweise auf eine Religion mit Tiergottheit. Etwa seit dieser Zeit kennen wir echte Bestattungen des Neandertalers. Ein **Jenseits-Glaube** muß also existiert haben. Schließlich wissen wir aus der Untersuchung von Skelettfunden, daß auch Kranke und Krüppel, die auf fremde Hilfe angewiesen waren, am Leben blieben, also gepflegt wurden. Damit sind *ethische Vorstellungen* nachgewiesen.

Tabelle 8: Kulturepochen der Menschheit

		Historische Epoche	Kulturphase
Homo sapiens sapiens — produzierende Wirtschaftsform			7. Kulturwende 19./20. Jahrhundert n. Chr.: Industrielle Revolution
		Geschichtliche Zeit	6. Kulturwende ~ 600–400 v. Chr.: Selbstreflexion Kritische und kontemplative Einstellung des Menschen Entstehung von Philosophie und Hochreligionen, Anfänge der Wissenschaft
			Erste Großreiche
		Frühe Metallzeiten	5. Kulturwende ~ 3500–2000 v. Chr.: Schrift
			Bauernkulturen Beginn der Arbeitsteilung Ausbildung von sozialen Klassen
		Jungsteinzeit	Entstehung von Staaten
	neolithische Revolution	Mittelsteinzeit	4. Kulturwende ~ 8000–5000 v. Chr.: Ackerbau und Viehzucht
		Jüngere Altsteinzeit	Hochentwickelte Jäger und Sammler
ältere Homo-Stufen — aneignende Wirtschaftsform		Mittlere Altsteinzeit	3. Kulturwende ~ 40000–30000 v. Chr.: Kunst
		Ältere Altsteinzeit	Einfache Jäger und Sammler
			2. Kulturwende ~ 1000000 v. Chr.: Gruppenjagd auf Großwild
			Einfache Jäger und Sammler
			1. Kulturwende > 1,5 Mill. Jahre v. Chr.: Nahrungs- und Werkzeugtransport Nahrungsteilung

3.2.3 Neue Entwicklungen im Jungpaläolithikum und Mesolithikum

3.2.3.1 Entwicklung von Spezialwerkzeugen. Anfänge von Kunst

Der Beginn des **Jungpaläolithikums** ist gekennzeichnet durch eine große kulturelle Veränderung: Der Mensch fängt an, sich künstlerisch zu betätigen. Künstlerisches Schaffen belegt eine neue Dimension menschlichen Handelns, das nicht aus der Notwendigkeit der Existenzerhaltung entspringt. Alle Menschenfunde von dieser Zeit an gehören ausschließlich zu *Homo sapiens sapiens.*

Das Jungpaläolithikum umfaßt die zweite Hälfte der Würm-Kaltzeit und den Beginn der Nacheiszeit (ca. 35 000 bis ca. 10 000). In dieser Zeit wird Amerika über die Beringstraße in mehreren Schüben von Angehörigen des mongoliden Rassenkreises besiedelt. Während der Würmzeit gelangen Menschen auch nach Australien. Geographisch bedingte Kulturunterschiede nehmen erheblich stärker zu als je zuvor.

Charakteristisch für das Jungpaläolithikum sind vielerlei **Klingen-Traditionen** (Klingen-Industrien): feingearbeitete *Messerklingen, Spitzen, Bohrer* und *Stichel* (vgl. Bild 39). Als neue Jagdwaffen treten *Pfeil* und *Bogen* auf. *Harpunen* dienten dem von dieser Zeit an nachgewiesenen Fischfang; *Nähnadeln* deuten auf das Nähen von Gewändern, die neben die Fellbekleidung traten. *Knochenpfeifen* mögen zur Verständigung durch Tonsignale oder als sehr einfache Musikinstrumente benutzt worden sein.

Man darf annehmen, daß oberhalb der Großfamilie (= Horde) nunmehr eine beständige **Stammesgliederung** vorhanden war; die Jagd wurde vermutlich in organisierten Sippenverbänden unter einem **Häuptling** (= Zauberer, Priester) ausgeübt. Dabei trat bereits eine Differenzierung auf: in der offenen Tundra und am Rande des Inlandeises siedelten vor allem die *Mammutjäger,* die während der kalten Jahreszeit in festen Behausungen lebten (z.B. aus dem südlichen Osteuropa bekannt), im Sommer dagegen lange Jagdzüge unternahmen. In der Waldtundra lebten vorwiegend *Rentier-* und *Pferdejäger.*

Die **Kunst** als neue Ausdrucksform tritt innerhalb weniger Tausend Jahre als Plastik, Malerei, Gravierzeichnung und Ornament auf. Dabei herrschen im westlichen Europa anfangs die Mal- und

Bild 40: Kunstwerke des Jungpaläolithikums
a: Elfenbeinfigur mit Tierkopf aus dem Lonetal (Schwäbische Alb); (Aurignacium)
b: Venus von Willendorf; etwa 30 000 Jahre alt (Aurignacium)
c: Treibjagd auf Hirsche. Dunkelrotes Wandgemälde in der Caballoshöhle in Ostspanien (Magdalenium)

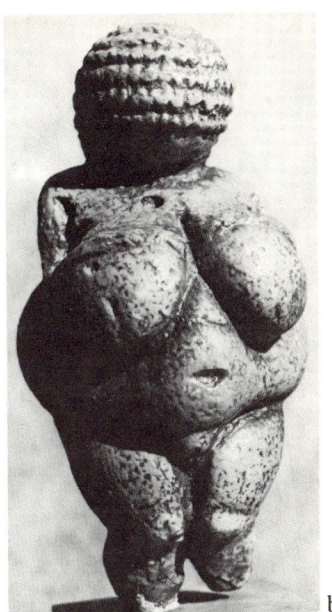

127

Zeichenkunst, im Osten hingegen Kleinplastik und geometrisierende Ornamentik vor. Später treten diese verschiedenen Techniken in West- und Mitteleuropa in Wettbewerb. Die ältesten Darstellungen sind vorwiegend Tiere, daneben Menschen und menschlich-tierische Mischwesen, die auf eine Religion des **Animalismus** (Tiergottheiten) schließen lassen (vgl. 3.4.7.5), wie man sie auch aus zeitgenössischen Jägerkulturen kennt. Offenbar dienten alle diese Darstellungen einem kultisch-magischen Zweck. Die reine Ornamentik dürfte hingegen Schmuckfunktion gehabt haben; als Schmuck sind auch Tierzähne, Muscheln und Bernstein nachgewiesen.

3.2.3.2 Differenzierung und Weiterentwicklung der Kulturen im Jungpaläolithikum

Außer lokalen Kultur-Entwicklungen, auf die hier nicht eingegangen wird, unterscheidet man in der Werkzeugherstellung vier Haupt-Traditionen: *Aurignacium, Gravettium, Solutrium* und *Magdalenium* (so genannt nach Orten französischer Fundstellen).

Das **Aurignacium** (36/35 000–28 000, z. Tl. bis gegen 20 000) ist charakterisiert durch die Aurignac-Spitzen mit steiler Retusche, durch Kratzer mit Kiel und Speerspitzen aus Knochen und Horn. Als Fundstelle in Deutschland sei der Sirgenstein im Lonetal (Schwäb. Alb) angeführt. Die Kunst ist vertreten durch Tierplastiken (zumeist aus Mammut-Elfenbein oder Knochen) und Menschenfigürchen. Unter letzteren treten ab etwa 30 000 die »Venus«-Figuren auf (Venus von Willendorf, V. von Mentone, V. von Dolni Věstonice); es sind dicke Frauengestalten mit Betonung der Geschlechtsmerkmale (Bild 40).

Das **Gravettium** (oder Spät-Aurignacium alter Gliederung; 28 000–16/15 000) geht teils dem Aurignacium und teils dem Solutrium zeitlich parallel. Man findet schlanke, feine Gravette-Spitzen, Schlagwerkzeuge aus Geweih, geometrische Ornamente und viele Kleinplastiken.

Das **Solutrium** (20 000–16 000) ist vor allem in Westeuropa ausgebildet. In Deutschland gibt es nur wenige Funde, die eindeutig dieser Geräte-Tradition zugerechnet werden können. Charakteristisch sind flache, sog. Lorbeerblattspitzen sowie Kerbspitzen.

Das **Magdalenium** beginnt in Westeuropa, offenbar als Fortentwicklung der Solutrium-Kultur, und breitet sich dann aus. Es umfaßt die Zeit von 16/15 000 bis etwa 10 000 und bringt den Höhepunkt der jungpaläolithischen Höhlenmalerei. Die charakteristischen Geräte sind schmale, lange Klingen, Kerbklingen und eine Vielzahl von Knochengeräten. Funde im mitteleuropäischen Raum stammen von Oberkassel bei Bonn und von Thayngen bei Schaffhausen.

Die **Höhlenmalerei** ist beherrscht von Jagdbildern (Tier- und Menschendarstellungen), neben sie treten andere Menschenbilder, auch Reliefs.

Vermutlich handelt es sich in erster Linie um kultische Bilder, die im Rahmen magischer Vorstellungen dem Jagdzauber dienten. Eine Betonung sexueller Symbole deutet auf größere Bedeutung von Fruchtbarkeitskulturen. Als Beispiele seien erwähnt La Garenne (ca. 15 900), Lascaux (ca. 15 500), Altamira (ca. 15 000).

Gegen Ende des Jungpaläolithikums ist vermutlich der **Hund** ein ständiger Begleiter des Menschen und somit sein **erstes Haustier** geworden.

3.2.3.3 Verbesserungen der Existenzsicherung im Mesolithikum. Anfänge des Seßhaftwerdens

Das **Mesolithikum** ist in verschiedenen Gebieten Europas und des Nahen Ostens von unterschiedlicher Dauer. Es beginnt um 10 000 v. Chr. und umfaßt die Zeit der fortschreitenden Klimaverbesserung nach dem Eisrückgang. Sein Ende ist definiert als Zeitpunkt des Übergangs zur **Seßhaftigkeit** und zum dauernden **Ackerbau.** Dieser liegt in Vorderasien zwischen 8 500 und 6 500; in Mitteleuropa zwischen 5 000 und 3 000. Die Kulturen des mitteleuropäischen Raums werden als *Azilium* und *Tardenoisium* bezeichnet, im Norden kommt das *Maglemosium* hinzu. Charakteristische Funde sind: grobe, aber geschliffene Steinbeile, Kleinwerkzeuge aus Feuerstein *(Mikrolithen),* zahlreiche Geräte aus Geweihästen, Überreste einer Vorratswirtschaft (z.B. Haselnüsse, auch Ernten von Wildgrasfrüchten).

Die nacheiszeitliche Erwärmung war für die spezialisierten Jägergruppen des Jungpaläolithikums zunächst vorteilhaft: die Menge an Wild nahm zu, die Reviere der Jäger verkleinerten sich, eine teilweise seßhafte Lebensweise wurde möglich. So entstanden »Wandersiedlungen« mit Holzhütten, zunächst von weniger als 100 Personen, die an Flüssen und Seen in geschützter Lage angelegt wurden. Als Verkehrsmittel dienten Einbäume mit Ruder. War das zugehörige Revier ausgejagt, so zog die Gruppe weiter. Die Verminderung der Jagdtiere und die weitere Klimaveränderung erwies sich dann aber als nachteilig; die Sicherstellung der Ernährung erforderte neue Erfindungen.

Die **jungsteinzeitliche Ackerbaukultur** tritt auf und zwar zuerst in Vorderasien infolge der dort zunehmenden Trockenheit; Europa und unabhängig davon der Indusraum und China folgen nach. Offenbar sind schon zu Ende der Mittelsteinzeit gartenartige Feldstücke angelegt worden, in denen man mit Hilfe von *Hacke* und *Grabstock* (eine Art primitiver Spaten) erstmals Pflanzen angebaut hat.

Die Kunst ist vertreten durch geometrische Ornamente, Masken für Jagdkultur und Sexualsymbole. Eine **Felsbilder-Tradition** entwickelt sich vor allem in Nordafrika und dauert dort weit über die Steinzeit hinaus. Bestattet wurde an ausgewählten Orten; in Süddeutschland findet man kultische Schädelbestattungen in Höhlen (*Ofnet* im Ries), die als Hinweis auf Kopfjäger gedeutet werden.

Die Gesamtbevölkerung der Erde hat bis zum Mesolithikum nur wenig zugenommen. Die Schätzungen schwanken zwischen 3 und 30 Millionen Menschen, wobei die niedrigeren Werte wahrscheinlicher sind.

Die jungpaläolithisch/mesolithische Stufe der Kultur ist das einfachste Kulturniveau, das sich bis zur Gegenwart erhalten hat: bei einigen isolierten Gruppen von Australiden sowie bei Restpopulationen in Afrika (Buschleute) und in Amerika (Amazonas-Indianer). Bis vor etwa 100 Jahren gehörten auch einige nordamerikanische Indianergruppen zu dieser Kulturstufe.

Um aus heute noch existierenden Primitivkulturen Aufschlüsse über die Evolution der Kultur zu gewinnen, schält man das allen Gemeinsame heraus. Wie es viele »lebende Fossilien« zeigen, haben auch rezente Frühkulturen in der langen Zeit ihrer Existenz gewisse Besonderheiten erworben, die von der ursprünglichen Frühkulturstufe abweichen.

3.2.3.4 Die Buschmann-Kultur als »lebendes Kultur-Fossil«

Am Anfang der kulturellen Evolution stehen die **Alt-** oder **Grundkulturen;** es sind Jäger- oder Sammlerkulturen, soweit diese nicht durch nachträglichen Kulturverlust entstanden sind. Die Entscheidung, ob eine Altkultur vorliegt oder eine Kultur durch nachträglichen Übergang zur Jäger- und Sammlertätigkeit zustandegekommen ist, läßt sich durch genaue kulturvergleichende Untersuchungen fällen, da sich in sekundären Jäger-Sammler-Kulturen stets Rudimente des Kulturkreises ihrer Herkunft finden.

Vorstellungen über die Lebensweise vorgeschichtlicher Menschen lassen sich aus aufgefundenen Kulturfossilien nur unvollständig gewinnen. Es liegt deshalb nahe, zu diesem Zweck die Lebensweise heute noch existierender primitiver Volksgruppen zu studieren, wenn ihre Kultur aufgrund ihrer Werkzeugtradition mit einer vorgeschichtlichen Kultur vergleichbar ist. Eine solche Kultur findet sich bei den Buschleuten in Südafrika. Man muß sich allerdings darüber im klaren sein, daß Rückschlüsse von der Lebensweise der Buschleute auf die Lebensart vorgeschichtlicher Menschen den Charakter von Analogieschlüssen haben; immerhin haben solche Schlüsse einen hohen Grad von Wahrscheinlichkeit für sich.

Von den Buschleuten (Gesamtpopulation 25 000) leben heute noch etwa 6 000 als Jäger und Sammler. Man darf ihre Kultur als die ursprünglichste ansehen, die auf der Erde gegenwärtig existiert, doch wird auch sie in 1–2 Generationen vollends verschwinden. Die Buschleute sind offenbar seit langem völlig isoliert gewesen. In ihrer jetzigen Heimat im südlichen Afrika (u. a. Botswana) sind sie seit mindestens 10000 Jahren nachzuweisen. Sie besitzen auch die einfachste uns bekannte menschliche Sprache (vgl. 3.4.4.6).

Die Buschleute leben in Jägerhorden (-gruppen), die aus einer Anzahl von Familien bestehen. Die Horde besitzt ein bestimmtes Territorium, in dem sie umherwandert. Das Territorium ist durch natürliche Grenzen markiert (Flüsse, auffällige Bäume u. a.). Mehrere Jagdhorden bilden eine größere Einheit, die man als *Nexus* bezeichnet. Zwischen den Gruppen eines Nexus bestehen lose freundschaftliche Verbindungen, ihr Dialekt ist ähnlich (aber unterscheidbar) und Heirat zwischen den Gruppen ist möglich. Über den Nexus hinaus gibt es keinen Zusammenhalt unter den Buschleuten. Über andere Buschmann-Stämme haben sie nur unklare Vorstellungen; auch wird das Gebiet des Nexus nie verlassen.

Innerhalb der Gruppe sind die Verbindungen sehr eng, vor allem auch durch zahlreiche Verwandtschaftsbande. Konflikte innerhalb der Gruppe werden friedlich und rasch ausgetragen. Die Gruppenbindung erfolgt wesentlich über die Kleinkinder, die bei allen Gruppenangehörigen herumgehen bzw. herumgegeben werden und kaum Entbehrungserlebnisse haben. Nahrungsmittel (und Tabak) werden in der Horde nach festen Regeln geteilt: die Jagdbeute zwischen allen Gruppenangehörigen, gesammelte Feldkost jedoch nur innerhalb der Familie. Die Gruppe wird geleitet entweder von einem Häuptling oder von einer Anzahl älterer Männer (»Senat«). Die Gruppe wandert nomadisierend auf festliegenden Wegen umher und verwendet bestimmte Wohnplätze regelmäßig wieder. Die Nahrung ist überwiegend pflanzlich, mit sehr unterschiedlichem Anteil wird auch Fleisch vom Jagdwild verzehrt. In guten Jahren ist die Versorgung mit Nahrungsmitteln reichlich, in Dürrejahren tritt Nahrungsmangel auf. Dann teilt sich die Horde in Teilgruppen auf, die getrennte Wege gehen. Die Jagd wird durch die Männer ausgeübt; ein erfolgreicher Jäger besitzt in der Gruppe hohe Autorität. Die Sammeltätigkeit obliegt den Frauen, nur Honig beschaffen die Männer (er wird zum Teil von den Bäumen herabgeholt). Vorübergehende Wohnstätten auf den Wanderzügen sind einfache Schutzschirme. Für längeren Aufenthalt werden von den Frauen dauerhafte Rundhütten aus Zweigen, Laub und Gras errichtet. Die Zahl der Haushaltsgegenstände ist auf ein Minimum beschränkt, da sie bei den Wanderzügen mitgeführt werden müssen. Wie alle Nomadenvölker legen sie wenig Wert auf materiellen Besitz. Schmuck tragen beide Geschlechter, die Frauen allerdings mehr. Innerhalb der Ansiedlung sind die Buschleute oft völlig unbekleidet, beim Verlassen wird stets ein Lendenschurz getragen und bei längerer Abwesenheit (z. B. Jagdzug) außerdem ein Umhang, der zugleich Schutz vor zu starker Sonnenstrahlung bietet.

Die Männer haben außer der Jagd noch die Aufgabe Werkzeuge und Haushaltgeräte (Holz- und Steingeräte, Waffen, Seile, Schnüre, Sehnen) herzustellen; sie gerben Häute und fertigen die Kleidung an. Die Frauen sind stark beansprucht durch Sammeltätigkeit und Kinderpflege; ferner machen sie allen Schmuck und verzieren die Kleidung. Zwischen den Gruppen besteht Tauschhandel; auch Geschenke werden an andere Horden oder an Einzelpersonen gemacht. Sie festigen die Beziehungen und schaffen eine Situation der Verpflichtung.

Unter normalen Verhältnissen haben die Buschleute eine erhebliche Freizeit, die ausgefüllt wird mit Unterhaltung, Spiel und künstlerischer Tätigkeit sowie mit Besuchen bei anderen Gruppen des Nexus. Zur Unterhaltung gehört das Geschichten-Erzählen; die Buschleute besitzen eine umfangreiche Mythologie. Tanz zur Musik einfacher Instrumente kann als Spiel und auch im Rahmen des religiösen Rituals auftreten. Die Religion ist bestimmt durch Tiergottheiten und Naturgötter (personifizierte Naturerscheinungen, z. B. Regen), deren Tun in der Mythologie beschrieben wird. Dabei sind Einzelheiten bei den verschiedenen Stämmen unterschiedlich. Dem Tragen von Amuletten liegen magische Vorstellungen zugrunde.

Die Kunst hat durch die Berührung von immer mehr Buschmann-Gruppen mit der Zivilisation einen Niedergang erlebt. Bis zum 19. Jahrhundert gab es eine hochstehende Kunst von Felszeichnungen (Gravur und Malerei), die heute nicht mehr ausgeübt wird. Wie bei der jungpaläolithischen Malerei Europas wurden Tiere, Menschen, Jagden, Symbole und Zauberzeichen dargestellt.

Innerhalb jeder Gruppe bestehen starke soziale Bindungen. Besonders enge Verbundenheit wird durch Lausen zum Ausdruck gebracht (Mutter-Kind, Liebespaare). Bei Kontaktaufnahme mit einem Gruppenfremden erfolgt ein formalisierter Gruß, der um so stärker ritualisiert ist, je weniger die Personen miteinander bekannt sind. Weicht eine Person im Verhalten von der Gruppennorm ab, so wird sie verspottet. Dieser Spott besteht aus Auslachen, Zungezeigen, verbalem Hänseln, Nachäffen, sexuellen Spottgebärden und Weisen des Gesäßes. Die weibliche Spottgebärde des Schamweisens von hinten erinnert stark an Präsentierstellungen von Affen und wird von Eibl-Eibesfeldt daher als ursprünglich angesehen. Da die weibliche Steatopygie (Fettsteiß) zum Schönheitsideal der Buschleute gehört und der Koitus von hinten erfolgt, wird angenommen, daß bei ihnen die sexuelle Umorientierung zur Vorderseite (vgl. 3.3.2.1) noch nicht ganz vollzogen ist.

3.2.4 Ackerbau und Viehzucht als neue kulturelle Evolutions-stufe im Neolithikum. Urbanisation als Stufe der gesellschaftlichen Entwicklung

3.2.4.1 Die »neolithische Revolution«

Der Beginn des **Neolithikums** ist gekennzeichnet durch eine große Kulturwende als Folge des Übergangs zur produzierenden Wirtschaft, d.h. zu **Ackerbau, Viehzucht** und **Seßhaftigkeit.** Man bezeichnet diesen Vorgang als die *neolithische Revolution.* Es handelt sich dabei um einen Prozeß, der mehr als zwei Jahrtausende in Anspruch nahm. Dementsprechend ist auch der Beginn des Neolithikums unscharf und kann nur willkürlich durch das erste Auftreten eines bestimmten Kulturmerkmals (z.B. vollständig und gut geschliffene Steinbeile) genauer festgelegt werden. Dies gilt vor allem für diejenigen Gebiete der Erde, wo neolithische Kulturen entstanden sind. Das geschah unabhängig voneinander und zu verschiedenen Zeiten und zwar in Vorderasien (»fruchtbarer Halbmond« von Südanatolien bis zum Zweistromland und dessen Randgebirgen im Iran; Bild 41), in Amerika und in China. Von diesen Zentren aus, in denen die ersten Bauernkulturen auftraten *(Primärbauerntum),* verbreitete sich diese neue Art von Kultur, so z.B. von Vorderasien nach Nordafrika (Ägypten) und nach Europa. Dort entstanden dann *sekundäre Bauernkulturen.* So ist es nicht erstaunlich, daß von nun an die Aufspaltung in räumlich getrennte Kulturen mit unterschiedlicher Kulturstufe immer stärker wird. Kulturstufen, die in einem bestimmten Gebiet zeitlich nacheinander folgen, können deshalb an verschiedenen Orten auch zu gleicher Zeit auftreten (vgl. Bild 42).

Die **Kulturwende** ging nicht von den höchstentwickelten und am meisten spezialisierten Jägergruppen des Mesolithikums aus, sondern von relativ primitiven Gruppen, die vorwiegend als Sammler lebten. Man schließt dies daraus, daß von Fundorten solcher primitiver Gruppen auch die ältesten Funde des Neolithikums stammen. Die Klimaveränderungen seit Ende der Eiszeit hatten zu einem allmählichen Meeresspiegelanstieg um nahezu 100 m und zu einem in Vorderasien langsam arider werdenden Klima geführt. So verlor der Mensch fortlaufend geeigneten Lebensraum und die Gefahr der Übervölkerung drohte. Die Erfindung des Ackerbaus löste dieses Problem. Bei einfachem *Rodungs-Ackerbau* beträgt der Flächenbedarf höchstens $0,5 \text{ km}^2$ je Person und liegt damit erheblich unter dem Flächenbedarf von Jäger-Sammler-Kulturen. Der Ackerbau wurde zunächst in den Randgebirgen der Niederungen

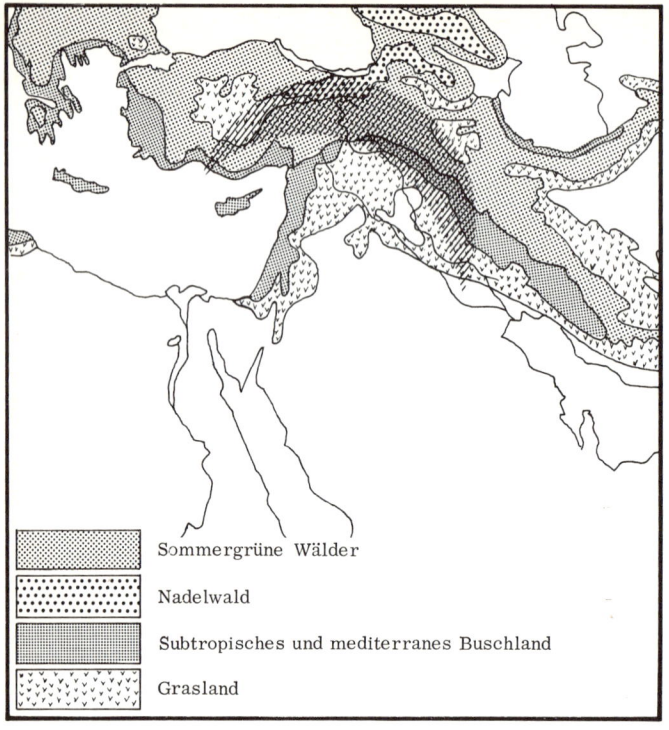

Sommergrüne Wälder

Nadelwald

Subtropisches und mediterranes Buschland

Grasland

Bild 41: Der »fruchtbare Halbmond« Vorderasiens, in dem der Ackerbau erfunden wurde. Die Vegetationskarte zeigt die Vegetationsverhält-
nisse zur Zeit des Beginns des Ackerbaus.

und Tallandschaften betrieben, da die Niederschläge dort aus-
reichten. Ziemlich rasch aber verarmten die Böden durch Erosion
und fehlende Düngung; der Ertrag sank ab und neue Flächen mußten gerodet werden. Die ersten Bauern waren daher halb-seßhafte
Wanderbauern.

Die fortgesetzte Rodung mit der Folge der Bodenabtragung lei-
tet die Versteppung ein; der Mensch tritt endgültig aus dem

Bild 42: Nach- und Nebeneinander verschiedener Kulturformen und
-elemente: Die gängigen Einteilungen folgen zwar in einzelnen Gebieten als »Zeiten« aufeinander, liegen aber auch in einzelnen Zeitstufen als
geographisch erfaßbare »Zonen« nebeneinander.

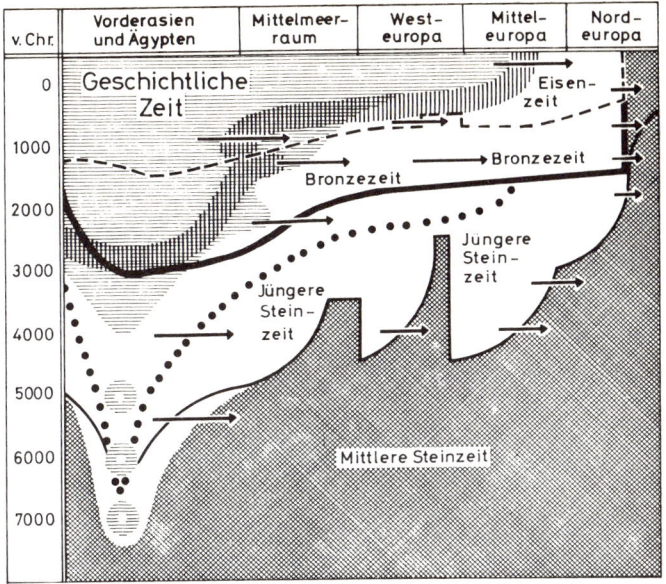

v. Chr.	Vorderasien und Ägypten	Mittelmeer-raum	West-europa	Mittel-europa	Nord-europa
0	Geschichtliche Zeit				Eisen-zeit
1000				Bronzezeit	
2000		Bronzezeit			
3000				Jüngere Stein-zeit	
4000	Jüngere Stein-zeit				
5000					
6000		Mittlere Steinzeit			
7000					

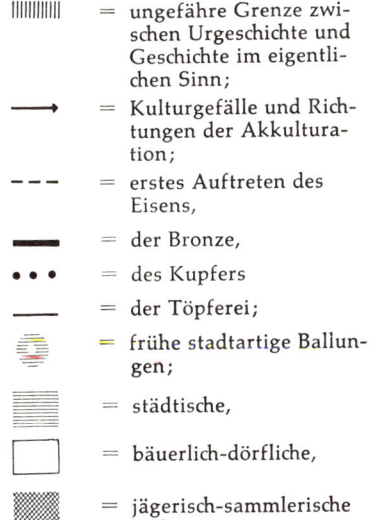

‖‖‖‖‖	=	ungefähre Grenze zwischen Urgeschichte und Geschichte im eigentlichen Sinn;
⟶	=	Kulturgefälle und Richtungen der Akkulturation;
– – –	=	erstes Auftreten des Eisens,
▬▬	=	der Bronze,
● ● ●	=	des Kupfers
———	=	der Töpferei;
	=	frühe stadtartige Ballungen;
	=	städtische,
	=	bäuerlich-dörfliche,
	=	jägerisch-sammlerische Kulturen.

135

Gleichgewicht der natürlichen Ökosysteme heraus. Die Wald-
rodungstätigkeit macht das Steinbeil zu einem der wichtigsten Ar-
beitsgeräte; gut geschliffene Steinbeile sind die für das Neolithikum kennzeichnenden Geräte. Der als Folge des Ackerbaus einge-
tretene Bevölkerungsanstieg zwang zur Vorsorge für Mißernte-
Jahre und bald dehnte sich der Anbau auch auf die Flußtäler aus.
Hier waren *Bewässerungs-* und *Entwässerungsanlagen* erforderlich, wozu größere Gruppen zusammenarbeiten mußten. Gleichzeitig aber war man vom ursprünglichen Rodungs-Ackerbau unabhängig, weil durch mehr oder weniger regelmäßige Über-
schwemmungen bzw. Zuleitung von Flußwasser eine Düngung erfolgte. So konnten Dauersiedlungen entstehen (Tabelle 9), die an
Größe laufend zunahmen und schließlich auch befestigt wurden:
die ersten Städte (vgl. Tabelle 10) wurden gegründet. Dieser Vorgang der **Urbanisation** spielte sich in Vorderasien etwa 7000 v.
Chr. ab. In den Gebieten des Bewässerungs-Ackerbaus führte die
Urbanisation zu den frühesten Hochkulturen mit straffer Organisation.

Die Seßhaftigkeit führte aber außerdem zu einer grundlegenden
Veränderung der menschlichen Gesellschaft. Mit der fortlaufenden Größenzunahme der Gruppe wird der Familienbegriff enger
gefaßt; Besitz wird nunmehr zum Wert und verhilft zu Wohlstand,
so daß **individuelles Eigentum** von nun an eine große Rolle spielt.
Durch die erforderliche Arbeitsteilung entstehen unterschiedliche
Berufe: einerseits seßhafte Ackerbauern und Handwerker und

Tabelle 9: Dauersiedlungen des Jäger/Bauern-Übergangsstadiums als
erste Evolutionsstufe im Bereich des Primärbauerntums

	Alter (v. Chr.)	Knochenfunde von Nahrungstieren (ohne Domestikationsmerkmale)
1. Palästina:		
Eynan	8500–7500	Ziege, Rind, Schwein
Nahal-Oren	8500–7000	
Jericho-Rundhäuser-Siedlung	7300–7100	
Chirbat-Schaich Ali	7500–7100	Ziege, Schaf?, Rind
2. Syrien:		
Ugarit	6500	Schaf
3. Mesopotamien:		
3 Fundstellen um	7000	

Tabelle 10: Älteste befestigte Städte und Dörfer als weitere Gesellschaftsstufe des Primärbauerntums

	Alter (v. Chr.)	Haustiere	Nahrungstiere (ohne Domestikationsmerkmale)
1. Palästina:			
Jericho älteste Stadt:	7100 – 6800	Hausziege	Rind, Schwein
jüngere Stadt	6700 – 5800	Hausziege, Haushund	
(noch keine Tonwaren)			
Sail Aqlah (mit Tonwaren)	6900 – 6600		Ziege, Rind, Schwein
2. Kleinasien:			
Hacilar (ohne Tonwaren)	7000 – 6500	Haushund	Ziege, Schaf, Rind
Çatal Hüyük	6500	Hausziege, Hausschaf	
3. Syrien:			
Tall Ramad	(6500?) 6000 – 5500		
4. Irak:			
Qualat Djarmu	~ 6500	Hausziege	Rind, Schwein
5. Griechenland:			
Argissa Magula in Thessalien (ohne Tonwaren)	vor 5000	Hausrind, Hausschwein Haushund	Schaf, Ziege?

andrerseits teilweise umherwandernde Jäger, Hirten und Händler. Vielfach tritt eine Differenzierung in vorwiegend ackerbauende und vorwiegend viehzüchtende Völker ein, wobei die letzteren infolge des Wander-Hirten-Daseins weniger seßhaft sein konnten und schon aus diesem Grunde eine aggressivere Organisationsform hatten.

Die im Neolithikum günstigeren Lebensbedingungen milderten die Auslese. Der geringere Selektionsdruck steigerte die Variabilität des Menschen. Wechselseitige Hilfe verbesserte die Existenzsicherung, besondere Begabungen (technische, künstlerische) konnten sich entfalten. Dadurch wuchsen die kulturellen Errungenschaften rascher; die Kulturentfaltung beschleunigte sich.

3.2.4.2 Kulturpflanzenanbau und Haustierzucht als entscheidender Schritt der kulturellen Evolution

Der Kulturpflanzenanbau wurde von vorwiegend sammelnden Gruppen erfunden. Diese Nomaden hatten wahrscheinlich schon im Mesolithikum Gärten angelegt, d. h. Pflanzenanbau in der unmittelbaren Umgebung der Hütten während eines längeren Aufenthalts. Eine derartige **Gartenkultur** existierte bis ins 19. Jahrhundert bei einigen nordamerikanischen Indianerstämmen, die sich zum großen Teil durch den Anbau von Wasserreis *(Zizania aquatica)* ernährten. Daneben sammelten sie auch die Früchte der wildwachsenden Pflanzen.

Angebaut wurden anfangs die auch vom Sammler in der Natur bekannten Nahrungspflanzen: Getreide und Hülsenfrüchte als Körnerlieferanten, ferner Obstsorten und Lein. Der Anbau der lagerfähigen Körnerfrüchte erlaubte eine längere Vorsorge. Zunächst erfolgte der Anbau allein durch die menschliche Arbeitskraft in der Form des **Hackbaus.** Die Verwendung von Haustieren und damit in Zusammenhang die Erfindung des Pfluges ist jüngeren Ursprungs (4. Jahrtausend in Vorderasien, ab ca. 3000 in Ägypten). Die ältesten Nutzpflanzen im »fruchtbaren Halbmond« waren die Weizenarten Einkorn und Emmer; mehrere Gerstenarten, Roggen, Hirse, Erbse, Linse, Lein sowie Birne und Apfel. Sie treten alle im 7. und 6. Jahrtausend erstmals auf (vgl. Tabelle 11). Zur gleichen Zeit werden in Südostasien in Kultur genommen: Reis, Zuckerrohr, asiatische Baumwolle und Flaschenkürbis; in Mexiko: Mais, Paprika, Kürbis, amerikanische Baumwolle; und in Südamerika wenig später Hirsen, Kartoffel und Bohne.

Der Mensch betrieb beim Pflanzenanbau Auslese und somit un-

Tabelle 11: Älteste Nachweise der Getreidekultivierung

Getreide	älteste Fundorte	Alter (v. Chr.)
Einkorn	Irak	um 6500
	Balkan	ca. 6500?
Emmer	Irak	um 6500
	SW-Iran	um 6500
	Palästina	ca. 6700?
	Griechenland	ca. 6500?
Gemeiner Weizen	Kleinasien	ca. 5900
Zwergweizen	Irak	ca. 3500
Zweizeilgerste	Irak	ca. 6500
Sechszeilgerste mit Spelzen	Griechenland	ca. 6500?
	Süd-Kleinasien	um 5500
Sechszeilgerste, Nacktgerste	Kleinasien	ca. 5900

bewußt eine Züchtung. Auf solche Weise entstanden aus ange-
pflanzten Wildarten die Kulturformen, die sich von den Wildsorten
durch die Selektion innerhalb relativ kurzer Zeit stark unterschie-

Tabelle 12: Erste Nachweise wichtiger Haustiere in Vorderasien/Europa

Haustier	Wildform	älteste Fundorte	Alter (v. Chr.)
Hausziege	Pasanz-Wildziege	Palästina	ca. 7000
		Irak	ca. 6500
		Kleinasien	vor 6400
		Makedonien	ca. 6200
Hausschaf	Mufflon	Kleinasien	vor 6400
		Makedonien	ca. 6200
		Syrien	ca. 5900
Hausschwein	Wildschwein	Griechenland	ca. 6500
		Syrien	ca. 5900
		Irak	ca. 5400
		Iran	ca. 4800
Hausrind	Auerochs	Griechenland	ca. 6000
	(ausgerottet	Kleinasien	ca. 6000
	1627 n. Chr.)	Syrien	ca. 5700
		Iran	ca. 4800
Hauskamel	Wildkamel	Turkestan	ca. 4000
		Iran	ca. 4000
Hauspferd	Wildpferd	Ukraine	ca. 2700

den. Dieser Prozeß wurde in diesem Jahrhundert erheblich beschleunigt durch die Anwendung genetischer Erkenntnisse in der
Züchtung. Ein einziges Korn eines Hochzucht-Maises enthält
heute ebenso viel Nährstoffe wie ein ganzer Maiskolben zu Beginn
der Maiskultivierung vor etwa 7000 Jahren. Neben der **Kultur-
pflanzenzüchtung** hat auch die fortlaufende Verbesserung der
landwirtschaftlichen Anbaumethoden die Erträge gesteigert.

Erstes Haustier war schon im Jungpaläolithikum der Hund.
Vermutlich ist eine Tierhaltung durch Abrichtung von Wildtieren
schon im Mesolithikum üblich gewesen (wie dies heute noch bei
Elefanten in Indien und bei Rentieren im hohen Norden geübt
wird). Im Neolithikum werden weitere Tierarten in Herden gehal-
ten, zuerst wohl die Ziege. Ähnlich wie bei den Kulturpflanzen
wird auf bestimmte erwünschte Merkmale ausgelesen, also unbewußt gezüchtet; so entstehen echte **Haustiere**, die als eigene Rassen oder schließlich sogar Arten von ihren wilden Stammformen
unterschieden werden. Neben Ziege und Schaf treten Schwein und
Rind (sie ersetzen die Großwildjagd) und später noch das Pferd
und das Kamel (vgl. Tabelle 12).

3.2.4.3 Evolution der Geräteherstellung im Neolithikum

Das Neolithikum beginnt in Vorderasien zwischen 8500 und
6500, in Ägypten etwas später, in Mitteleuropa zwischen 5000 und
3000. Das Ende des Neolithikums wird dort angesetzt, wo die **Verwendung von Metall** – zuerst von Kupfer, dann von Bronze – allgemein üblich wird. In Vorderasien liegt dieser Zeitpunkt zwischen
4000 und 3000 v. Chr., in Ägypten etwas später und in Mitteleuropa zwischen 2000 und 1800 v. Chr.. Erste Kupfer-Funde in Vorderasien sind aber bereits auf ca. 6400 v. Chr. zu datieren. In allen
Kulturkreisen treten während des Neolithikums die ersten Stein-
und Tongefäße auf.

Die Steinbearbeitung ist außerordentlich verfeinert, die Feuer-
steine werden geschliffen und poliert und in einer Vielzahl von Typen in Werkstätten hergestellt. Auch die **Keramik** wird hand-
werksmäßig produziert. Die Gefäße sind handgeformt und am
Herdfeuer gebrannt.

Die Verbreitung der Keramik ist örtlich begrenzt, danach lassen sich verschiedene Kulturkreise unterscheiden, die eine zeitlich wechselnde geographische Ausdehnung haben und an deren geographischen Grenzen oft
Mischkulturen ausgebildet sind. In Mitteleuropa unterscheidet man mehrere Kulturkreise; die beiden wichtigsten sind:

Donauländischer Kulturkreis = Bandkeramiker- = Rössener Kultur
Nordeuropäischer Kulturkreis = Megalithkultur = Trichterbecher-Kultur

Der Ackerbau wurde durch die Bandkeramiker von Südosten her nach Mitteleuropa vermittelt und im Neolithikum bei uns vor allem in den fruchtbaren Lößgebieten betrieben. Aufgrund populationsgenetischer Untersuchungen ist anzunehmen, daß die frühen Ackerbauern aus dem Nahen Osten nach Europa einwanderten. Es fand also nicht nur eine Ausbreitung der Methoden, sondern auch eine große Bevölkerungswanderung statt. Die Megalithkultur wird zwar als Nordeuropäischer Kulturkreis bezeichnet, weil sie in Nordeuropa allein herrschte, sie nahm aber ihren Anfang auch im Mittelmeerraum. Im nördlichen Deutschland und Europa bildete sie zahlreiche Lokalkulturen aus. Ihren Namen hat sie von den typischen Steingräbern und den durch riesige Steine gekennzeichneten Heiligtümern (Stonehenge in England, Menhire in der Bretagne u. a.).

Die Siedlungen des Neolithikums sind dauerhafte Gehöfte mit Wohnhäusern, Stallungen und Speichern. Bei hohem Grundwasserstand wurden sie auf Pfahlrosten errichtet. Diese »Pfahlbauten« erhoben sich nie auf einer Seefläche, wie falsche Rekonstruktionen dies bis heute zeigen. Die Haustypen der einzelnen Kulturkreise sind unterschiedlich, jedoch trifft man häufig anfangs Großhäuser, später aber kleinere Wohnhäuser, was auf eine Entwicklung von der Großfamilie zur Kernfamilie schließen läßt. In Vorderasien erfolgt ums Jahr 7000 v. Chr. an einigen Stellen eine Siedlungskonzentration und das sehr große Bauerndorf wird dann von einer Mauer umgeben; so entstehen die ersten Städte des Primärbauerntums. Diese **Evolution zur Stadt** erfolgt als Mosaikevolution, nicht alle Eigenschaften einer Stadt sind von Anfang an da. Erst aus jüngeren Schichten hat man Hinweise auf Arbeitsteilung und verschiedene Handwerkerberufe in der Stadt und auf eine Funktion der großen Siedlung mit öffentlichen Bauten als Mittelpunkt eines Umlandes. Dagegen dürften die Städte schon von Anfang an eine Bedeutung als Orte des Tauschhandels für Steine, Salz, Textilien und später für Kupfer gehabt haben. Die wandernden Händler waren also wohl die ersten Spezialisten und zugleich die Übermittler von Nachrichten. Die Größe der Städte war anfangs bescheiden, Çatal Hüyük in der Türkei dürfte um 6500 v. Chr. etwa 6000 Einwohner gehabt haben.

Durch die Wanderungen der Händler verbreiteten sich Erfindungen relativ rasch in andere Kulturkreise. Dies gilt z. B. für den Pflug und für das **Rad**, das den Bau von Wagen ermöglichte. Es tritt in Vorderasien zuerst zu Beginn der Metallzeit auf. Die Erfindung des Rades ist eine der bedeutendsten Kulturtaten des Menschen.

In der Kunst werden Bilder sehr häufig zu Symbolen abstrahiert.

Dieser Vorgang ist auch eine Vorstufe der Schriftentwicklung, die im vorderasiatischen Raum ebenfalls in die beginnende Metallzeit fällt (vgl. 3.4.5).

In Vorderasien herrschten im Neolithikum sehr wahrscheinlich *mutterrechtliche*Verhältnisse. Dies belegen folgende Schlüsse aus den Funden von Çatal Hüyük: der Mann zog an den Wohnsitz der Frau, der Erbgang verlief in mütterlicher Linie (vermutlich weil der Frau der Ackerboden gehörte) und das weibliche Element war in der kultisch-religiösen Sphäre durch eine Fruchtbarkeitsgöttin betont, sie sollte die Fruchtbarkeit von Acker und Haustieren gewährleisten. Die Göttin ist verschiedentlich auch als gebärende Frau dargestellt. Ein solcher typischer Fruchtbarkeitskult bildet sich in Abhängigkeit vom Ackerbau. Die neolithische Fruchtbarkeitsgöttin ist das Urbild der großen Muttergottheit (*magna mater*, Kybele, Diana von Ephesos) des orientalischen Raums. Im europäischen Neolithikum findet man erstmals den Dualismus zwischen einer Vatergottheit und einer Muttergottheit. Während die Megalithkultur ein männliches Gottes-Prinzip hatte, liegt bei den Bandkeramikern eine Fortentwicklung des beschriebenen Frucht-

Tabelle 13: Beispiel für unterschiedliche Entwicklungen der kulturellen Evolution im vorgeschichtlichen Zeitraum (vgl. auch 3.4.3.2) Nach WUNDERLICH, verändert.

Megalithkultur	Bandkeramik
vorherrschend Viehzucht, Wanderhirten, auch Jagd, Fisch- fang, daneben Grabstock-Feldbau	vorherrschend Ackerbau bäuerliche Dauersiedler
Wohnsitze wenig betont	Wohnsitze ausgebaut
Bestattung in Grabhügeln oder Steingräbern	Bestattung in Erdgräbern
Heiligtümer mit Megalithen	
männliche Gottheit z. Tl. Menschenopfer	weibliche Fruchtbarkeitsgottheit
entwickelt sich zu männlichem Monotheismus	entwickelt sich zu Magna Mater
Herkunft aus Syrien – Palästina (nach KÜHN)	Herkunft aus Mesopotamien – Anatolien (nach KÜHN)
vaterrechtliche Organisation	mutterrechtliche Organisation
Küstenschiffahrt und Fernhandel von größerer Bedeutung	Fernhandel von geringerer Bedeutung

barkeitskultes vor (vgl. Tabelle 13). Im Mittelmeerraum tauchen männliche Fruchtbarkeits-Symbole erst Ende des Neolithikums auf, so z.B. in Kreta der Stier und in Ägypten später phallische Symbole.

3.2.5 Metallverwendung. Erste Hochkulturen

Das erste Metall, das vom Menschen zu Gebrauchszwecken verwendet wurde, ist das **Kupfer**. Kupfer wurde ebenso wie Gold (das seiner Seltenheit und Weichheit wegen nur zu Schmuckzwecken dienen konnte) in gediegener (metallischer) Form gefunden und ließ sich außerdem aus oxidischen Kupfererzen leicht durch Erhitzen mit Holzkohle gewinnen. Reines Kupfer ist ziemlich weich und daher nicht für alle Geräte verwendbar; Steinwerkzeuge mußten also weiterhin hergestellt werden. Mit dem häufigeren

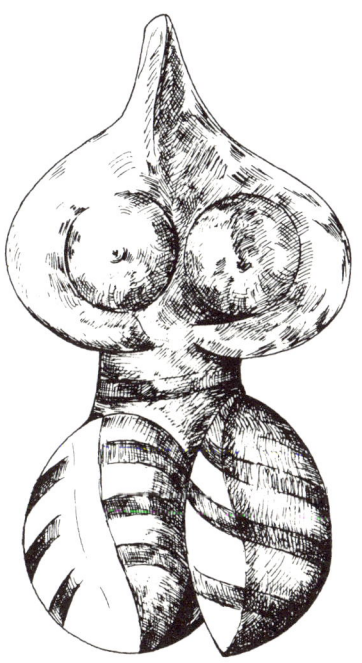

Bild 43: Bemalte Tonfigur (Höhe 6,5 cm) aus Vorderasien, die eine Fruchtbarkeitsgöttin darstellt.

143

Auftreten des Kupfers läßt man die *Stein-Kupfer-Übergangszeit (Chalkolithikum)* beginnen. Sie wird nach Erfindung der Bronze-herstellung durch die **Bronzezeit** abgelöst. Bronze, eine Legierung von Kupfer (über 90 %) und Zinn, ist erheblich härter als Kupfer und auch in Formen gießbar. Während der Bronzezeit werden im vorderasiatischen Raum an mehreren Stellen Schriften ausgebil-det. Mit der Schrift beginnt definitionsgemäß die geschichtliche Zeit. Die Bronzezeit fängt in Mesopotamien zwischen 4000 und 3000 v. Chr. an und endet um 1200. Die vorangehende Stein-Kup-fer-Zeit wird im dortigen Raum nach einem wichtigen Fundort Tell-Halaf-Zeit genannt. Sie ist gekennzeichnet durch das Auftre-ten von Töpferöfen und von bunter Keramik. Der Kult der Mutter-gottheit geht weiter (Bild 43). Von dieser Zeit an ist auch erstmals Sklavenhaltung nachgewiesen als Folge von Eroberungskriegen, bei denen die Besiegten dann versklavt wurden. In Ägypten be-ginnt die Bronzezeit um 3100, etwa mit dem Eintritt in die Ge-schichte. Etwa zu gleicher Zeit kommt Bronze auch in Vorderin-dien in Gebrauch und es entsteht die Indus-Kultur. Ab 1500 v. Chr. wandern von Norden her Arier nach Indien ein – das Kasten-wesen entsteht.

In Mitteleuropa beginnt das Chalkolithikum etwa um 2000 v. Chr., die Bronzezeit um 1800 v. Chr. Der Ackerbau wird nun stets mit dem Pflug betrieben, neue Berufe sind die Bergleute und die Bronzehandwerker (u. a. Bronzegießer). Auf eine soziale Gliede-rung lassen reich ausgestattete Häuptlingsgräber schließen. Die Siedlungsform waren Dörfer. Kleidung wird durch Verarbeitung von Flachs, Hanf und Wolle gewonnen; sie war entsprechend dem wärmeren und trockeneren Klima leichter als heute üblich.

Die Herstellung von Bronze erforderte einen Handel über grö-ßere Strecken; Zinn wurde aus England nach Mitteleuropa ge-bracht, Gold aus Irland und aus Siebenbürgen. Als Tauschobjekte dienten Bernstein sowie Salz aus Mitteldeutschland. Verkehrsmit-tel waren vierrädrige Wagen sowie Schiffe für die Fluß- und Kü-stenschiffahrt. Die Fernwege folgten, soweit möglich, den großen Strömen. Der Bronzeguß erlaubte die Herstellung vieler ganz neuer oder in der Funktion verbesserter Werkzeuge (Sichel, Ras-siermesser, Beil, Axt, Schwert, Dolch, Nadeln, Ringe, Pinzetten u. a.), außerdem von Gefäßen aller Art. Die Keramikware wurde Massenproduktion und war oft von schlechterer Qualität als im Neolithikum. Der Töpferei fehlte noch die Töpferscheibe.

Das religiöse Leben ist gekennzeichnet durch Sonnenkult und Fruchtbarkeitssymbolik. Die als *Luren* bezeichneten Blasinstru-mente bezeugen die Bedeutung von Musik beim Kult. Bestattet wurde anfangs in Hügelgräbern (bis etwa 1250 v. Chr.), dann wird zur Leichenverbrennung und Anlage von Friedhöfen übergegangen *(Urnenfelder-Kultur)*; man muß daraus auf eine grundlegende Veränderung der Glaubensvorstellungen in dieser Zeit schließen.

In Mitteleuropa folgte etwa ab 800/750 v. Chr. die **Eisenzeit,** die in Vorderasien um 1200 und in Ägypten 1314 v. Chr. eingesetzt hat. Die ältere Eisenzeit bezeichnet man in Mitteleuropa als *Hall-statt-Zeit.* Um 800 zwang eine Klimaverschlechterung zum Bebauen von leichteren Böden. Jedoch lieferten Ackerbau und Viehzucht in der Folgezeit große Überschüsse; sie sind Grundlage für den Fernhandel mit dem Mittelmeerraum. Erze, Salz und Graphit wurden bergmännisch gewonnen. Ein Kriegeradel bildet sich heraus; aus seiner Mitte stammen die Stammesfürsten, die sich große Herrensitze bauten (z.B. Heuneburg bei Riedlingen, Koberstadt bei Darmstadt).

Aus der westlichen Hallstatt-Kultur entwickelt sich die ab 500 v. Chr. in Mitteleuropa herrschende *Latène-Kultur.* Ihre Träger sind die **Kelten,** die sich ab dem 5. Jahrhundert nach Osten und Westen ausbreiten, so daß vom Atlantik bis zum Schwarzen Meer ein einheitliches Kulturgebiet entsteht. Darin gab es eine differenzierte politische Gliederung, aufgebaut auf einem Feudalsystem und sehr wahrscheinlich mit einer Einteilung in Gaue. Aus der frühen Latène-Zeit stammen die großen süddeutschen Fürstengräber (Klein-aspergle und Hochdorf bei Ludwigsburg, Stuttgart-Bad Cannstatt u. a.). Auch Städte werden angelegt, sie entsprechen dem typischen keltischen *oppidum*, wie es von Caesar aus Gallien beschrieben wurde (z.B. Finsterlohr, Manching). Erste *Münzen* und erste *Schriftzeichen* in Mitteleuropa sind weitere Kennzeichen für den Übergang zur geschichtlichen Epoche. Ein besonderer Priesterstand, die *Druiden*, ist nachzuweisen. Heiligtümer aus der späteren Latène-Zeit sind die sogenannten »keltischen Viereckschanzen«.

In Vorderasien und Ägypten waren mittlerweile längst die ersten Hochkulturen entstanden. Mit Ausnahme der ägyptischen Kultur im Niltal entwickelten sich alle diese Hochkulturen in Tälern von Strömen, die in den Indischen Ozean münden: die *sumerische Kultur* am Euphrat, die *protoelamische* am Karchah, die *protoindische* am Indus. Erst kurz von 2000 v. Chr. beginnen sich diese Hochkulturen nach Westen in den Mittelmeerraum auszudehnen.

Charakteristisch für die Hochkulturen ist die Entwicklung einer **Schrift.** Die ersten Wortschriften entstanden um 3500 in der protoelamischen und in der sumerischen Kultur, völlig unabhängig davon bildete sich etwa 3150 v. Chr. die ägyptische Wortschrift aus *Hieroglyphen* (vgl. Tabelle 14 und 3.4.5).

Tabelle 14: Entwicklung der hauptsächlichen Sprachschriftarten im eurasiatischen Raum

	Fundorte von Inschriften	Zeit (v. Chr.)
1. Sumerische Wort- und Silben-schrift	Uruk, in Mesopotamien	ab ca. 3500
daraus entwickelten sich verschie-dene Typen der Keilschrift	Mesopotamien	ab 2300
2. Ägyptische Wortschrift (Hieroglyphen) entwickelt sich weiter zur Silben-schrift ohne Vokale, davon leiten sich ab:	Ägypten	ab ca. 3150
Phönikische Silbenschrift ohne Vokale	Byblos	ab 13. Jhdt.
Aramäische Silbenschrift ohne Vokale	Syrien	ab 9. Jhdt.
Griechische Lautschrift mit Vokalen	Attika	ab ca. 900
Lateinische Lautschrift mit Vokalen	Latium	ab ca. 750
3. Kretische Wort- und Silben-schrift (nicht entziffert)	Kreta	ab 2000
4. Hethitische Hieroglyphen (Wort- und Silbenschrift)	Anatolien	ab ca. 1930

Die staatliche Entwicklung läuft in Ägypten und im Zweistromland etwa parallel. In Sumer sind zwischen 3000 und 2500 die ersten überregionalen Dynastien nachzuweisen; als erstes Großreich des vorderasiatisch-europä-ischen Kulturkreises entsteht um 2350 das *Akkadische Reich* mit Gottkönig und differenziertem Beamtentum. In Ägypten entwickelte sich ein zentrali-stischer Staat unter einem Gottkönig = *Pharao,* ebenfalls mit Beamtentum. Unter den zahlreichen als Tiermenschen vorgestellten Göttern spielt *Osi-ris,* der Gott der pflanzlichen, tierischen und menschlichen Fruchtbarkeit eine besondere Rolle. Sein jährliches Auferstehen ist das Symbol für die Nilüberschwemmung, die den Stromtal-Kulturen die erforderliche Frucht-barkeit bringt. Aus der altsumerischen mythologischen Literatur sind das Weltschöpfungs-Epos und die Sintflutsage die Grundlage für die entspre-chenden Darstellungen der Bibel geworden. Bei den Sumerern gab es eine Erdmutter als höchste Gottheit, ihr Gemahl war der jährlich sterbende und auferstehende Frühjahrsgott.

3.2.6 Weitere kulturelle Evolution

Für die weitere kulturelle Evolution seien die entscheidenden Stufen kurz angegeben (vgl. 3.4.5 bis 3.4.7 und Tabelle 8). Isolierte Kulturgruppen können natürlich auf jeder Kulturstufe stehen bleiben, daher gibt es noch bis heute nebeneinander alle Organisa-

Evolution des Hausbaus

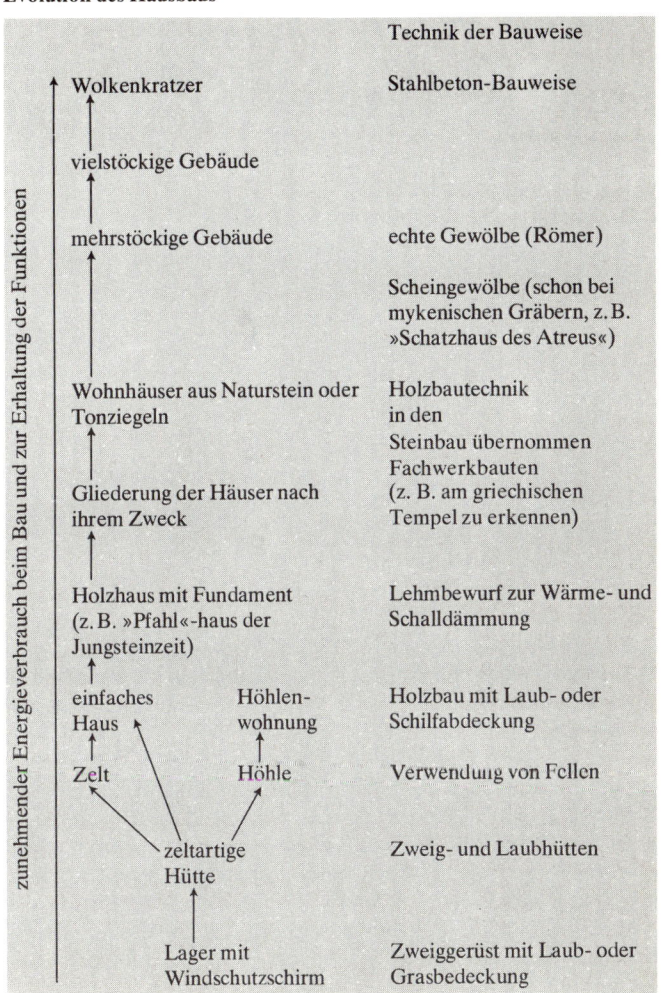

Technik der Bauweise

↑ Wolkenkratzer ─ Stahlbeton-Bauweise

vielstöckige Gebäude

mehrstöckige Gebäude ─ echte Gewölbe (Römer)

Scheingewölbe (schon bei mykenischen Gräbern, z. B. »Schatzhaus des Atreus«)

Wohnhäuser aus Naturstein oder Tonziegeln ─ Holzbautechnik in den Steinbau übernommen

Gliederung der Häuser nach ihrem Zweck ─ Fachwerkbauten (z. B. am griechischen Tempel zu erkennen)

Holzhaus mit Fundament (z. B. »Pfahl«-haus der Jungsteinzeit) ─ Lehmbewurf zur Wärme- und Schalldämmung

einfaches Haus ─ Höhlenwohnung ─ Holzbau mit Laub- oder Schilfabdeckung

Zelt ─ Höhle ─ Verwendung von Fellen

zeltartige Hütte ─ Zweig- und Laubhütten

Lager mit Windschutzschirm ─ Zweiggerüst mit Laub- oder Grasbedeckung

zunehmender Energieverbrauch beim Bau und zur Erhaltung der Funktionen

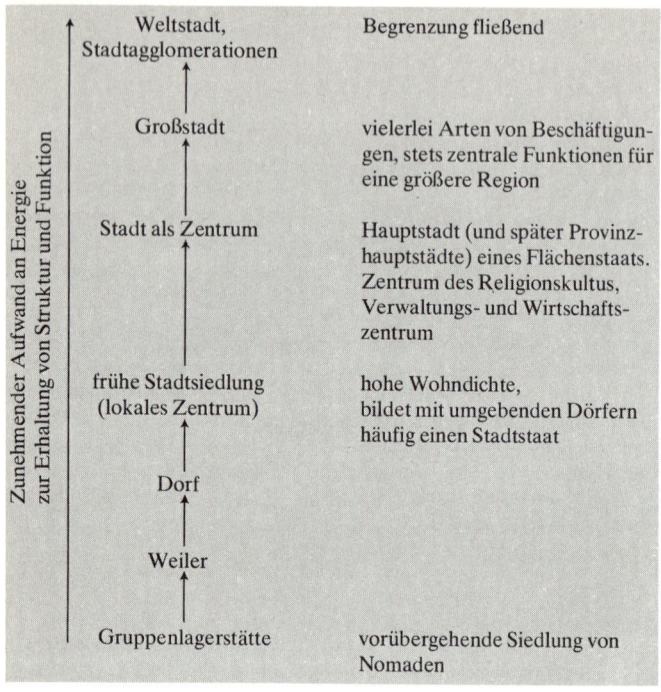

tionsstufen soziokultureller Systeme von hochentwickelten Jäger-Sammler-Kulturen an.

Eine große kulturelle Wende ist die Zeit zwischen 800 und 400 v. Chr. In ihr entstehen unabhängig voneinander im vorderasiatisch-europäischen, im indischen und im chinesischen Kulturraum die *Philosophie* als Folge der kritischen Selbstreflexion des Menschen, die ersten *Hochreligionen* als Folge der kontemplativen Tätigkeit des Menschen (zuerst der jüdische Monotheismus, aus dem später Christentum und Islam hervorgehen, ferner Buddhismus und Konfuzianismus), und die *Wissenschaft* als Folge des Nachdenkens des Menschen über seine Umwelt unter Anwendung des Kausalitätsprinzips. Die Wissenschaft bleibt zunächst, bis zum Beginn der Neuzeit, von beschränktem Umfang. Durch neue Methoden werden die *Naturwissenschaften* in der Neuzeit zu einem immer wichtigeren und umfangreicheren Teil menschlicher Kultur (vgl.

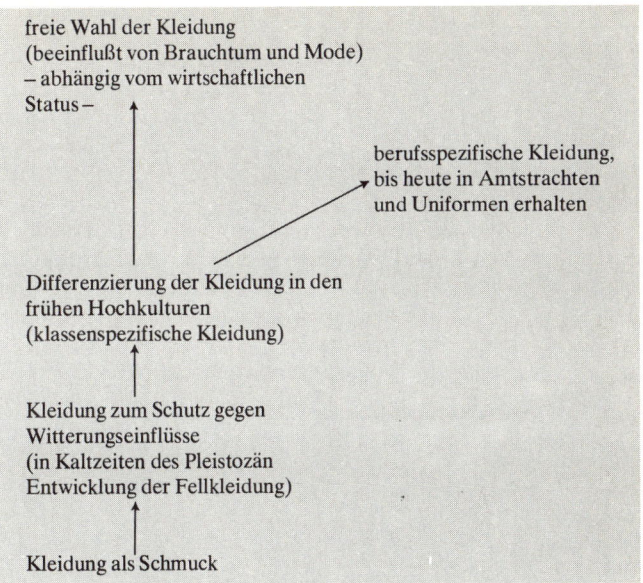

freie Wahl der Kleidung
(beeinflußt von Brauchtum und Mode)
– abhängig vom wirtschaftlichen
Status –

berufsspezifische Kleidung,
bis heute in Amtstrachten
und Uniformen erhalten

Differenzierung der Kleidung in den
frühen Hochkulturen
(klassenspezifische Kleidung)

Kleidung zum Schutz gegen
Witterungseinflüsse
(in Kaltzeiten des Pleistozän
Entwicklung der Fellkleidung)

Kleidung als Schmuck

3.4.7.3). Sie führen mit ihrer Anwendung in der *Technik* schließlich zur bisher letzten Kulturwende, die man als *industrielle Revolution* bezeichnet. Sie hat im 19. Jahrhundert eingesetzt und dauert bis heute an.

3.3 Evolution des menschlichen Verhaltens

3.3.1 Grundlagen und Grunderscheinungen des menschlichen Verhaltens

Handeln ist die Grundlage des kulturellen Daseins des Menschen. Wenn nun hier vom Verhalten des Menschen die Rede ist, sollen die Handlungen des Individuums oder der Gruppe ohne Berücksichtigung der subjektiven Gründe dieser Handlungen beschrieben werden. In Wirklichkeit versucht der Mensch stets, seinen Handlungen Gründe zu unterlegen; dies gilt auch für angeborene Verhaltenselemente. Da die subjektiven Gründe für das Handeln eine wichtige Rolle spielen, ist es nicht durch die Erkenntnisse der biologischen Verhaltensforschung beschreibbar. Diese subjektiven Gründe werden als *Sinn* des Handelns bezeichnet. Ein Sinn wird dem Handeln auch dort unterlegt, wo es nicht rational (vernünftig) ist. Der Mensch rechtfertigt sich stets vor sich selbst und oft auch vor anderen, indem er für sein Verhalten zumindest scheinbar rationale Gründe heranzieht. Ein Beispiel für eine solche »Rationalisierung« des Handelns gibt die Fabel vom Fuchs, dem die Trauben zu sauer sind, weil er sie nicht erreichen kann.

Das Verhalten des Menschen weist angeborene und erworbene Bestandteile auf. Beide stehen miteinander in komplizierter und enger Wechselbeziehung. Angeborene Verhaltensweisen sind aufgrund der Kulturtradition bei allen Menschengruppen kulturell überformt. Dies gilt für individuelles und auch für soziales Verhalten. Die kulturelle Überprägung geschieht in verschiedenen Kulturkreisen auf unterschiedliche Weise. Kulturelle Einflüsse können sogar lebenswichtige angeborene Verhaltensweisen unterdrücken; so vermag der Mensch z.B. die Nahrungsaufnahme zu verweigern, bei Bedrohung auf den Kampf zu verzichten oder seine Sexualität zu unterdrücken. Er kann auch als einziges Lebewesen sich selbst töten. Diese Unterdrückung ist eine Leistung der Großhirnrinde. Jede menschliche Erziehung schließt ein systematisches Training im Hemmen bestimmter angeborener Verhaltensweisen ein, denn ohne diese wären soziales Zusammenleben und Kultur gar nicht möglich. Kultur beruht also – wenn auch nicht ausschließlich, wie FREUD meinte – auf Faktoren des »Triebverzichtes«. Der Triebverzicht hat zwangsläufig eine **Frustration** biologischer Bedürfnisse zur Folge. Dies ist dem Menschen durchaus bewußt oder kann ihm bewußt gemacht werden und führt zum Entstehen innerer Konflikte. Frustration und innere Konflikte sind wichtige Anreize für den kulturellen Fortschritt. Werden sie aber zu stark, so rufen sie seelische Krankheitszustände *(Neurosen)* hervor. Wünschenswert ist also ein weitgehender Abbau von Frustrationen, unter Verzicht auf Hemmung von Verhaltensweisen, die nicht sozial schädlich sind. Eine völlige Beseitigung aller Frustration müßte hingegen einen Zusammenbruch der menschlichen Sozialstruktur – insbesondere in hochzivilisierten Gesellschaften – zur Folge haben.

Angeborene Verhaltensweisen, also genetisch programmierte Elemente des Verhaltens, werden oft als *Instinkte* bezeichnet. Infolge der Vieldeutigkeit dieses Begriffes soll er hier nicht weiter verwendet werden. Ein Verlust angeborener Verhaltensweisen (»Instinktverlust«) beim Menschen gegenüber den höheren Säugetieren ist nicht nachweisbar. Beim Menschen sind die Verhaltensweisen nur zunehmend stärker durch Bewußtseinsvorgänge überlagert und erhalten durch sie die nachträgliche Sinngebung (»Auseinanderbrechen des Instinkts«), so daß kein geschlossenes Verhaltensprogramm mehr vorliegt. Schon bei den Affen wird deutlich, daß angeborenes Verhalten immer mehr durch Erfahrung und Lernen des Individuums verändert werden kann (vgl. Bild 25). Ihre physiologische Grundlage hat diese Fähigkeit in der Größenzunahme der Großhirnrinde; die anderen Gehirnbereiche mit ihren Instinktzentren werden hierbei aber nicht zurückgebildet (vgl. 2.5.4).

Bei der Untersuchung menschlichen Verhaltens wird oft darüber gestritten, ob bestimmte Verhaltensweisen **angeboren oder erworben** seien. Abgesehen davon, daß in allen Kulturkreisen die menschlichen Verhaltensweisen stets kulturell überprägt sind, übersieht man oft folgende Zusammenhänge:

1. Komplexe Verhaltensvorgänge als ein verwickeltes Ineinandergreifen von Prozessen in verschiedenen Gehirnteilen lassen sich bisher nicht in Verhaltenseinheiten (»Verhaltensatome«) aufspalten, die dann eine eindeutige Zuordnung zu »angeboren« oder »erworben« erlaubten.

2. Es ist oft sehr schwer zu erkennen, ob bei zwei verschiedenen Arten auftretende gleiche Verhaltensweisen auf *Analogie* oder *Homologie* zurückzuführen sind. Analogien sind Anpassungen an ähnliche Umweltverhältnisse. Verhaltensanalogien können eine, bei den verglichenen Arten ganz getrennt entstandene, genetische Grundlage haben, also sehr wohl angeboren sein. Verhaltenshomologien gehen dagegen eindeutig auf ein bei den beiden Arten gemeinsames genetisches Programm zurück, das also der Stammart der beiden verglichenen Arten schon zukam; es hat sich aber im Verlauf der Evolution oftmals verändert. Verhaltenshomologien können daher auch vorliegen bei zunächst gar nicht vergleichbar erscheinendem Verhalten, nämlich dann, wenn eine Funktionsänderung eintrat.

3. Die Möglichkeit von Funktionswechseln wird durch die Leistungen des menschlichen Geistes (des Bewußtseins wie des Unterbewußtseins) vervielfacht. Andrerseits besteht aufgrund dieser Leistungen auch die Fähigkeit zur rein kulturellen (also nicht genetisch gegebenen) Entwicklung von Verhaltensweisen, die dem Verhalten bestimmter Tiere analog sind, wenn sich dies in einer Kulturtradition als vorteilhaft erweist.

4. Alle regelhaften Verhaltensweisen des Menschen sind sicher nicht vom einzelnen Individuum entwickelt worden, sondern

durch biologische oder kulturelle Evolution zustande gekommen; in ihrer spezifischen Ausprägung wurden sie dem einzelnen durch Erziehung vermittelt. Die kulturelle Evolution des Menschen gehorcht ebenfalls den grundlegenden Gesetzen der Evolution (vgl. 3.4.3).

Alle vier Punkte belegen die enge *wechselseitige Verschränkung von Erziehung und Erbe* im menschlichen Verhalten.

Einige allgemeine Grundlagen menschlichen Verhaltens sind biologischer Natur und daher angeboren. Es sind dies folgende:

1. **Endogene Rhythmen.** Sie sind die biologische Grundlage bestimmter Verhaltensweisen. Wichtig sind vor allem die *circadianen Rhythmen* (Tagesrhythmen), deren Störung z.B. bei Ost-West-Flugreisen oder Schichtarbeit subjektiv zu Unbehagen, Müdigkeit und Reizbarkeit führt.

2. **Magneteffekt** (Bezeichnung nach von Holst). Darunter versteht man eine Synchronisationsmöglichkeit für eigenes Verhalten durch einen äußeren Reiz in Form eines »attraktiven« Rhythmus. Beim Menschen werden zahlreiche Riten und Gebräuche durch den Magneteffekt vermittelt und rhythmisiert, wobei häufig Musik als Rhythmusgeber wirkt (z.B. militärisches Zeremoniell, Gymnastik, Rudern, Tanz). Wiegenlieder aus verschiedensten Kulturkreisen haben als gemeinsames Merkmal 4/4-Takt und gleichmäßige Melodik; sie wirken daher beruhigend. Eine genau gegensätzliche Wirkung hat Jazz-Musik.

3. **Stimmungsübertragung.** Bestimmte Verhaltensweisen wirken über angeborene Auslösemechanismen (AAM) ansteckend: das Fliehen einzelner Individuen wird zur kollektiven Panik; das Angreifen einzelner Tiere versetzt die ganze soziale Gruppe in Angriffsbereitschaft. Beim Menschen wirken auch Gähnen, Lachen u. a. »ansteckend«.

4. **Neugierverhalten.** Ein Neugier- und Spieltrieb ist bei allen höheren Wirbeltieren nachweisbar. Man spricht auch von einem *kognitiven Grundbedürfnis*. Seine Entwicklung erfordert allerdings meist Reize von außen, zumindest gilt dies für das Neugierverhalten der Primaten. Ein anhaltendes Fehlen solcher Reize (ein Informationsmangel) führt beim Menschen daher zur *Entpersönlichung,* ja sogar zum Verlust der Raumorientierungsfähigkeit.

3.3.2 Stammesgeschichtliche Anpassungen im Verhalten des Menschen

Der Nachweis des angeborenen Charakters von Verhaltenselementen wird bei Tieren in vielen Fällen durch Beobachtung bei isolierter Aufzucht erbracht **(Kaspar-Hauser-Versuche)**. Diese experimentelle Möglichkeit fällt beim Menschen aus ethischen Gründen weg. Die Verhaltensforschung am Menschen benutzt folgende Methoden:

1. **Untersuchung von blinden und taubblinden Kindern.** Sie sind infolge ihrer Gebrechen teilweise isoliert. Da sie ihre Ausdrucksformen (z.B. ihre Mimik) nicht erlernen konnten, müssen diese eine genetische Basis haben.
2. **Vergleichende Verhaltensforschung.** Wenn ein Vergleich mit tierischen Primaten Ähnlichkeiten ergibt und durch Homologiekriterien ein Bezug hergestellt werden kann, ist die genetische Anlage wahrscheinlich (vgl. Studienband Evolution 3.7).
3. **Kulturvergleichende Humanethologie.** Sofern eine bestimmte Verhaltensweise bei allen Menschen, auch bei isolierten Kulturgruppen, nachzuweisen ist, dürfte sie eine genetische Basis haben. Infolge der starken Polygenie, die für angeborene Verhaltensmuster anzunehmen ist, kann die phänotypische Ausprägung der Verhaltensweisen durchaus unterschiedliches Ausmaß haben.
4. **Untersuchung der Entwicklung des menschlichen Verhaltens während der Kindheit.** Es sei an einem Beispiel geschildert: Wenn ein bewegliches Objekt X hinter einen anderen Gegenstand rollt und wir es nicht mehr sehen, so wissen wir trotzdem, daß dieses Objekt X noch da ist. Lernen wir dies durch Erfahrung? Wenn man vor Säuglingen Objekt X verdeckt und nach kurzer Zeit die Verdeckung wieder entfernt, X also wieder sichtbar wird, so zeigen die Kinder keinerlei Unruhe. Wenn man aber während der Verdeckungszeit das Objekt X heimlich entfernt, so tritt Beunruhigung ein. Dies ist schon bei Säuglingen ab dem 20. Lebenstag zu beobachten und spricht für ein angeborenes Wissen.

Auf Grund angeborener Lerndispositionen treten bereits in der frühkindlichen Entwicklung Lernvorgänge auf, deren Ergebnisse nicht rückgängig zu machen sind, d.h. das Gelernte wird nicht vergessen. Man bezeichnet solche Vorgänge als **Prägung.** Ein Beispiel ist die Prägung des Säuglings auf eine Bezugsperson, mit der er während der ersten Lebensmonate in ständigem Kontakt steht. Die Prägung äußert sich in einer starken und dauerhaften Bindung an die Bezugsperson – in der Regel die Mutter.

Sehr tief verwurzelte, prägungsähnliche Lernvorgänge finden sich beim Menschen auch außerhalb der eigentlichen Prägungsbereiche und zeitlichen Prägungsphasen. Sie betreffen bestimmte Denkweisen, aber auch Interessengebiete u.a. (vgl. auch 3.1.6).

Die Lernfähigkeit des Menschen ist besonders groß in der Kindheit. In den ersten 12 Monaten werden die Grundlagen des Lerntyps und der Charakterstruktur festgelegt. In dieser Zeit erfolgt eine Vernetzung der Gehirnzellen durch das Neuronenwachstum, das Vernetzungsmuster ist hierbei von Sinneseindrücken – also der Umwelt – abhängig (vgl. 2.4 und Bild 27). So geht das erste Grundmuster der Umwelt in die Anatomie ein, d. h. in die Ausbildung der »Hardware«. Alle später aufgenommene und verarbeitete Information gehört zum Bereich der »Software«. Die Ausbildung des Vernetzungsmusters erfolgt so, daß das Individuum optimal mit seiner Umwelt zurecht kommen kann. Ist diese Umwelt aber später eine völlig andere, so entspricht ihr das Vernetzungsmuster nicht mehr optimal; Störungen sind die Regel. Die Grundmuster dürften sich auch in verschiedenen Kulturkreisen und in unterschiedlichen sozialen Umwelten etwas unterscheiden.

Einige besonders wichtige Verhaltenskomplexe, die für die kulturelle Evolution des Menschen von Bedeutung sind, sollen anschließend genauer besprochen werden: *Sexualität, Aggressionsverhalten, Sozialverhalten.* Auf letzteres wird in den danach folgenden Abschnitten noch mehrfach eingegangen.

3.3.2.1 Sexualität

Der Sexualtrieb des Menschen unterscheidet sich deutlich von dem der Menschenaffen. Bei letzteren haben die Weibchen eine ausgeprägte Phase gesteigerter sexueller Aktivität während des Östrus (Eisprung-Phase). Demgegenüber ist beim Menschen das Sexualverhalten von der Bindung an Brunstzyklen befreit und die Ausbildung von **Dauerpartnerschaften** aufgrund permanenter Sexualität die Regel. Sie sind in allen menschlichen Kulturen, wenn auch mit im einzelnen unterschiedlicher Struktur, nachzuweisen *(Monogamie, Polygynie, Polyandrie)* und stehen in engem Zusammenhang mit der langdauernden Kinderfürsorge.

Ferner hat die Sexualität beim Menschen eine zusätzliche, spezifisch menschliche Bedeutung erlangt. Infolge der Individualisierung der geschlechtlichen Beziehungen, die über eine von Tieren bekannte Partnerwahl weit hinausreicht, dient die Sexualität der engen persönlichen Bindung der Partner und somit nicht mehr allein der Fortpflanzung. Dieser Umstand hat vermutlich schon beim Vormenschen zur allmählichen Einbeziehung des Mannes in die Mutter-Kind-Beziehung geführt und dadurch zur Herausbildung der typisch menschlichen **Familie** erheblich beigetragen. Gleichzeitig wird die Sexualität immer mehr unter die soziale und die Bewußtseinskontrolle gestellt. Selbst die beim Sexualtrieb wirksamen Auslöser haben sich im Verlauf der Evolution des Menschen erheblich verändert; hinzu kommen noch kulturbedingte Varianten.

Bei den Affen ist der die Vulva umgebende Hautbereich (Sexualhaut) oft besonders gefärbt und vor allem von hinten sichtbar. Er ist ein sekundäres Geschlechtsmerkmal des Weibchens, das als Auslöser fungiert. Der Jetztmensch hingegen reagiert vorwiegend auf Merkmale der Vorderseite, gleichzeitig verlagern sich die Auslöser von der Genitalregion aufwärts bis zum Gesicht. Da in heutigen primitiven Gesellschaften die Partnerwahl fast ausschließlich vom Mann ausgeht, hat sich dieser Effekt im Laufe vieler Generationen besonders im weiblichen Geschlecht ausgeprägt (Schamhaar → Brüste → Gesichtszüge und Lippen → langes Kopfhaar). Daneben ist das Gesäß als Auslöser wirksam. Auch dieses ist eine anatomische Besonderheit des Menschen, denn im Zusammenhang mit dem Erwerb des aufrechten Gangs mußte sich die Gesäßmuskulatur stark entwickeln. Bei einigen Menschenrassen (Andamanesen, Khoisanide, vgl. 1.4.1) ist das Gesäß des weiblichen Geschlechts sogar extrem ausgebildet *(Steatopygie;* Bild 22g). Bereits DARWIN sah die Ursache dafür in geschlechtlicher Zuchtwahl, d. h. in der Bevorzugung von Geschlechtspartnern mit diesem Merkmal.

Ein tpyisches Element menschlichen Sexualverhaltens ist das **Inzest-Tabu.** Es wird zwischen Eltern und Kindern in allen menschlichen Kulturkreisen streng befolgt; man muß also eine biologische Anlage vermuten. In den meisten Kulturen gibt es darüber hinaus weitere Inzest-Verbote, in der Regel zumindest zwischen Geschwistern, verschiedentlich aber auch zwischen anderen Verwandtschaftsgraden (z. B. Vettern – Basen, in Europa jedoch nicht!). Das Inzest-Tabu zwischen Eltern und Kindern ist, wie Beobachtungen an Schimpansen ergaben, schon bei diesen angelegt, wenn es auch nicht immer streng eingehalten wird. Dies spricht ebenfalls für eine biologische (genetische) Ursache. Man könnte nun annehmen, daß Inzest zur Verbreitung der eigenen Gene besonders vorteilhaft wäre und deshalb in der Evolution einen Selektionsvorteil gehabt haben müßte. Dieser Vorteil wird aber offenbar überkompensiert durch den Nachteil der fortschreitenden *Homozygotisierung.* Diese vermindert die Variationsbreite in einer Population und damit deren Reaktionsmöglichkeit bei Umweltveränderungen. Außerdem werden in der Population durch die Inzucht rezessiv nachteilige Gene phänotypisch ausgeprägt. Tatsächlich haben Untersuchungen an Überresten von auf Inseln isolierten australischen Populationen gezeigt, daß menschliche Populationen von 200–500 Personen (nur so viele ernährten die Inseln) infolge Inzucht zum Aussterben verurteilt waren.

Der Mensch hat infolge der allgemeinen Tendenz, allen seinen

Handlungen Gründe zu unterlegen, auch das ihm angeborene Inzest-Tabu in eine ethische Regel gefaßt.

Spezifisch menschlich ist auch das psychische Phänomen der **Scham.** Die Eigenart, sich zu schämen, ist in allen Kulturkreisen nachzuweisen. Sie muß nicht unbedingt die Genitalien selbst betreffen, jedoch gibt es in keiner Kultur (außer bei Kulthandlungen in Fruchtbarkeitsreligionen) öffentlichen Koitus.

3.3.2.2 Aggression

Alle bei Tieren beobachtbaren Aggressionsfunktionen sind auch beim Menschen nachzuweisen (vgl. Studienband Verhalten). Beim Menschen gibt es darüber hinaus die ausschließlich erlernten Formen der befohlenen Aggression und der Aggression aus kalter Berechnung. Eine biologische Grundlage hat beim Menschen auch eine Aggression, die als Antwort auf Frustration, also auf Nichterfüllung tatsächlicher biologischer Bedürfnisse erfolgt. Die Wahrscheinlichkeit einer Aggression infolge Frustration ist um so größer und die Aggressivität um so stärker, je weniger die Menschen »zu verlieren haben«, je verzweifelter sie sind. Diese Art von Aggression verursacht **soziale Revolutionen.** Beim Individuum wird sie zwangsläufig dann besonders ausgeprägt, wenn Kleinkinder ohne Bezugsperson bleiben und so unter sozialer Deprivation (Entzug) leiden. Elterliches Fehlverhalten (mangelnde Zuwendung oder übermäßige Strenge), vor allem während der kritischen Entwicklungsphase vom 4. bis zum 24. Lebensmonat, verursacht generell eine Herabsetzung der Frustrationstoleranz und unangepaßte Aggression. Hieraus wird wiederum die enge Vernetzung genetischer Anlage und erworbener Verhaltenseigenschaften deutlich. Je aggressiver die Grundstimmung eines Menschen ist, desto mehr neigt er zu extremen Beurteilungen. Verändert sich dann eine Bewertung, so schlägt sie von einem Extrem ins andere um; es kommt zum Schablonendenken *(»intolerantes Werturteil«).*

Angeborene Funktionen der Aggression müssen im Rahmen der biologischen Evolution des Menschen einen Komplex gebildet haben, der Selektionsvorteile erbrachte (adaptiver Verhaltenskomplex). Wie alle Anpassungen können auch Teile dieses Verhaltenskomplexes durch Störungen mißgeleitet werden. Je mehr das Verhalten durch die Evolution des Ich-Bewußtseins modifizierbar wurde, um so größer wurde die Wahrscheinlichkeit solcher Störungen. Der Mensch kann sehr angepaßt und gleichzeitig sehr unglücklich sein.

Um die Aggressivität (angeborene wie erlernte) des Menschen herabzusetzen, muß man die Populationsdichte verringern und soziale Systeme so verändern, daß Aggressivität ein unter normalen Umständen ungeeignetes Mittel zum Durchsetzen seiner Bedürfnisse ist; dann nämlich ist Aggressivität ein Mangel an Anpassung (E. O. WILSON).

3.3.2.3 Sozialverhalten

3.3.2.3.1 Sozialstruktur der Primaten-Gesellschaften

Bei allen soziallebenden Säugern bestehen die Gruppen aus selbständigen Individuen. Deren Individualität wird ermöglicht durch das Zusammenleben in der sozialen Gruppe. Andrerseits müssen in der Gruppe bestimmte Regeln des Zusammenlebens gelten, es muß sich also ein **Sozialverhalten** ausbilden. Dieses erstreckt sich bei allen sozialen Säugern zumindest auf *Rangordnung* und *Territorialität.* Das Rangsystem erlaubt es den Individuen, mit einem Minimum an Konflikten zusammenzuleben. Die Territorialität führt zur Aufteilung der sozialen Gruppen, so daß bestimmte Areale nur von einzelnen Individuen oder Teilgruppen beherrscht werden. Dadurch läßt sich der Nahrungswettbewerb und das damit zusammenhängende Aggressionsverhalten verringern. Bei soziallebenden Säugern hat die Evolution das soziale Grundmuster der Gruppenstruktur genetisch fixiert. Die jeweiligen Beziehungen erlernt das Individuum dann aufgrund seiner genetischen Bereitschaft. In gleicher Weise entstand eine genetische Disposition zur Bildung von Traditionen, deren Weitergabe durch die Anerkennung von Rangordnungen und Autoritäten gewährleistet wird. Auf diesen Grundlagen beruht auch die menschliche Kultur (vgl. 3.4.1).

Die Sozialstruktur der tierischen Primaten ist vor allem durch *ökologische Faktoren* bestimmt: Tag- oder Nachtaktivität – Baum- oder Bodenbewohner – Insekten-, Frucht- oder Blattnahrung vorherrschend. Diese Faktoren wirken sich aus auf die Größe der sozialen Gruppen, auf das Territorium, das Geschlechtsverhältnis, die Körpergröße und die Stärke des Sexualdimorphismus. Eine statistische Analyse erbrachte folgende Zusammenhänge: Nachtaktive Primaten sind stets Baumtiere und Frucht- oder Insektenfresser, auch bilden sie kleine Gruppen mit kleinen Territorien. Die Fruchtfresser sind größer als die Insektenfresser. Blattfresser bilden kleinere Gruppen und haben kleinere Territorien als

Fruchtfresser. Tagaktive Bodenbewohner bilden größere Gruppen und haben deutlicheren Sexualdimorphismus als tagaktive Baumbewohner. Insektenfresser haben die Fähigkeit zu lange fortgesetzter Aufmerksamkeit und zum Teil auch hohe Fingerfertigkeit. – Bei Schimpansen tritt Werkzeuggebrauch auf, und Anfänge von Zusammenarbeit mehrerer Individuen bei der Jagd sind feststellbar. Während diese Unterschiede zwischen den einzelnen Arten mit dem jeweiligen Selektionsdruck gut zu erklären sind, macht eine solche Erklärung für die gefundenen Unterschiede im Geschlechtsverhältnis und im Familiensystem Schwierigkeiten.

Bei den Menschenaffen kennen sich die Gruppenmitglieder, was für das einzelne Individuum von Vorteil ist. Die Gruppenbildung ermöglicht *Arbeitsteilung* (Nahrungserwerb, Schutz, Brutfürsorge) und erleichtert die Entstehung von *Traditionen;* sie gehen oft auf individuelle Erfahrungen zurück und führen zu einem bestimmten Verhalten, das von Generation zu Generation weitergegeben wird. Der Gorilla bildet relativ große, weitgehend stabile Gruppen, in denen mehrere Weibchen auf ein Männchen kommen. Der Schimpanse dagegen bildet kleinere Sozialverbände, die im Mitgliederbestand weniger konstant sind und in denen weitgehend Promiskuität herrscht; diese Verbände (»Freßgruppen«) schließen sich aber bei Bedarf (Verteidigung) zu größeren, regionalen Gemeinschaften von 40–80 Tieren zusammen. Innerhalb der Sozialverbände haben Schimpansen ein ausgedehntes Netz persönlicher Beziehungen.

Untersucht man die Sozialstruktur von Primaten-Gesellschaften genauer, so erweist sie sich als außerordentlich komplex. Es liegt eine Hierarchie sozialer Beziehungen vor und jedes Gruppenmitglied muß die Beziehungsmuster beachten und in sein Handeln einbeziehen. Die Menschenaffen leisten auf diesem Gebiet sozialer Beziehungsmuster an »Denken« viel mehr, als aus der nur untergeordneten Bedeutung des Werkzeuggebrauchs zu schließen ist. Es ist daher nicht unwahrscheinlich, daß die beim Menschen einsetzende Zunahme der Gehirngröße und damit der verbesserten Fähigkeiten zum Denken ihre wesentliche Ursache im sozialen Bereich hatte. Die außerordentliche Bedeutung des sozialen Bereichs geht wohl auch aus der starken Evolution der Sprache hervor: Sprache dient primär immer sozialer Kommunikation (vgl. 3.4.4). Die Evolution der Sprache wirkte sich deshalb intensiv sozialisierend aus, wobei die erreichten sozialen Zustände natürlich auf die weitere sprachliche Evolution zurückwirkten: positive Rückkopplung. Demgegenüber ist Werkzeugbenutzung und -herstellung zuerst eine individuelle Leistung; die materielle Evolution übte deshalb eine individualisierende Wirkung aus. So wurde der **Mensch das individualisierteste und zugleich sozial abhängigste Lebewesen.** Die menschlichen Sozialverbände waren dabei stets an Rangsysteme gebunden. Der Mensch erkennt in der Gruppe ein »Über-Ich« an. Eine konkrete Rangordnung allerdings ist biologisch nicht vorgegeben. Deshalb konnten in verschiedenen Kulturkreisen ganz unterschiedliche Hierarchien mit sehr verschiedenen Durchlässigkeiten zwischen den Stufen und recht unterschiedlichen Aufstiegschancen entstehen.

3.3.2.3.2 Evolution der menschlichen Sozialstrukturen

Bei der Entstehung des Menschen haben vor allem zwei ökologische Faktoren auf das Sozialverhalten Einfluß genommen. Einmal nahm (vermutlich ab dem Auftreten von *Ramapithecus)* der Anteil an Fleischnahrung zu und zum anderen mußten sich die Gruppen an die Bedingungen in einer offenen, vielleicht savannenartigen Landschaft bei oft knapper Nahrung und zerstreuten Nahrungsquellen anpassen. Bei Mantelpavianen und anderen Affenarten spalten sich unter solchen Bedingungen aus ökonomischen Gründen die großen Verteidigungshorden in Ein-Männchen-Gruppen mit unterschiedlicher Zahl von Weibchen auf. So dürfte auch beim Menschen schon sehr früh als Einheit der Sozialstruktur eine **Familie** mit einem Mann aufgetreten sein. Im Zusammenhang mit der Herausbildung des kooperativen Jagens entstanden dann im Verlauf der menschlichen Evolution **Sippen** (Familiengruppen), in denen es zur ausgeprägten Arbeitsteilung zwischen den Männern (Jagd, Werkzeugherstellung) und den Frauen (Kinderaufzucht, Sammeln von Nahrung) kam.

Die Herausbildung der Großwildjagd in Gruppen wird in Zusammenhang mit der Evolution von *Homo erectus* gebracht. Insbesondere für die weitere Evolution zu *Homo sapiens* dürften folgende, für die Selektion vorteilhafte Faktoren wichtig geworden sein:

1. Hohe Fortpflanzungsrate erfolgreicher Männer. Sie hatten Führungsqualitäten, Jagderfolg, Geschick in der Werkzeugherstellung u. a. Infolge ihrer Lebenstüchtigkeit kamen sie zu mehr Frauen und somit zu mehr Nachkommen.
2. Die Zunahme der kulturellen Leistungen mußte verbunden sein mit größerer Lernfähigkeit und Lernbereitschaft. Da in erster Linie die Frauen die Kulturtraditionen an die Nachkommen weitergaben, war für die Intelligenzzunahme der Selektionsdruck bei der Frau vermutlich von größerer Bedeutung.

159

So kommt es zu einer »autokatalytischen« Steigerung der sozio-kulturellen Evolution: *die Evolution des Menschen ist nicht mehr von der Umwelt bestimmt,* wie bei den anderen Primaten, sondern der Mensch verändert die Umwelt aktiv in seither sich immer mehr steigerndem Ausmaß. Diese positive Rückkopplung war aber nur möglich bei hoher Flexibilität des Sozialverhaltens, das Anpassungen an vielerlei Lebensumstände ermöglichte. Offenbar hatten diejenigen Gene, die für diese hohe Flexibilität zuständig sind, schon seit Entstehung der Gattung *Homo* einen hohen Selektions-vorteil.

3.3.2.3.3 Gruppendienlicher Altruismus

Ein wichtiges Element für die Herausbildung der typisch menschlichen Familie ist die Verstärkung des gruppendienlichen Verhaltens **(Altruismus)**. Dieses ist bei den Menschenaffen bereits vorhanden. Die Verstärkung der Elternfürsorge hatte vermutlich schon vor den Eiszeiten eingesetzt und wurde während der Kaltzei-ten unter dem Selektionsdruck der unwirtlichen Lebensverhält-nisse fortgesetzt (Bild 44).

Die Ausprägung des Altruismus innerhalb der Sippe entspricht bei zahl-reichen menschlichen Primitivkulturen dem, was man aufgrund der geneti-schen Verwandtschaft und des daraus zu erschließenden altruistischen Verhaltens (vgl. Studienband Evolution, Abschnitt 3.5.8.8) erwartet. So ist in verschiedenen Kulturen, in denen die Vaterschaft wenig gesichert ist und als unwesentlich gilt, der Bruder der Mutter derjenige unter allen erwach-senen Männern, der für die Kinder die meiste Verantwortung hat (mehr als der natürliche Vater bzw. der Ehemann der Mutter). Dies steht mit der bio-logischen Selektion gruppendienlichen Verhaltens im Einklang, wie fol-gendes Beispiel zeigt. Eine Frau habe 5 Kinder, davon stamme eines vom derzeitigen Ehemann. Dessen Verwandtschaft mit seinem Kind ist = 1/2, mit den anderen Kindern = 0. Mit seiner Schwester ist der Mann, auch wenn sie einen anderen Vater hat, noch zu 1/4 verwandt und mit allen Kin-dern seiner Schwester somit noch zu 1/4 · 1/2 = 1/8; d.h. alle sind Träger eines Teils seiner Gene im Gegensatz zu den nicht von ihm stammenden Kindern seiner Frau. Die Selektion wird also die Tendenz der Männer för-dern, die Kinder der Schwester zu betreuen.

Die Selektion gruppendienlichen Verhaltens führt zwangsläufig zu einer ausgeprägten Unterscheidung zwischen Gruppenmitglie-dern (»Verwandten«) und Gruppenfremden; es kommt zum *grup-pendiskriminierenden Verhalten* und zur *Gruppen-Territorialität.* Diese angeborenen Elemente des Sozialverhaltens sind beim Men-schen ausgeprägt und sogar wesentliche Prinzipien der kulturellen

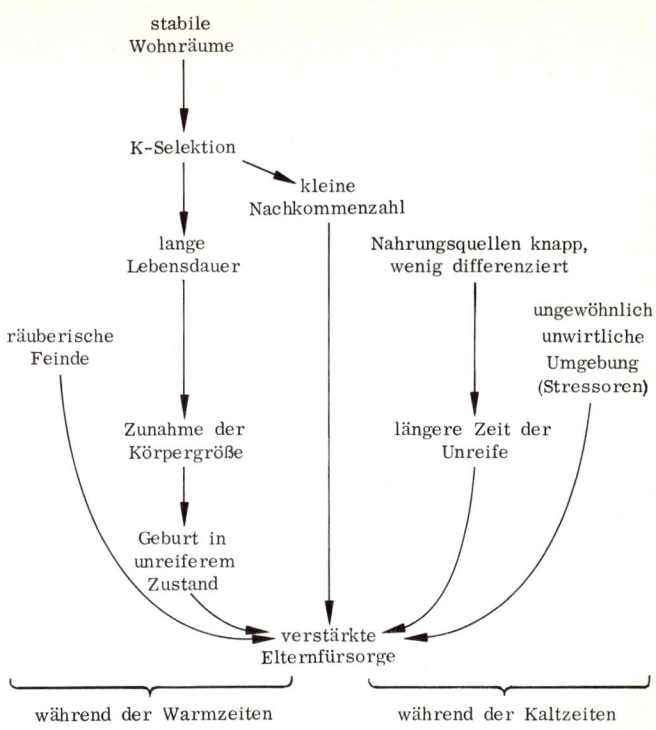

stabile
Wohnräume

K-Selektion

kleine
Nachkommenzahl

lange   Nahrungsquellen knapp,
Lebensdauer   wenig differenziert

                          ungewöhnlich
räuberische   unwirtliche
Feinde   Umgebung
                          (Stressoren)

Zunahme der   längere Zeit der
Körpergröße   Unreife

Geburt in
unreiferem
Zustand

verstärkte
Elternfürsorge

während der Warmzeiten   während der Kaltzeiten

Bild 44: Verbesserung der Elternfürsorge beim Menschen durch Selektion. Der Selektionsdruck von Raubfeinden wirkt nur dann in Richtung
zunehmender Körpergröße, wenn nicht ein andersartiger Selektionsdruck entgegenwirkt → = Wirkung einzelner Faktoren auf...
K-Selektion: Selektion bei fast maximaler Populationsdichte führt im
gleichbleibenden Lebensraum zur Behauptung des Areals auch bei geringer Vermehrungsrate (vgl. Studienband Evolution, Abschn. 3.5.8.6).

Evolution. Noch heute erfolgt beim Menschen in allen Kulturkreisen eine genaue Registrierung der Verwandtschaftsbeziehungen.
Die Gruppenzugehörigkeit wird durch eindeutige Kennzeichen –
hierzu gehören die Sprache und ihre Dialekte – zu erkennen gegeben.

3.3.2.3.4 Sozialethische Regeln und Sozialsignale

Die Sicherung des Zusammenhalts der Gruppe in den menschlichen Sozialverbänden wurde zunächst gewährleistet durch die Paarbindung und den gruppendienlichen Altruismus. Mit dem Komplexerwerden der Gruppe bildeten sich zunehmend soziale Verbote *(Tabus,* Wort nach indonesischem Sprachgebrauch), Gebote und Verhaltensmuster *(Rituale)* aus. So entstand ein **sozialethischer Kodex,** dessen elementare Verbote und Gebote bis zur Gegenwart die Basis aller sozialen Ordnungen in allen Kulturen sind. Diese Regeln betreffen stets Sachverhalte, bei denen im Gruppenzusammenhalt Probleme auftreten können, nämlich:

1. Traditionsweitergabe, Rangordnung, Autorität
2. Gruppendiskriminierung, Gruppenbildung, Töten von Artgenossen
3. Sexuelle Beziehungen
4. Besitz
5. Zuverlässigkeit der Informationsübermittlung (»Wahrheit«)

Die Regeln liefern die Grundlagen der Sozialstrukturen einer Gruppe, die man als ihre Institutionen bezeichnet: z.B. Eheform, Familienstruktur, Staatsbildung mit Legislative und Exekutive. So erhält die soziale Gruppe einen politischen Charakter mit einer bewußten Führung zum Vorteil der Gruppe. Der einzelne Mensch ordnet sich aufgrund seiner erblichen Disposition einer anerkannten Autorität unter.

Institutionen werden mit zunehmender Komplexität der Gruppenstruktur ebenfalls komplexer. Mit Aufkommen der Seßhaftigkeit erlangen der individuelle Besitz und wenig später der Handel größere Bedeutung, so daß im Rahmen der Institutionen ein Besitz-, Boden-, Erb- und Handelsrecht entstehen mußte. Gleichzeitig wird die Rangordnung durch die zunehmende Institutionalisierung mehr und mehr zementiert; ihre Veränderung also schwieriger, so daß sie schließlich nur noch durch Zwangsmaßnahmen oder *Revolutionen* möglich wurde.

In der heutigen hochzivilisierten Kulturwelt mit ihrem leicht verletzlichen Sozialsystem sind bei Rangordnungsstreitigkeiten oft ethische Werte von geringerer Bedeutung als das Machtstreben mancher Individuen, das diesen eine besondere Chance bringt. Es besteht daher die große Gefahr, daß Menschen von demagogischer Hemmungslosigkeit zur Herrschaft gelangen. Individuen dieses Typs können aber die Gesellschaftsordnung, in der sie zur Macht kamen, nicht erhalten. Dies dürfte mit ein Grund für den Untergang von Kulturen sein. Ein anderer Gefahrenpunkt im heutigen Sozialsystem des Menschen liegt in der Anonymität der Massengesellschaft. Im ursprünglichen menschlichen Sozialverband kennen sich die Gruppenmitglieder. In der heutigen Massengesellschaft ist der einzelne oft einsam und vermißt die Geborgenheit in der Gruppe. Daraus resultiert ein dauern-des, oft unbewußtes Angstgefühl.

Erläuterungen der Fachausdrücke von Abschnitt 3.3: siehe Studienbd. Verhalten.

3.4 Evolution der Kultur

3.4.1 Gesellschaft und Individuum als Basis der Kultur

3.4.1.1 Dialektik von Gesellschaft und Individuum

Die soziale Lebensweise erfordert *Kommunikation;* diese erfolgt beim Menschen durch eine *Symbolsprache;* sie ist neben die auch bei Affen gut ausgebildete *Körpersprache* getreten und hat das Ausmaß der Kommunikation außerordentlich verstärkt (vgl. 3.4.4). Nur auf dieser Grundlage konnte die auf der Tradition aufgebaute Kultur entstehen. Die Menge weitergegebener Traditionen wuchs von Generation zu Generation. Die verlängerte Jugendphase und die lebenslange Lernfähigkeit des Menschen ermöglichten die Weitergabe erworbener Eigenschaften. Man kann sie als **»kulturelle Vererbung«** bezeichnen; mit dieser kommt eine neue Art von Informationsübertragung in das Evolutionsgeschehen hinein und so beginnt **kulturelle Evolution**. Die allgemeinen Gesetzmäßigkeiten des Evolutionsvorganges sind aber für die Evolution der Kultur gleichermaßen gültig (vgl. 3.4.3).

Mit der Anhäufung von Wissen und Traditionen reichte schließlich das Gedächtnis der einzelnen Individuen zu ihrer Bewahrung nicht mehr aus. Eine weitere kulturelle Höherentwicklung ermöglichte jedoch die Erfindung der Schrift, die eine Informationsspeicherung außerhalb des Gehirns erlaubt (vgl. 3.4.5). Mit der Schrift ist eine fast beliebig große Informationsmenge speicherbar. Dadurch können wir Denkprozesse ausführen, für die das Gedächtnis eines Individuums nicht ausreicht. Die Entwicklung gipfelt schließlich in einer Weltkultur mit einem einheitlichen Erkenntnisstand (vgl. 3.4.2). Wissen und Traditionen lösen sich vom Einzelindividuum und werden überindividuell. So wird das Verhalten des Menschen mehr und mehr von *Sitten, Denk-* und *Glaubensrichtungen, Ideologien* und *Moden* beherrscht.

Mit der Vermehrung der nichterblichen, erworbenen Fähigkeiten nimmt die Freiheit des Individuums stetig zu, ebenso aber auch die Abhängigkeit von der sozialen Gruppe, in der es seine Fähigkeiten erwirbt. Ob es sich bei der Zunahme der individuellen Freiheit um »absolute Freiheit« handelt, oder ob nur der hohe Komplexitätsgrad der Vorgänge im Gehirn ihre letztlich vorhandene Determiniertheit nicht erkennen läßt, ist ungelöst (vgl. 4.3.3).

Weil die Kultur nicht in Genen fixiert ist, kann ein Rückschritt oder eine Unterdrückung der Kultur eintreten, wenn ihre geistigen Grundlagen (z.B. Literatur, Kunst, Wissenschaft) vernichtet oder reglementiert werden. Dies führt dann zu einem Abreißen der Tradition und zum Rückfall in eine primitivere Stufe. Darin liegt die große Gefahr jedes *Totalitarismus;* sie geht weit über die dem einzelnen Individuum drohende Gefährdung hinaus. Die gleiche Gefahr steckt in jeder noch so wohlmeinenden *Zensur.*

Andrerseits vermag der Mensch als Einzelindividuum letztlich nichts, denn seit seiner Entstehung lebt der Mensch eingebunden in die soziale Gruppe, in der **Gesellschaft**. Die geistigen Leistungen des Menschen sind immer auch ein überindividuelles Erzeugnis, wie übereinstimmend von GEHLEN, LORENZ und MARX festgestellt wird. Die Gesellschaft ist zwar stets ein Produkt ihrer Individuen, aber jedes Individuum ist seinerseits ein Produkt seiner Gesellschaft und kann niemals, selbst wenn es ihr bewußt entgegenwirkt, völlig aus ihr heraustreten. Dazu trägt allein schon der biologische Grund der Prägung in der frühen Kindheit wesentlich bei, ihr folgen später weitere prägungsähnliche Vorgänge (vgl. 3.3.2). Hinzu kommt ein Normierungsbedürfnis innerhalb der Gruppe. Solche **Normen** bestehen aus einem Gemisch von *Wertvorstellungen, Verhaltensvorschriften* und *Glaubenssätzen* und stellen keine Tatsachen dar (für die sie dann vielfach ausgegeben werden). Sie dienen oft auch der *Gruppenunterscheidung* (Beispiele: bestimmter Jargon in der Schulklasse, Kleider-Mode, solidarisches Nationalgefühl). Normierung ist in gewissem Umfang notwendig, da der Mensch verunsichert wird, wenn ihm Denken und Verhalten der Mitmenschen unbekannt sind. Besonders wichtig ist dies in der Anonymität der Massengesellschaft. Die Sicherheit durch Normierung führt zu Vorschriften oder Verboten und wird so mit der Freiheit zur Selbstgestaltung bezahlt. Auf der Normierungsfähigkeit und der Neigung des Menschen zur Anerkennung einer *Rangordnung (Autorität)* beruht die Tatsache, daß er leicht beeinflußbar ist, insbesondere wenn die Indoktrination in der Gruppe und unter Anwendung von Symbolen und Ritualen geschieht. Die Wirkung wird um so ausgeprägter, je größer eine anonyme Masse ist, da der Mensch bei völlig gleichem Verhalten aller anderen Individuen sich durch Angleichung des eigenen Verhaltens geborgen fühlt. Diese Grunderkenntnisse der Massenpsychologie machen sich alle

Diktaturen zunutze, um sich die innerliche Zustimmung der beherrschten Menschen zu verschaffen.

Das Normierungsbedürfnis des Menschen verhindert – trotz der außerordentlichen Plastizität des menschlichen Sozialverhaltens – ein Chaos der Traditionen. So werden bestimmte Traditionen auf die Ebene von Konventionen oder Ritualen eines Kulturkreises gehoben. (Der Begriff »Ritual« wird in der menschlichen Kulturkunde im Sinne eines – oft religiös unterlegten – Brauchtums verstanden, das in festgelegten Formen abläuft). Die Gefahr, die hieraus wiederum resultiert, ist die einer Erstarrung sinnlos gewordener Konventionen, wenn die Verhältnisse sich geändert haben. Die an Beispielen geschilderten Vorteile und Nachteile des Entwicklungsverlaufs zeigt dessen *dialektischen* Charakter.

3.4.1.2 Egoistischer Altruismus als Basis der Wirtschaft

Die Erscheinung des egoistischen oder *reziproken Altruismus* (»ich gebe, damit du gibst«) ist eine typisch menschliche Eigenschaft, die sich aus dem Tauschhandel entwickelt hat. Dieser begann vermutlich mit dem Tausch von Fleisch der Jagdtiere gegen gesammelte Pflanzenprodukte. Dabei wurde schon bald eine zeitliche Ausdehnung der Tauschoperation als zweckmäßig erkannt, d. h. für heute Erhaltenes erfolgte die Rückleistung erst viel später. Die Gruppe, in der reziproker Altruismus entwickelt und geübt wurde, war anfangs die durch Verwandtschaftsnetze verbundene Sippe. Durch komplizierte Heiratsregeln, wie sie heute noch bei vielen Primitivkulturen existieren, wurden die Sippen erhalten und gestärkt. Ein bestimmter Anteil von Heiraten geht (bzw. ging) aber stets über die Sippengrenzen hinaus. Hierdurch werden zusätzliche Verwandtschaftsbeziehungen geschaffen; die Verwandtschaftsnetze und somit die Zahl möglicher Partner im System der gegenseitigen Verpflichtungen wächst. Dies ist vorteilhaft für den Tauschhandel, für die Hilfe bei Nahrungsmangel oder bei Angriffen auf die Sippe und hat dazuhin noch den biologischen Vorteil einer Aufrechterhaltung des Genflusses und somit der weitgehenden genetischen Gleichheit der Populationen.

Entwicklung des Geldes. Die Entwicklung der Gesellschaft von Sippen zu Häuptlingsgruppen und Staaten bindet im Rahmen des reziproken Altruismus die Individuen über die Verwandtschaftsnetze hinaus. Im Laufe der kulturellen Evolution werden dabei die Wechselwirkungen immer komplexer. Dies war möglich durch die Erfindung des Geldes. **Geld** ist entstanden aus dem Bedürfnis nach einem quantitativen Wertmaßstab für Waren oder Leistungen und befriedigt zugleich das Bedürfnis nach einem handlichen, beliebig aufbewahrbaren und für jede Art Erwerb verwendbaren Tauschmittel. Das Geld (lat. *pecunia*, von *pecus* Vieh, das als Tauschmittel diente) erhält seinen Wert allein durch Übereinkunft und ist gewissermaßen ein quantitatives Maß für den reziproken Altruismus. Je seltener ein Gegenstand und je aufwendiger seine Herstellung oder Beschaffung, desto mehr »Geld« kostet er.

Das Geld entstand aus dem Handel mit Schmuckmetallen (Gold und Silber, beide Metalle sind für ein Nutzmetall zu weich). Geld hat keinen Wert an sich. Später ging man auch zu weniger wertvollen Metallen über. Durch Prägen des Metalls zu *Münzen* teilte man ihm einen symbolischen Wert durch die Obrigkeit zu. Die weitere Entwicklung führte zum *Papiergeld* (seit dem 18. Jhdt.) und schließlich zum heutigen, weitgehend bargeldlosen Verrechnungssystem mit Lastschriften und Gutschriften.

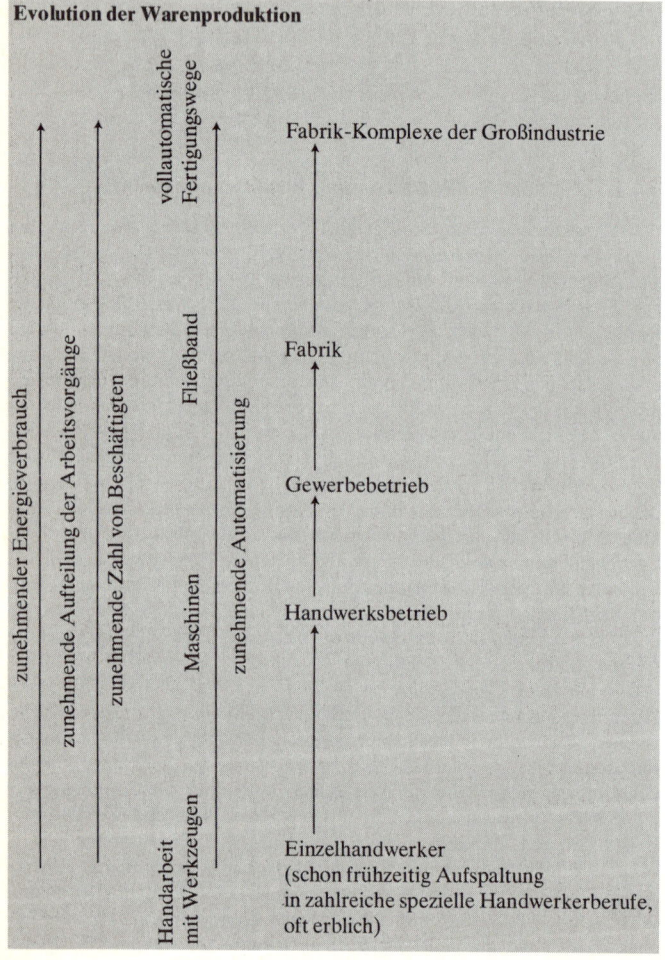

Evolution der Warenproduktion

zunehmender Energieverbrauch

zunehmende Aufteilung der Arbeitsvorgänge

zunehmende Zahl von Beschäftigten

vollautomatische Fertigungswege

Fließband

Maschinen

Handarbeit mit Werkzeugen

zunehmende Automatisierung

Fabrik-Komplexe der Großindustrie

Fabrik

Gewerbebetrieb

Handwerksbetrieb

Einzelhandwerker
(schon frühzeitig Aufspaltung
in zahlreiche spezielle Handwerkerberufe,
oft erblich)

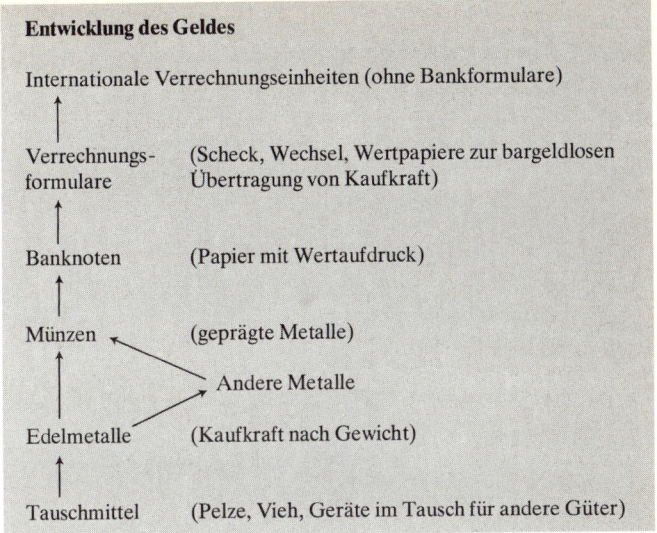

Entwicklung des Geldes

Internationale Verrechnungseinheiten (ohne Bankformulare)
↑

Verrechnungs-   (Scheck, Wechsel, Wertpapiere zur bargeldlosen
formulare   Übertragung von Kaufkraft)
↑

Banknoten   (Papier mit Wertaufdruck)
↑

Münzen   (geprägte Metalle)

                 Andere Metalle

Edelmetalle   (Kaufkraft nach Gewicht)
↑

Tauschmittel   (Pelze, Vieh, Geräte im Tausch für andere Güter)

3.4.2 Evolution der soziokulturellen Systeme

Grundlage aller soziokulturellen Systeme ist die Auseinandersetzung der menschlichen Gesellschaft mit ihrer Umwelt, d. h. mit
ihrem Lebensraum und den benachbarten Gesellschaften. Da der
Mensch als einziges Lebewesen in der Lage ist, seine Umwelt zu
beeinflussen und sich deshalb nicht mehr der Umwelt nur anpassen
muß, konnten die soziokulturellen Systeme im Laufe der menschlichen Evolution immer komplexer werden. Ihre rasch zunehmende
Komplexität kann als Grundelement der ganzen kulturellen Evolution verstanden werden. Die wesentlichen Stufen dieses Vorgangs sind in Tabelle 16 dargestellt. Dieser Evolutionsprozeß wird
reguliert durch positive und negative Rückkopplungen (vgl. Bild
45).

Jedes soziokulturelle System besitzt *materielle Techniken.* In den
heutigen Kulturen kann man diese kurz unter den Begriffen **Wissenschaft** und **Technologie** zusammenfassen. Diese materiellen
Techniken führen zu immer neuen Veränderungen der Umwelt,
die wieder auf das System zurückwirken; sie sind also derjenige
Output des soziokulturellen Systems, der zur fortlaufenden Veränderung, d. h. zur positiven Rückkopplung, Anlaß gibt. Jedes soziokulturelle System besitzt aber auch *gesellschaftliche Techniken*

167

Tabelle 16: Soziokulturelle Evolutionsstufen (in vereinfachter Darstellung)

erkundeter Raum	Wohnbereich	Technologie	Neu auftretende Qualitäten			
			exakte Wissenschaft	Transport	Kommunikation	Gesellschaftsform
dreidimensional, extra-terrestrisch	Stadt-Agglomerationen »Megalopolis«	Kernenergie Automation Anwendung der Informatik elektrische Energie	Systemtheorie Quantenmechanik Relativitätstheorie	in 3 Dimensionen: in der Luft, auf der Erde, unter der Erdoberfläche Autos für Individualverkehr	elektronische Kommunikationsverfahren	übernationale Zusammenschlüsse
zweidimensional (Kontinente, Ozeane)	Großstadt	Energieumwandlungen Dampf als Energiequelle Maschinen	wiss. Methoden der Neuzeit (Kepler, Galilei, Newton) Anfänge der Kausalforschung. griech. Wissenschaft (Archimedes, Ptolemäus)	Schiffahrtslinien Eisenbahn Straßennetze	mechanische Verfahren Alphabet (Buchstabenschrift)	Nationalstaaten Entstehen von Demokratie

← Zeit

168

eindimensional (Flußtäler, Küsten)	Stadt	Wind u. Wasser als Energiequellen Metallwerkzeuge Rad u. seine Anwendung Bewässerungssysteme	Mathematik Astronomie	Schiffahrt Wagen erste Straßen	Symbolschrift	Großreiche des Altertums, Theokratien (Gottkönigstum)
punktförmig um Wohnorte	Dorf (Kleinsiedlung)	Tiere als Energiequelle erste Haustiere u. Nutzpflanzen Handwerk	neolithische Anfänge von Wissenschaft	Haustiere auf festgelegten Wegen Flößerei Anfänge der Seefahrt	Bilder»schrift«	Stammesgruppen, biologisch begründete territoriale Organisation
punktförmig-zerstreut (Nomadentum)	Zelt, Hütte, Höhle	menschliche Energie Feuer Stein-, Holz- u. Knochenwerkzeuge	—	durch den Menschen kleine Boote	Bilder	Familie Horde

jede folgende Stufe enthält die vorhergehenden

169

neues soziokulturelles System

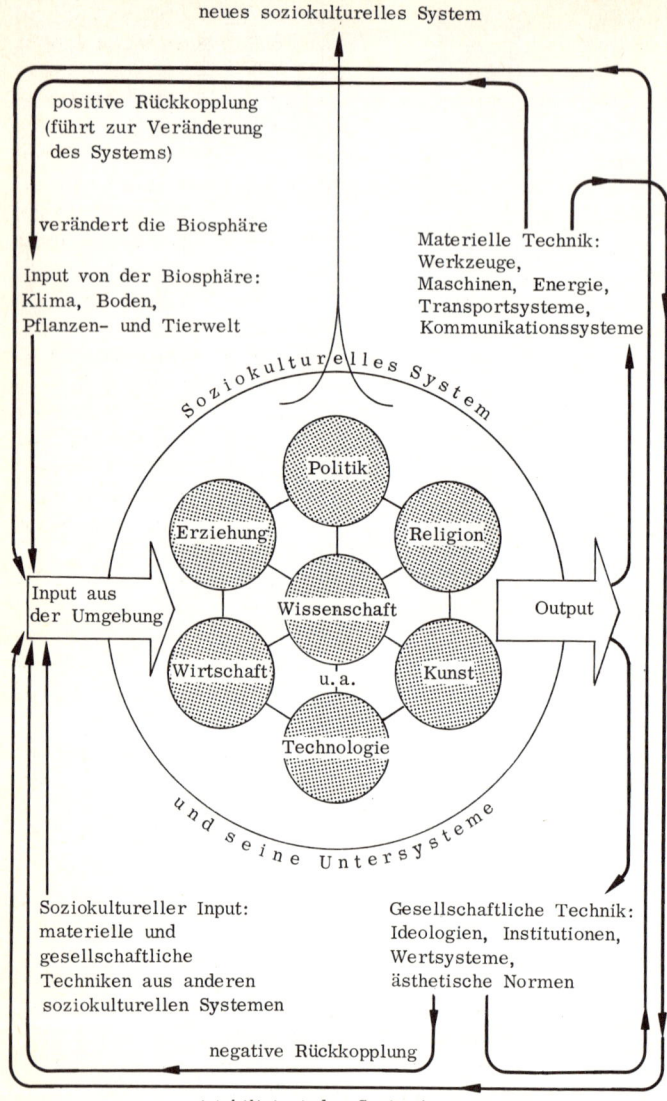

positive Rückkopplung
(führt zur Veränderung
des Systems)

verändert die Biosphäre

Input von der Biosphäre:
Klima, Boden,
Pflanzen- und Tierwelt

Materielle Technik:
Werkzeuge,
Maschinen, Energie,
Transportsysteme,
Kommunikationssysteme

Soziokulturelles System

Politik

Erziehung

Religion

Wissenschaft

Input aus
der Umgebung

Output

Wirtschaft

u. a.

Kunst

Technologie

und seine Untersysteme

Soziokultureller Input:
materielle und
gesellschaftliche
Techniken aus anderen
soziokulturellen Systemen

Gesellschaftliche Technik:
Ideologien, Institutionen,
Wertsysteme,
ästhetische Normen

negative Rückkopplung

(stabilisiert das System)

Bild 45: Negative und positive Rückkopplungen im soziokulturellen System.

170

(Ideologien, Normative Institutionen, Rituale, Moden usw.), die der Erhaltung und Stabilisierung dienen, so daß trotz der Veränderung eine Kontinuität besteht. Die gesellschaftlichen Techniken liefern also denjenigen Output, der durch negative Rückkopplung stabilisierend wirkt.

Durch positive Rückkopplung kann der Informationsgehalt des Systems und dabei die Fähigkeit zur Manipulation und Kontrolle der Umwelt zunehmen. Dies kann wiederum den Output an manuellen und gesellschaftlichen Techniken so verändern, daß eine neue Stufe soziokultureller Organisation erreicht wird. In der Regel wirkt hierbei der Wettbewerb mehrerer benachbarter Gesellschaften von ähnlichem Organisationsniveau und deren Integration mit.

Die Umwelt-Beherrschung ist abhängig vom jeweiligen Stand der Wissenschaft und Technologie. Hat ein soziokulturelles System die ihr maximal mögliche Umwelt-Kontrolle erreicht, bleibt eine Art Fließgleichgewichts-Zustand aufrechterhalten; die negative Rückkopplung herrscht vor. Solange ein solches System isoliert von anderen, komplexeren Kulturen bleibt und nicht durch neue Erkenntnisse, Techniken und gesellschaftliche Leitideen von innen heraus gestört wird, ist es stabil. So sind bis ins 20. Jahrhundert herein Steinzeitkulturen (vgl. 3.2.3.4) als lebende Kulturfossilien erhalten geblieben. Infolge des gegenwärtig erreichten globalen Informationsaustausches sind diese Altkulturen alle zum Untergang verurteilt. Weil es keine Isolation mehr gibt, dringen Wissenschaft und Technologie des 20. Jhdts in ihre letzten Überlebensorte vor.

Wenn in einem soziokulturellen System die Abweichungen von der Norm eine kritische Größe überschreiten, so droht die Gefahr, daß das System zerbricht (vgl. 3.1.2). Andrerseits ist unter solchen Bedingungen auch eine besonders rasche Veränderung durch neue gesellschaftliche wie materielle Techniken möglich, weil die Variabilitätsbreite größer ist.

Veränderungen in der Umwelt führen nicht immer zur Anpassung des Systems. Ein erreichter Anpassungszustand kann aufgrund des Normierungsbedürfnisses der Menschen erhalten bleiben. Dieser Stabilisierung bestehender Verhältnisse dient der Ausbau der **Bürokratie**, die dann zunehmend schwerfälliger auf Veränderungen reagiert. Je besser die erreichte Anpassung und je komplexer das System, desto schwieriger sind Veränderungen. Daher sind häufig weniger gut durchorganisierte und einfacher strukturierte Gesellschaften erfolgreicher bei der Einführung neuer materieller wie gesellschaftlicher Techniken und können dadurch über die anderen, schwerfälligeren Gesellschaften dominie-

rend werden (Beispiel: Eine Auto-Gesellschaft wird ein zukunfts-
reiches anderes Fortbewegungssystem nur zögernd aufnehmen,
während es eine autofreie Gesellschaft rasch und erfolgreich entwickeln und damit die Auto-Gesellschaft auf dem Verkehrssektor
überflügeln könnte.) Für einen solchen Vorgang gibt es eine Analogie in der biologischen Evolution: hochspezialisierte Organismen
haben oft nur noch geringe evolutionäre Anpassungsfähigkeit bei
Umweltveränderung; die Evolution geht bevorzugt von relativ un-
spezialisierten Formen aus.

Die Evolution der soziokulturellen Systeme zeigt aber auch Besonderheiten, die aus der Systemstruktur zu erklären sind:

1. Die soziale Struktur schafft durch innere Konflikte und Wider-
   sprüche selbst Veränderungen im System
2. Soziale Systeme können ihre Integrationsfähigkeit verlieren
   und zerfallen (vgl. 3.1.2).

Treten die Veränderungen in den sozialen Systemen plötzlich
und tiefgreifend auf, spricht man von **Revolution**. Mit jedem Evo-
lutionsfortschritt werden die soziokulturellen Systeme komplexer
und dabei gleichzeitig gegenüber Einflüssen durch die nicht-
menschliche Umwelt stabiler, aber gegenüber solchen durch die
menschliche Umwelt (d. h. durch andere soziokulturelle Systeme)
instabiler. Global gesehen stehen wir heute am Übergang von der
4. zur 5. Stufe der Tabelle 16. Daneben existieren auf der Erde lokal auch noch Systeme aller tieferen Stufen. Übergangsepochen, so
auch die des derzeitigen Globalsystems, sind charakterisiert durch
das Vorherrschen positiver Rückkopplungen, d. h. durch starke gesellschaftliche Veränderungen und geringe Stabilität des Gesamt-
systems (und oft auch seiner Untersysteme).

Die Hauptträger der verändernd wirkenden positiven Rückkopplung waren bisher Wissenschaft und Technologie, während
die gesellschaftlichen Techniken (normative Institutionen, Ideologien) vorwiegend durch negative Rückkopplung zur Stabilisierung
bestehender Systeme beitrugen. In einer Übergangsepoche wie der
derzeitigen ist es aber notwendig, daß mit Hilfe von Wissenschaft
und Technologie durch eine **globale Ökologie** die Bewohnbarkeit
der Erde gesichert wird. Auch muß die Gesellschaft neue Institutionen schaffen, um den Fortschritt zu erhalten und alle Menschen
gleichermaßen daran teilhaben zu lassen (vgl. 4.2).

3.4.3 Analogie von biologischer und kultureller Evolution

3.4.3.1 Das Konzept der Meme

Wie schon mehrfach erwähnt, bestehen zwischen Vorgängen der biologischen und solchen der kulturellen Evolution vielfache Analogien. Beispiele: Zwischen verschiedenen Kulturen bestehen Wettbewerbsverhältnisse; es gibt eine Selektion von Kulturelementen; die weitere Entwicklung geht oft nicht von hoch angepaßten und spezialisierten, sondern von relativ ursprünglichen Kulturen aus.

Die Analogie von biologischer und kultureller Evolution kann man sich am besten klar machen, wenn man die der biologischen Evolution zugrundeliegenden Informationseinheiten, die *Gene,* mit entsprechenden Informationseinheiten der kulturellen Evolution vergleicht. Diese Einheiten werden als **Meme** (von lat. *memoria* = Gedächtnis und frz. *même* = selbst) bezeichnet. Meme sind »Replikationseinheiten«, die Elemente der Kultur darstellen, so z.B. Verfahren zur Herstellung eines Steinwerkzeugs, Verfahren der Töpferei, Verfahren des Gewölbebaus, Elemente der Kleidermode, Melodie, Begriff, Idee, Naturgesetz usw. Meme bilden in einem Kulturkreis einen **Mempool** und werden von Gehirn zu Gehirn durch Lernvorgänge weitergegeben. Wenn ein Wissenschaftler eine neue einleuchtende Idee hat, gibt er diese an Kollegen und Schüler weiter und nimmt darauf in Schriften Bezug: die Idee verbreitet sich, sie setzt sich im Mempool durch. Dabei kann sie entweder eine alte Idee verdrängen oder sie tritt neben sie. Die neue Idee ist vermutlich durch **»Memmutation«**, d.h. durch Mutation einer vorhergehenden Idee, im Gehirn des Wissenschaftlers entstanden. Die Vermehrung der Meme erfolgt dadurch, daß die Meme in verschiedenen Gehirnen unterschiedlich variieren und dabei neue neben die bestehenden treten: »*Mem-Duplikationen*«. In jedem Gehirn sind **»Mem-Rekombinationen«** möglich; dies trägt zur Entstehung neuer Kulturelemente (z.B. neue Herstellungsverfahren, neue Begriffe, neue Melodien, neue Ideen usw.) wesentlich bei.

Das Konzept der Meme soll an Beispielen erläutert werden: Das Verfahren zur Herstellung eines Steinbeils kann als ein Mem bzw. ein zusammengehöriger Mem-Komplex angesehen werden. Die Entstehung dieses Mems erfolgte im vorderasiatisch-europäischen Kulturkreis in vorgeschichtlicher Zeit – ob einmalig oder mehrfach getrennt voneinander, ist unbekannt. In anderen Kulturkreisen entstand unabhängig dasselbe Mem. Die Replikation erfolgte dadurch, daß andere Individuen die Steinbeilherstellung erlernten usf. Das Mem hatte einen hohen Selektionswert, weil es den Menschen des betreffenden Kulturkreises eine Verbesserung ihrer Lebensbedingungen brachte. Fortlaufende Verbesserungen der Steinbeilherstellung können als vorteilhafte Mem-Mutationen im Memkomplex beschrieben werden. Andrerseits ging im Verlauf der späteren kulturellen Evolution in Europa das Mem »Steinbeilherstellung« verloren. Es brachte keinen Vorteil mehr für die Kultur, weil mittlerweile Metallwerkzeuge zur Verfügung standen. So kann der heutige Europäer keine Steinbeile mehr herstellen, ebensowenig wie ein Säuger durch Kiemen atmen kann.

Die Idee **»Gott«** ist ebenfalls ein Mem. Die Art der Entstehung dieses Mems (einmalig, mehrfach) ist unbekannt. Die Replikation des Mems »Gott« erfolgt durch das gesprochene und geschriebene Wort unter Mithilfe von bildender Kunst (z.B. im christlichen Kulturraum), von Musik und von Ritualen. Man kann nun nach dem Selektionswert dieses Mems fragen, d.h. warum ist die Idee »Gott« in vielen Kulturkreisen so stabil, selbst dort, wo ihrer Verbreitung offiziell entgegengewirkt wird? Dies hat zunächst einen psychologischen Grund: die Idee Gott liefert für viele Menschen eine plausible Antwort auf beunruhigende Existenzfragen. Daher hat dieses Mem einen hohen kulturellen Selektionsvorteil. Das Mem ändert sich aber im Lauf der Zeit (durch Mem-Mutationen), so hat sich die Idee von Gott während der kulturellen Evolution der Menschheit stark gewandelt und wird sich auch weiterhin wandeln (vgl. 3.4.7.5); außerdem hat sie sich in viele Varianten aufgespalten (Religionen, Konfessionen, Sekten).

Aus dem Gesagten folgt, daß die Vorstellung von Gott (als Mem mit hohem Selektionsvorteil) im Bewußtsein der meisten Menschen existiert, ganz unabhängig davon, ob sie an die Wirklichkeit Gottes glauben oder nicht.

Manche Meme breiten sich im Mempool sehr rasch aus und verschwinden ebenso rasch wieder (z.B. Schlagermelodien, Kleidermoden, Sprachmoden). Andere verbreiten sich kaum, halten sich aber in kleinen, teilisolierten Populationen lange Zeit (z.B. die Gesetze der jüdischen Religion seit ca. 3000 Jahren).

Die Meme stehen in Konkurrenz zueinander. Da der Mensch in einer bestimmten Zeit nur einen einzigen Gedankengang durchdenken kann, besteht Konkurrenz der Meme um die Zeit des Bedacht-Werdens im Gehirn. Es besteht auch Konkurrenz um ihre Aufnahme in Zeitungen und Zeitschriften, um Radio- und Fernsehzeit, um ihre Verbreitung durch Bücher.

Individuen, die viele Memkomplexe in gleichartiger oder ähnli-

Tabelle 17: Vergleich biologischer und kultureller Evolution

	Biologische Evolution	Kulturelle Evolution
Morphologische Einheit	Art und Rasse	Kultur und Kultur-variante
Unterscheidung der Einheit durch	Morphologie und Anatomie	Artefakte, Sitten und Gebräuche (Sozifakte)
Kleinste Informations- und Replikationseinheit	Gen	Mem
Materielle Basis	DNA-Sequenz	hochkomplexe Schalt-struktur im Gehirn
Normale Replikations-einheit	Chromosom	Memkomplex
Gesamtheit aller Ein-heiten in der Population	Genpool	Mempool
Evolutionsfaktoren:	Mutation als genetischer Vor-gang im Individuum (führt zu Gen-Vielfalt) Selektion durch Wett-bewerb (führt zur Anpassung an die Umgebung)	Mem-Mutation als geistige Leistung des Individuums (führt zu Ideenvielfalt) Selektion durch Wett-bewerb der Meme (brauchbare Meme werden von immer mehr Individuen über-nommen und breiten sich aus, unbrauchbare verschwinden)
	Genfluß (Zu- und Abwande-rung von Genträgern)	Memfluß (Wanderung von Memen zu anderen Gruppen)
	Gendrift (von Bedeutung nur in kleinen Populationen)	Memdrift (in kleinen Populatio-nen können auch weni-ger wertvolle Innova-tionen erhalten bleiben und wertvollere durch Zufall verlorengehen)

cher Form gemeinsam haben, nennen wir geistig verwandt. Die **geistige Verwandtschaft** ist um so größer, je mehr Zeit diese Indivi-duen für die übereinstimmenden Ansichten und Gedanken auf-wenden. So wie genetische Verwandtschaft bei sozialen Lebewe-

175

sen zu einem genetisch festgelegten Altruismus führt, so kommt es durch die geistige Verwandtschaft beim Menschen zum *kulturellen Altruismus*. Dieser tritt neben den genetischen Altruismus; er kann ihn verstärken oder auch ihm entgegenwirken und dabei stärker sein als der genetische.

Meme zeigen auch **Koevolution** und **Mem-Homöostase**. So ist z.B. das Mem »Gott« eingebettet in eine ganze Gruppe von Memen, die man als Religionsinhalte bezeichnen kann und die von vielen Menschen als Einheit angesehen werden. Die Homöostase von Memkomplexen ist daran erkennbar, daß Ideologien häufig als Ganzes angenommen werden und nicht ihre einzelnen Meme getrennt auf Brauchbarkeit untersucht und neu kombiniert werden. Individuen mit entwickeltem analytischem Verstand neigen zur Zerlegung der Mem-Komplexe in Einzelmeme.

Meme müssen nicht unbedingt existentiell von Vorteil sein. Wirken sie kulturstabilisierend, werden sie dennoch in einem Kulturkreis erhalten bleiben, auch wenn sie für das mem-tragende Individuum keinen unmittelbaren Vorteil aufweisen.

Meme, die sehr stabil sind, d. h. sich über lange Zeit kaum verändern, werden häufig in Rituale aufgenommen. Solche Rituale haben beim Menschen nicht nur unmittelbare Signalwirkung wie bei den Tieren, sondern dienen auch der erneuten Bestätigung der Zusammengehörigkeit und der moralischen Werte eines Kulturkreises. Rituale wurden schon sehr früh mit Magie verbunden, diese Vorgänge gehören zum Anfang der Religion (vgl. 3.4.7.5).

Treffen verschiedene Kulturkreise zusammen, so sind die Meme und Memkomplexe der weniger fortgeschrittenen Kulturen von der Selektion stärker betroffen. Darüber hinaus hängt der Wettbewerb der Memkomplexe auch von den Populationsgrößen (also einem biologischen Faktor) und von der Mem-Homöostase ab. Als die steinzeitlichen australischen Eingeborenen-Kulturen mit der europäischen Kultur in Berührung kamen, verschwanden sie fast überall auch dort, wo die Eingeborenen nicht durch die Europäer ausgerottet wurden. Oft bleiben Reste des Mempools einer Kultur in der Folgekultur erhalten. So leben die Meme vorkolumbischer Hoch-Kulturen in untergeordneter Form, aber in großer Zahl, in weiten Teilen Lateinamerikas weiter – wohl einfach schon deshalb, weil Memkomplexe in Hochkulturen eine beträchtliche Homöostase aufweisen. Auch bei der allmählichen Evolution von Kulturen, die nicht durch andere von außen abgelöst werden, bleiben stets Meme der vorhergehenden Kulturniveaus erhalten. Hexenglauben war im mittelalterlichen Europa verbreitet und ist heute noch nicht ausgestorben. Wer an Horoskope glaubt, wer »unberufen« sagt und an Holz klopft, wer der Zahl 13 eine besondere Bedeutung beimißt, wer einen heiligen Christophorus ins Auto hängt, wer beim Ruf des Kuckucks seinen Geldbeutel öffnet, der hat magische Vorstellungen, d. h. Meme der Steinzeitkultur, in sich noch nicht überwunden.

Schließlich sei darauf hingewiesen, daß Meme und Memkomplexe auch auf die biologische Evolution des Menschen Einfluß nehmen. Wer sich nicht der gängigen Kultur-Tradition entsprechend verhält (weil er nicht willens oder fähig zur Anpassung ist), hat in der Regel eine geringere Chance, einen Ehepartner zu finden und somit geringeren Fortpflanzungserfolg. Die Selektion arbeitet also in Richtung höherer Anpassungsfähigkeit und in Richtung auf Stabilisierung der herrschenden Kulturtradition. In den hochzivilisierten heutigen Gesellschaften sind es Memkomplexe (ethische Vorstellungen), welche die Selektionsbedingungen erheblich verändert haben (Stützung von Kranken und weniger Lebenstüchtigen, vgl. Studienband Genetik, Abschnitt 15.8.). Auch wird geistige Verwandtschaft die Partnerwahl mitbestimmen und so auf die biologische Evolution Einfluß nehmen.

3.4.3.2 Beispiele für Analogien

Bei der Evolution von Kulturgegenständen und kulturellen Vorgängen läßt sich eine Analogie zur biologischen Evolution erkennen. Die Neuerung erfolgt durch Mem-Mutationen, die kulturelle Umwelt wirkt selektierend. Daraus folgt ein langsames evolutionäres Vortasten; die Entstehung völlig neuer Gebilde ohne Vorbild ist selten, da die Macht der kulturellen Tradition sehr groß ist. Daher wird eher Bewährtes beibehalten und adaptiert als völlig Neues geschaffen. So sah der erste Dampfer aus wie ein Segelschiff und das erste Auto wie eine Kutsche (Bild 46). In der Gestalt verändert zeigten sich nur die Teile, bei denen dies unbedingt erforderlich war; dennoch war das Grundprinzip des Gerätes ein anderes. Die weitere Evolution solcher Kulturprodukte erfolgte durch einzelne Änderungen *(»Punktmutationen«)*. Veränderungen, die keine Vorteile brachten, wurden wieder aufgegeben. Andererseits wurden unnötig gewordene Teile auch weiterhin mitgeschleppt und zu *»rudimentären Organen«*. Dies ist z.B. an der Entwicklung von Uniformen zu erkennen (Bild 47). Anders als in der biologischen Evolution können morphologisch rudimentäre Gebilde der kulturellen Evolution auch Symbolcharakter annehmen und auf diese Weise einen Sinn behalten: so sind die Bogenfenster der geschlossenen Kutsche, die bei dieser eine Baunotwendigkeit waren, bei den Eisenbahnwagen der 1. Klasse im 19. Jhdt. lange Zeit als ein Symbol des Komforts beibehalten worden (Bild 48).

Da der Mensch vorwiegend ein Augenwesen ist, werden Augen und Augensymbole vielfach in der Werbung und Ornamentik benutzt (Augenamulette, Abwehr-Augen, Augenbetonung durch Schminken, vgl. Bild 49). Auch dafür gibt es eine Analogie in der

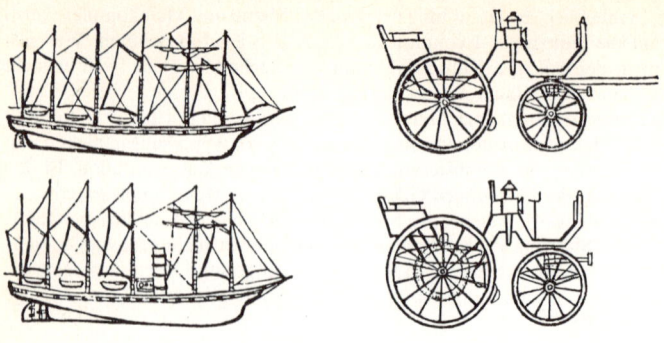

Bild 46: Erster Hochseedampfer und erstes Auto: obwohl das Grundprinzip des Fahrzeugs völlig verändert ist (es also einer neuen Klasse von Fahrzeugen zugehört), ist die jeweilige Gestalt den vorgehenden Fahrzeugformen sehr ähnlich. Die dem neuen Prinzip am besten entsprechende Form wird erst allmählich gefunden. Wichtige kulturelle Evolutionsschritte vollziehen sich von der Gestalt her gesehen im verborgenen. Hätte sich der Daimler-Motorwagen als eine wenig brauchbare Konstruktion erwiesen, so würde er heute nicht als Stammform des Autos, sondern als aberrante Kutschenform angesehen. Die Analogie zu Vorgängen der biologischen Evolution liegt auf der Hand.

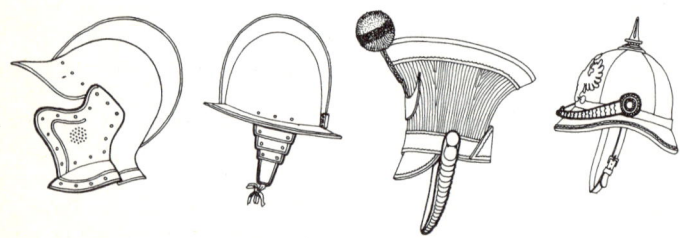

Bild 47: Entstehung und Wandlung des Schuppenbandes an der Uniform als Beispiel für die Entstehung rudimentärer Gebilde in der kulturellen Evolution.
1: Helm um 1600 mit festem, unbeweglichem Wangenschutz
2: Helm um 1650 mit Wangenschutz aus beweglichen Platten, deren unterste den Sturmriemen trägt
3: Helm um 1800. Das Schuppenband ist beweglich und dient der Dekoration. Es kann hochgeklappt und auf den Schirm gelegt werden.
4: Helm um 1914 mit Schuppenband, das auf dem Schirm liegt und nicht mehr bewegt wird. Seine Befestigungsfunktion übernimmt ein neuer Sturmriemen, der auf der Innenseite befestigt ist.

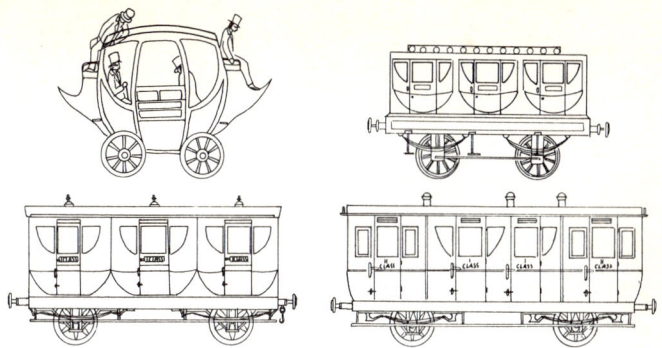

Bild 48: Entwicklung des Eisenbahnwagens
a: Erster Eisenbahn-Personenwagen 1825; die Entstehung aus der Kutsche ist leicht zu erkennen
b: Eisenbahnwagen mit 3 Abteilen; auch hier sind die aus dem Kutschenbau übernommenen Elemente zu erkennen
c: Schwedischer Eisenbahnwagen des 19. Jhdt.: Die von der Kutsche herrührenden Fensterkrümmungen sind ohne Notwendigkeit immer noch beibehalten.
d: Bei diesem Eisenbahnwagen des 19. Jhdt. sind die kutschenartigen Fenster nur noch in der 1. Klasse vorhanden und werden zum Symbol der besseren Qualität.

biologischen Evolution: bei Tieren mit Vorherrschen des Gesichtssinns treffen wir ebenfalls Augensymbole (z.B. Prachtkleid des Pfaus, Augenmuster von Schmetterlingsraupen).

Als Beispiel der Evolution eines kulturellen Rituals sei der *militärische Gruß* erwähnt. Ursprünglich nahm der Soldat wie der Zivilist seine Kopfbedeckung beim Grüßen ab. Mit der Vergrößerung der Kopfbedeckung (Grenadiermütze, Bärenfellmütze) mußte diese mit einem Riemen befestigt werden; ein Abnehmen war nicht mehr möglich. Daher wurde es bei solchen Truppen üblich, nur symbolisch die Hand an die Mütze zu legen. Dies wurde dann von anderen Truppengattungen übernommen und nach dem Verschwinden der hohen Kopfbedeckung blieb diese symbolische Grußbewegung bestehen. Eine solche kulturelle Ritualisierung steht in Analogie zur Ausbildung von Ritualen in der biologischen Stammesentwicklung (vgl. Studienband Verhalten, 7.2).

Ein Beispiel für eine unterschiedliche Evolution in zwei räumlich benachbarten und auf gleichartige kulturelle Vorstufen zurückgehende Kulturkreise wurde bereits früher (vgl. 3.2.4.3) am Fall der

Bild 49: Augen und Augensymbole in Kunst, Ornamentik und Werbung
a: Cherub von einem Fresko in der Kathedrale von Anagni; 13. Jhdt. Die
sechs Flügel sind mit zahlreichen Augen besetzt. Die den Engel im
Rhombus umgebenden Blumen entsprechen nach KOENIG ebenfalls
stilisierten Augen.
b: Jungsteinzeitliche Augengefäße; auf Gefäßen werden Augen oder
ganze Gesichter als Abwehrzeichen vielfach angebracht. Man findet sie,
naturalistisch oder ritualisiert, bei fast allen Völkern.
c: In der modernen Werbegrafik werden Augen, Augensymbole und diesen ähnliche Motive in großem Umfang verwendet.

Megalith- und Bandkeramikkultur geschildert. Dies entspricht der unterschiedlichen Einnischung bei der biologischen Evolution. Manche der Kulturmerkmale (Tabelle 13) sind Anpassungen an die ökologischen Besonderheiten (z.B. ist die Megalithkultur an Küsten verbreitet, weshalb die Schiffahrt besondere Bedeutung erhält, was wiederum zu weiterer Ausbreitung entlang den Küsten führt). Auf diese Weise entsteht auch bei der kulturellen Evolution eine **adaptive Radiation.**

Im Verlauf der biologischen Evolution bilden sich immer komplexere Ökosysteme auf der Erde, parallel dazu nimmt der zur Systemerhaltung erforderliche Energiebedarf zu. Auch dies hat eine Analogie im Geschehen der kulturellen Evolution: die Zunahme der Komplexität der soziokulturellen Systeme (vgl. 3.4.2) ist verbunden mit einer ständigen **Zunahme des Energiebedarfs** in diesen Systemen.

3.4.4 Evolution der Sprache und ihre Bedeutung für die kulturelle Evolution

3.4.4.1 Allgemeine Sprachmerkmale

Verständigung durch zweckbezogene Lautäußerung ist im Tierreich weit verbreitet (z.B. Warn- und Lockrufe). Eine Sprache, in der Gedachtes in Lautkombinationen umgesetzt wird, besitzt kein Tier. Diese Art von Sprache ist eine wesentliche Eigenschaft des Menschen und sein wichtigstes soziales Gebilde. Die Sprache wird durch Tradition weitergegeben. Sie dient aber außer zur Kommunikation noch zur Weitergabe fast aller Elemente der Kultur, also der »Fortpflanzung« der Kultur. Da Sprache selbst ein Teil der Kultur ist, enthält also die Kultur – ebenso wie der biologische Organismus – ihren eigenen Fortpflanzungsweg.

Jeder Mensch wird in eine bestimmte Sprachgemeinschaft hineingeboren und hat daher eine Muttersprache, die er nicht wählen und nicht verlassen kann. Die jeweilige Sprachgemeinschaft ist vor dem einzelnen Menschen da, doch wird die Sprache durch eine Vielzahl von Menschen langsam verändert; sie zeigt einen evolutiven Wandel. Der einzelne Mensch muß die Sprache erlernen, angeboren ist nur die Sprachfähigkeit. Ihre Voraussetzung ist der anatomische Lautbildungsapparat und das hochdifferenzierte Sprachzentrum im Großhirn (Broca-Zentrum, vgl. 1.1.2). Erst dieses motorische Sprachzentrum ermöglicht eine nuancenreiche Lautsprache (Bild 50).

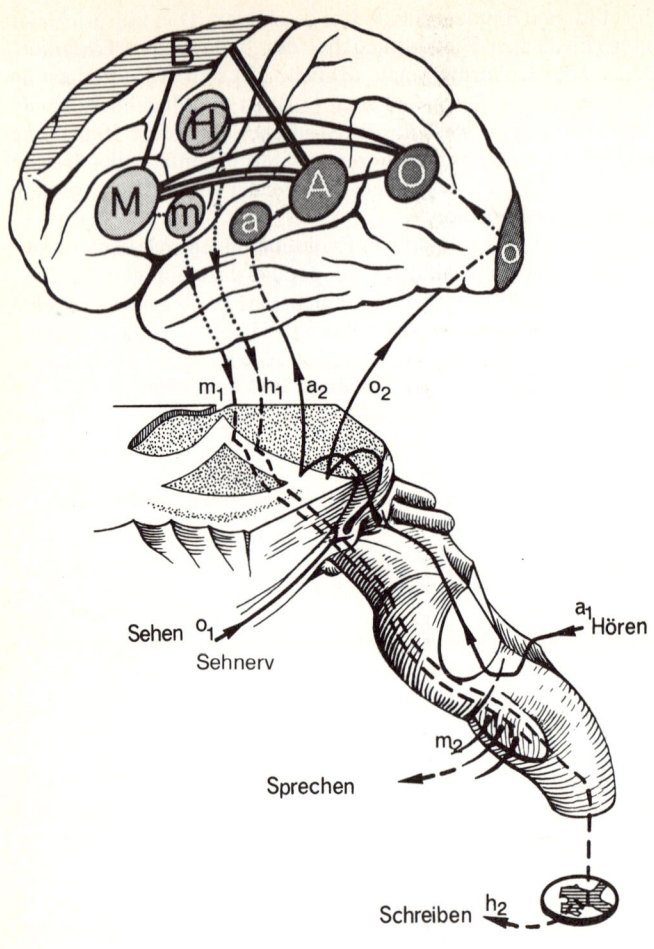

Bild 50: Nervenbahnen und -zentren für Sprache und Schrift

B = Begriffszentrum, M = motorisches Sprachzentrum (Broca-Zentrum)
A = sensorisches Sprachzentrum (Wernicke-Zentrum), O = optisches
Buchstabenzentrum; m = motorisches Zentrum für Gesichts-, Zungen-
und Kopfmuskulatur (vgl. Bild 30); a = Hörzentrum; o = Sehzentrum;
H = motorisches Zentrum der Hand.
$m_1 - m_2$ = Nervenbahnen vom Neocortex zum Sprechapparat; $h_1 - h_2$ =
Nervenbahnen vom Neocortex zur Hand (Schreiben); $a_1 - a_2$ = Hör-
bahn; $o_1 - o_2$ = Sehbahn   = motorische Bahnen
                                              = sensorische Bahnen

Menschliche Kommunikation erfolgt aber nicht nur durch die Äußerung von Lauten, Worten und Sätzen, sondern ist erheblich vielfältiger (vgl. Tabelle 18). Allein schon aufgrund der nicht verbalen Kommunikation (ohne die verbale Sprache) wäre die menschliche die komplexeste Kommunikation aller Lebewesen (vgl. Bild 3).

Die verbale Sprache gewinnt ihre außerordentliche Leistungsfähigkeit durch die symbolische Abbildung von Umweltphänomenen in Begriffen (Zeichen- oder Symbolcharakter der Sprache) und durch die *Syntax*, d. h. die Abhängigkeit der Bedeutung des Gesagten von der Wortfolge oder den Veränderungen an den Wörtern. Sprache ist aber nie eine bloße Aneinanderreihung von Wörtern. Über die allgemeinen Merkmale der verbalen Sprache unterrichtet Bild 51, über deren Evolution Bild 52.

Eine Sprache wird in ihrem jeweiligen Zustand beschrieben durch die Gesamtheit ihrer Wörter (Wörterbuch) und die vollständige Grammatik (i. w. S.). In der Sprache entstehen aber fortlaufend neue Wörter und verschwinden andere. Auch die Grammatik ändert sich. Daher ist die Sprache ein Prozeß, kein festliegender Gegenstand (W. v. Humboldt).

Durch die Sprache wird die Umwelt des Menschen in eine für ihn verfügbar werdende Form gebracht: die Umwelt wird durch Zeichen (vgl. 3.1.4) abgebildet. Dazu ist eine geistige Verarbeitung

Tabelle 18: Arten menschlicher Kommunikation

1. Verbale Kommunikation = Sprache i. e. S.: aufgebaut aus 50 – 70 Lauten (Phonemen). Äußerung von Worten und Sätzen

2. Nicht-verbale Kommunikation:
   - 2.1 Sprechrhythmus und Tonfall: Ton, Tempo, Lautstärke, Pausen und andere Eigenschaften der Stimme modifizieren die Bedeutung der verbalen Sprache
   - 2.2 Para-Sprache: besondere Signale, dienen der Ergänzung oder der Modifikation von Sprache
     - 2.2.1 Vokale Parasprache: nicht-verbale Laute (Lachen, Seufzen, Schreien u. a.); beim Menschen insgesamt 100 – 200 verschiedene solcher Laute
     - 2.2.2 Nichtakustische Parasprache = »Körpersprache«: Bewegung des ganzen Körpers oder von Körperteilen (z. B. Brauenheben, Körperhaltung, Berührungen, Mimik), über 100 verschiedene Möglichkeiten

Parasprache wird auch unterteilt in prälinguistische Signale (schon vor dem Erwerb der Sprache vorhanden, z. B. Lächeln und Lachen) und postlinguistische Signale (erst durch die Sprache und nach ihr erworben).

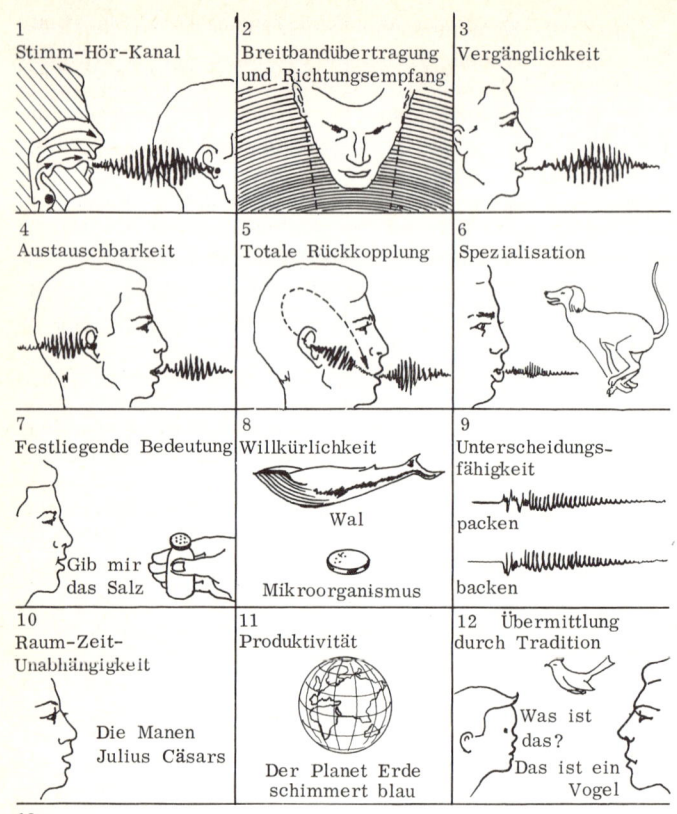

1 Stimm-Hör-Kanal	2 Breitbandübertragung und Richtungsempfang	3 Vergänglichkeit
4 Austauschbarkeit	5 Totale Rückkopplung	6 Spezialisation
7 Festliegende Bedeutung Gib mir das Salz	8 Willkürlichkeit Wal Mikroorganismus	9 Unterscheidungs- fähigkeit packen backen
10 Raum-Zeit- Unabhängigkeit Die Manen Julius Cäsars	11 Produktivität Der Planet Erde schimmert blau	12 Übermittlung durch Tradition Was ist das? Das ist ein Vogel

13

Neukombination der gleichen Laute führt zu Worten unterschiedlicher Bedeutung (z. B. Regen, gerne, Neger, Egner, Energ u. a.)

Bild 51: Allgemeine Merkmale der menschlichen verbalen Sprache (die also alle Sprachen der Welt aufweisen) (nach HOCKETT)

1. Verwendung des Stimm-Hör-Kanals für die Kommunikation. Dies hat den Vorteil, daß ein großer Teil des Körpers für andere, gleichzeitig ausführbare Tätigkeiten frei wird (im Gegensatz zur Gebärdensprache). Sekundär kann allerdings die akustische Übertragung durch andere Kommunikationsverfahren ersetzt werden (Taubstummensprache, Schrift).

2. Übertragung der Sprache in den ganzen Raum, in dem die Stimme hörbar ist, wobei durch zweiohriges Hören die Richtung der Signale bestimmbar wird. Für die Kommunikation ist ein weiter Frequenzbereich verfügbar.

3. Sprachsignale sind nur von kurzer Dauer (im Gegensatz zur Schrift).

4. Der Angesprochene kann die vom Sprecher erhaltenen Informationen jederzeit reproduzieren.

5. Der Sprecher hört seine eigene Sprache (das Stichlingsmännchen dagegen sieht seine Körpermerkmale und Bewegungen, die das Weibchen anregen, nicht).

6. Die Sprechbewegungen und Sprechtöne dienen ausschließlich der Signalgebung.

7. Wörter der Sprache haben eine festliegende Bedeutung (das Wort Zucker bedeutet nichts anderes als eben Zucker, wogegen der Warnruf des Tieres zwischen Feind, Feuer oder abbrechendem Ast nicht unterscheidet).

8. Die Bedeutung der Wörter ist willkürlich; das kurze Wort »Wal« steht für ein großes Lebewesen, das Wort »Mikroorganismus« für ein winziges.

9. Die Wörter sind deutlich unterscheidbar (diskret), es gibt keine Übergänge. Die Wörter »backen« und »packen« unterscheiden sich nur an einem Punkt; liegt die Aussprache des ersten Buchstabens zwischen b und p, ergibt sich kein neues Wort, was gemeint ist, entnimmt man dem Zusammenhang der Aussage.

10. Der Mensch kann über räumlich und zeitlich entfernte Dinge sprechen. Diese Raum-Zeit-Unabhängigkeit ist in Anfängen auch bei der Zeichensprache von Schimpansen festzustellen, fehlt aber andererseits in der Buschmannsprache noch fast ganz.

11. Der Sprecher kann Dinge sagen, die niemals zuvor gesagt wurden und doch vom Angesprochenen verstanden werden (z.B. kann ein Raumfahrer berichten, wie er die Erde als Stern sah).

12. Die Regeln der Sprache und die Bedeutung der Wörter werden durch Lernen erworben.

13. Eine geringfügige Umstellung von einzelnen, an sich bedeutungslosen Lauten führt zu Wörtern ganz unterschiedlicher Bedeutung. Daher gibt es eine fast beliebig große Zahl möglicher Signale; darauf beruht der kreative Aspekt von Sprache.

Nicht graphisch dargestellt sind die folgenden allgemeinen Sprachmerkmale:

14. Reflexivität; man kann über das Sprachsystem sprechen, in dem man spricht (z.B. in diesem Abschnitt).

15. Erlernbarkeit; der Sprecher einer Sprache kann andere Sprachen erlernen.

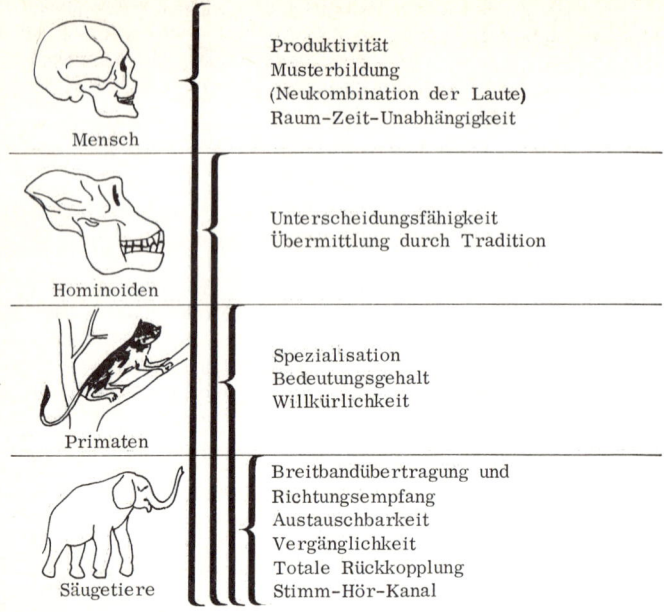

Mensch	Produktivität Musterbildung (Neukombination der Laute) Raum-Zeit-Unabhängigkeit
Hominoiden	Unterscheidungsfähigkeit Übermittlung durch Tradition
Primaten	Spezialisation Bedeutungsgehalt Willkürlichkeit
Säugetiere	Breitbandübertragung und Richtungsempfang Austauschbarkeit Vergänglichkeit Totale Rückkopplung Stimm-Hör-Kanal

Bild 52: Evolution der Sprache. Die aufgeführten Merkmale zeigen, daß eine Gruppe zusätzlich zu den Merkmalen sämtlicher nächstniederen Gruppen weitere Merkmale entwickelt hat.

der Umwelt erforderlich. Auch beim stillen Denken über einen Gegenstand sowie bei Reflexion ist Sprache mitbeteiligt (vgl. 3.4.4.4). In diesem Fall ist sie nicht mit Lautäußerungen verbunden.

Die geistige Verarbeitung der Umwelt erfolgt in jeder Sprache auf etwas unterschiedliche Weise. Das logische Netz der Sprache, mit dessen Hilfe die Umwelt »eingefangen« wird, ist die **Syntax** (Lehre vom Satzbau). Je nach Art der Syntax ist die Weltbetrachtung verschieden. Da die Syntax der *Muttersprache* vom Kleinkind erlernt wird, gelangt der Mensch automatisch zunächst zur Weltschau seiner Muttersprache und des ihr zugrundeliegenden Kulturkreises. Je stärker Sprachen voneinander verschieden sind, um so unterschiedlicher ist ihre Weltsicht. Für die indogermanischen Sprachen (und hier zuerst deutlich geworden bei den Griechen) ist die Sprache in erster Linie Ausdruck dessen, was real ist (starker

Objektbezug); für die semitischen Sprachen (Araber) ist die Sprache vor allem Ausdruck dessen, was der Sprecher sagen will (starker Subjektbezug). Durch möglichst vollkommenes Erlernen verschiedener Sprachen kann sich ein Mensch unterschiedliche Weltansichten zu eigen machen; umgekehrt ist aus diesem Grund das vollkommene Erlernen einer von der Muttersprache stark abweichenden Sprache vielen Menschen fast unmöglich.

Grundfunktionen von Sprache

1. *Beim Individuum:* Denken erfordert Sprache
2. *Bei der Gruppe:* soziale Verständigung
   a) Ausdrucksfunktion (z.B. Äußerung von Gemütsbewegungen)
   b) Kommunikationsfunktion
3. *Bei der Menschheit:* Sprachfähigkeit ist eine Bedingung des Menschseins (ist ein Artmerkmal von *Homo sapiens*).

3.4.4.2 Begriff und Wort als Bausteine des Denkens und der Sprache

Die Grundbausteine jeder Sprache sind die Wörter, denen Begriffe entsprechen. Dazu kommen oft weitere Silben oder Wörter, die Abhängigkeitsbeziehungen angeben. Die Begriffe bilden sich in der Ontogenese durch Sinneswahrnehmungen und Erfahrungen und deren Verarbeitung durch das Kind sowie durch Übermittlung durch die Bezugsperson und später auch durch andere Personen (Lernen; vgl. 2.5.1). Die *Begriffe* sind dann, wahrscheinlich in Form bestimmter *Schaltmuster des Neuronennetzes,* im Gehirn enthalten. Sie werden durch weitere Wahrnehmungen und Erfahrungen fortlaufend klarer und schärfer. Dabei wird nie ein endgültiger Zustand erreicht; auch der erwachsene Mensch ändert und verfeinert fortlaufend Begriffe oder lernt neue hinzu. Bildung bestimmter Begriffe finden wir bei Menschenaffen, wie die Zeichensprache der Schimpansen beweist (vgl. auch 3.4.4.4). Hingegen können solche Tiere, die menschliche Sprachfetzen nachahmen (z.B. Papageien) deren Bedeutung nicht verstehen.

Die Begriffe entwickeln sich auch ohne die Lautsprache, wie die Untersuchung Taubstummer zeigt. Dennoch besteht eine enge Beziehung zur Sprache, denn die angeborenen Elemente der Sprachfähigkeit im Gehirn sind auch bei Taubstummen völlig ausgebildet.

Beim Erlernen der Muttersprache werden Begriffe mit Wörtern verbunden. Wenn bereits eine größere Zahl von Wörtern mit Begriffen verknüpft sind, entsteht Ordnung in neuronalen Schaltmustern und weitere Verknüpfungen entstehen dann ohne Lernen jedes Einzelfalls, weil die Grundstruktur der Sprachfähigkeit angeboren ist. Die Sprache kann nun ihrerseits ebenfalls Begriffsbildung veranlassen: noch nicht bekannte Begriffe werden aufgrund der Lautfolge als neue Wörter erkannt und es wird vom Kind zu dieser Lautfolge eine Entsprechung in der Umwelt gesucht. Später erlernt der Mensch dann weitere Begriffe dadurch, daß sie ihm mit Hilfe anderer, schon bekannter Begriffe (Wörter) erklärt werden (so ist auch ein Lexikon aufgebaut). Hat man die Verwendung eines Wortes voll verstanden, so hat man den Begriff verstanden (er ist zum Schaltmuster geworden). Komplexe Abstrakta werden nur auf diese Weise zu Begriffen, daher ist das Denken und die Denkweise des Menschen in großem Umfang durch die Sprache beeinflußbar – eine Tatsache, die sich Ideologien mit Ausschließlichkeitsanspruch in Form von »Sprachregelungen« und eines spezifischen Wortschatzes zunutze machen.

In verschiedenen Sprachen geht die Differenzierung von Begriffen für einen bestimmten Bereich recht unterschiedlich weit. Bei Jägervölkern gibt es vielerlei Namen für die Vorgänge bei der Jagd und z.B. getrennte Namen für bewegte und für unbewegte Tiere der gleichen Art. Es liegen also für die Sachverhalte getrennnte Begriffe vor. Die Buschleute hingegen haben nur ein einziges Wort für Sonne, warm, durstig; daher sind diese für uns unterschiedlichen Begriffe für sie nur ein einziger Begriff und keinesfalls etwa mehrere Begriffe, die nur durch das gleiche Wort wiedergegeben werden. In den Hochkulturen tritt allgemein eine zunehmende Differenzierung der abstrakten Begriffe ein, wie sich aus der Zunahme entsprechender Wörter entnehmen läßt; andrerseits nimmt die Anzahl konkreter Begriffe oft wieder ab (vgl. 3.4.4.6).

Je ferner Sprachen einander stehen, um so größere Unterschiede weisen die Begriffsnuancen und die Abgrenzungen der Begriffe auf. Dies ist ein Grundproblem bei der Textübersetzung. Eine Übersetzung muß sich oft über unterschiedliche Begriffsnuancen hinwegsetzen, weil adäquate Begriffe (Worte) in der eigenen Sprache fehlen, die Übersetzung ist daher zwangsläufig ungenau. Dazu kommt noch, daß die Begriffsabgrenzungen oft fließend sind und auch von verschiedenen Verwendern einer Sprache etwas unterschiedlich benutzt werden (z.B. kann ein Gebilde vom einen als Teller, vom andern als Schale bezeichnet werden; noch komplizierter sind die Verhältnisse bei vielen abstrakten Begriffen).

3.4.4.3 Generative Grammatik und Sprachuniversalien

Alle menschlichen Sprachen besitzen eine zumindest gedankliche Gliederung in Sätze. Diese müssen in der Syntax nicht immer zu erkennen sein (z. B. bei manchen Indianersprachen nicht). Die Bildung eines Satzes erfolgt nicht durch eine fortgesetzte Addition von Begriffen und Bezügen, sondern aufgrund einer Idee durch einen einheitlichen Entstehungsvorgang (»Schöpfungsakt«), man spricht von der *generativen Bildung des Satzes.*

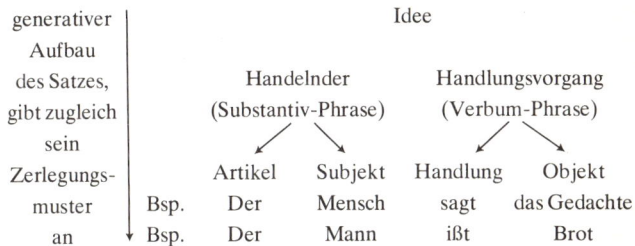

Die Aufgabe der Grammatik ist es, die Bezüge zwischen den Begriffen herzustellen. Hierzu gibt es vier verschiedene Möglichkeiten. Sie sind in den einzelnen Sprachen unterschiedlich stark beteiligt und verändern sich auch beim zeitlichen Wandel der Sprache:

1. Änderungen der Wortfolge
2. Veränderungen an Wortstämmen
3. Verwendung von Zusatzsilben
4. Unterschiedlicher Tonfall.

Unabhängig von dieser konkreten Grammatik und dem Satzbau bleibt aber das gedankliche Grundmuster (Aufbau- und Zerlegungsmuster) der **generativen Grammatik** bei allen Sprachen stets gleich. Man nimmt daher an, daß es sich dabei um dem Menschen angeborene, im Sprachzentrum des Gehirns vorgegebene Denkstrukturen handelt (**Sprachuniversalien,** CHOMSKY). Wenn die Sprachuniversalien angeborene Denkstrukturen sind, müssen sich Sprache und Denken seit der Entstehung einer menschlichen Lautsprache gemeinsam weiterentwickelt haben (Koevolution). Die Lautbildung sowie die Struktur der Sätze in einer konkreten Sprache und damit deren Grammatik muß vom Individuum erlernt werden. Voraussetzung dafür ist, daß Hirnreifung und Ausbildung des Lautbildungsapparats (Kehlkopf, Zunge, Gaumen) nach der Geburt genügend weit fortgeschritten sind.

3.4.4.4 Sprache und Denken

Will man die gegenseitigen Beziehungen von Sprache und Denken erörtern, so muß zunächst genau definiert werden, was unter Sprache zu verstehen ist. Es gibt aber keine scharfe Definition für Sprache, wie aus 3.4.4.1 hervorgeht. Wenn man unter Sprache nur die in Form von Lauten artikulierte Sprache versteht, sind Sprache und Denken gut zu trennen und das Denken geht dann eindeutig der Sprache voraus. Jedoch kann man einem Menschen nicht die Sprachfähigkeit absprechen, wenn er durch eine Störung im Lautbildungsapparat die Sprache nicht artikulieren kann, wohl aber in der Lage ist, sich schriftlich zu äußern. Ebenso kann der angeboren Taube sich sehr wohl sprachlich äußern lernen und sogar wissenschaftliche Werke schreiben.

Das Problem der Beziehung von Sprache und Denken läßt sich auch dadurch angehen, daß man die Ansätze zu Sprache bei Schimpansen betrachtet. Die Schimpansin Sarah (vgl. Studienband Verhalten) erlernte eine Symbolsprache auf optischer Grundlage. Sie lernte 130 Worte zu unterscheiden und konnte einfache Sätze bilden. Dazu ist eine Syntax erforderlich und muß eine Subjekt-Objekt-Beziehung erfaßt werden. Sarah lernte die Zuordnung von Namen, erkannte Personen auf Fotos wieder und benannte sie. Sie konnte auch einfache Abstraktionen durchführen (z. B. fand sie den Begriff »bellen« als Bezeichnung für alle Hundebilder) und lernte konditionelle Beziehungen (wenn ... dann) sinnvoll anwenden, d. h. sie konnte logisch denken. Da sie auch abwesende Gegenstände und nicht vorgeführte Handlungen benannte, muß man ihrer optischen Sprache sogar Anfänge von Raum-Zeit-Unabhängigkeit zuschreiben. Allerdings gelangte Sarah über dieses hier beschriebene Niveau nicht hinaus.

Sarah vermochte eine Symbolsprache zu erlernen, die in enger Verbindung mit Denkleistungen steht, obwohl sie keine Sprache artikulieren kann, da sowohl die Lautbildungsorgane als auch das zugehörige motorische Sprachzentrum im Gehirn nicht entsprechend entwickelt sind.

Aus diesen Befunden ergibt sich, daß die Auffassung, Sprache und Denken seien nur zwei Seiten desselben geistigen Vorgangs *(monistische Auffassung)* nicht richtig sein kann. Jedoch darf man auch nicht annehmen, daß beim heutigen Menschen das Denken primär und von der Sprache unabhängig sei *(dualistische Auffassung)*. Die Ansätze zum Denken sind sicher phylogenetisch älter. So gibt es ein unbenanntes Denken bei vielen höheren Tieren, und seine Bedeutung für die Entstehung und Evolution von Begriffen

ist in 2.2 geschildert (vgl. ferner Studienband Verhalten). Die Befunde an Sarah zeigen, daß logisches Denken nicht an eine verbale
Sprache gebunden ist und daß die zur Ausbildung einer einfachen
Symbolsprache erforderlichen Präadaptionen des Gehirns bei
Schimpansen vorhanden sind. Beim Menschen haben nun – vom
Zeitpunkt der ersten sprachlichen Kommunikation an – Sprache
und Denken eine gemeinsame Evolution in der dominanten Gehirnhälfte gehabt (vgl. dazu 2.2.4.4) und gelangten so in immer en-
gere Beziehung. Sie bilden daher mittlerweile eine fast untrenn-
bare Einheit. Wie eng die Wechselbeziehungen sind, zeigt sich u. a.
daran, daß unsere Denkarbeit durch stummes Formen von Sätzen
unterstützt wird. »Sprache und Denken hängen auf jeden Fall so
eng zusammen, daß, wollte man sie trennen, man beide zerstören
würde« (S. J. Schmidt). »Die Grenzen meiner Sprache bedeuten
die Grenzen meiner Welt« (Wittgenstein).

3.4.4.5 Natürliche und formale Sprachen

Aufgabe einer Sprache ist es, Wahrgenommenes im Bewußtsein
abzubilden und die Kommunikation über dieses Wahrgenommene
zu ermöglichen. Diese Vorgänge erfolgen zunächst mit Hilfe der
Umgangssprache oder »natürlichen« Sprache. Diese enthält stets
Unschärfen und *Interpretationsspielräume* (man kann in das Aus-
gesprochene noch etwas hineinlegen, »zwischen den Zeilen« le-
sen). Dies ist im Bereich der Wissenschaften von Nachteil; hier
müssen Begriffe möglichst scharf gefaßt werden (vgl. 2.5.4). Daher
wurden in den Wissenschaften sogenannte Wissenschaftssprachen
geschaffen, bei denen der Interpretationsspielraum mehr und mehr
eingeengt wird. In einer vollständig formalisierten Sprache, wie sie
die Mathematik verwendet, gibt es keinerlei Interpretationsspielraum und Unschärfe mehr. In einer solchen formalen Sprache gibt
es nur richtige, falsche, unentscheidbare und unsinnige Aussagen
(Sätze).

Man könnte nun glauben, es sei nützlich, die Umgangssprache
ebenfalls zu formalisieren, da man dann nicht mehr »aneinander
vorbei« reden könnte. Dies ist aber unmöglich. Es ist mathematisch bewiesen, daß eine formale Sprache sich nicht selbst vollständig repräsentieren kann; sie ist stets unvollständig (Gödelscher
Satz; vgl. 4.3.3). Das bedeutet aber, daß man in jeder formalen
Sprache Probleme formulieren kann, die mit Hilfe dieser Sprache
allein nicht lösbar sind, so daß man immer eine andere, nicht völlig
formalisierte Sprache zu Hilfe nehmen muß. Hingegen hat eine na-

191

türliche Sprache die Eigenschaft, daß man in ihr auch über sie selbst sprechen kann und daß sie logisch offen ist. Diese Eigenschaft wird erkauft durch Unschärfe in der Sprache. Die Unschärfe wiederum zwingt zu Diskussionen und zum Versuch genauerer und besserer Formulierungen. Diese Eigenschaft natürlicher Sprachen dürfte im Rahmen der geistigen Evolution des Menschen von erheblicher Bedeutung gewesen sein.

Mit Hilfe der Umgangssprache können Handlungen ausgeführt werden, die in den Worten des Gesprochenen nicht enthalten sind (z.B. eine Liebeserklärung oder eine Drohung). Man nennt solche Handlungen *Sprechakte*, auch durch sie unterscheiden sich natürliche von formalisierten Sprachen. Am einfachsten ist dies durch ein Beispiel klar zu machen: A erzählt B und C eine seltsam klingende Geschichte. Nachdem A weggegangen ist, kann B den C fragen: worauf wollte A eigentlich mit seiner Geschichte hinaus? Wollte er nur eine seltsame Geschichte erzählen oder wollte er warnen oder gar drohen? Dabei ist vorausgesetzt, daß über die Interpretation der von A benutzten Wörter völlige Klarheit herrscht. Unklar ist sich B nur über den Sprechakt, den A vollzogen hat, jedoch nicht über das tatsächlich Gesprochene. Beispiele für solche Sprechakte liefert auch die Diplomatensprache. In vielen Fällen kann die Art des Sprechaktes nur aus den Gesprächsumständen oder sogar nur aus dem Gesamtzusammenhang der Beziehungen zwischen Personen entnommen werden. Das Mißverstehen von Sprechakten führt häufig zu Schwierigkeiten. Um derartige Mißverständnisse auszuschließen, werden z.B. im Rechtswesen ganz bestimmte Vorschriften gemacht und sprachliche Formeln (etwa für Verträge, Testamente usw.) eingehalten.

3.4.4.6 Phylogenie der Sprachen

Die Jagd auf Großtiere, die schon *H. erectus* betrieb, setzt den Einsatz größerer Gruppen (Jagdverbände) voraus. Ein geordnetes Zusammenwirken in derartigen Sozialverbänden erfordert eine Kommunikation zwischen den Individuen. Die Fähigkeit zur Kommunikation und die Lernfähigkeit der Individuen des Verbandes hatten daher hohen positiven Selektionswert. Die Notwendigkeit einer Verständigung in der Gruppe auch über nicht gegenwärtige Jagdtiere oder Feinde war der Ausgangspunkt der menschlichen Symbolsprache. Durch sie wurde es möglich, sich über Orte, Zeiten und Tätigkeiten zu verständigen, einen Jagdzug vorzuplanen und während des Jagdzuges auf das Verhalten der Tiere als Gruppe zu reagieren.

Aufgrund des Baus des Gaumens konnte *Australopithecus* die Phoneme des heutigen Menschen sicher nicht artikulieren. Man muß annehmen, daß zur frühesten Kulturstufe ein vorsprachlicher

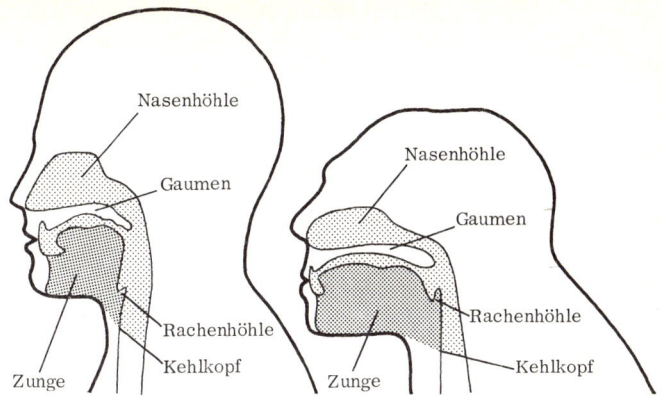

Bild 53: Sprechapparat bei *Homo sapiens* (links) und *Homo erectus* (rechts). Die Rekonstruktion bei *Homo erectus* beruht auf der Untersuchung der Fossilien und der vergleichenden Anatomie. Der Sprechapparat von *Homo erectus* ermöglichte wohl nur eine langsame, »schwerfällige« Artikulation.

Zustand mit Kommunikation ohne artikulierte Lautsprache gehörte. Auch für Homo erectus und den Neandertaler muß übrigens wegen seines flachen Gaumens eine schlechte Artikulationsfähigkeit vieler Laute angenommen werden (Bild 53).

Über eine Ursprache kann man keine sicheren Aussagen machen. Möglicherweise haben die einzelnen getrennten Bevölkerungsgruppen von *Homo erectus* von Anfang an unterschiedliche Sprachen entwickelt, zumindest aber erfolgte im Rahmen der Gruppendiskriminierung sehr früh eine Ausdifferenzierung verschiedener Sprachen. Deren Evolution verläuft nach denselben Prinzipien wie die biologische Evolution (Prinzip des »Sprach-Darwinismus« vgl. Tabelle 19). Die Verwandtschaft der Sprachen erkennt man am Wortschatz (gleiche oder ähnliche Stämme) und am grammatischen Bauplan.

Der evolutive Wandel der Sprachen verläuft relativ rasch. Jede Generation lernt die Sprache von der vorhergehenden; dennoch treten Änderungen ein, die zunächst fast unmerklich sind. Wir verstehen heute Althochdeutsch nicht mehr, sondern müssen es wie eine Fremdsprache lernen, obwohl uns nur etwa 35 Generationen davon trennen. So rasch erfolgt der »Artwandel« bei Sprachen. Benachbart lebende Gruppen unterschiedlicher Kultur unterscheiden sich sprachlich meist stark. Die sprachliche Einnischung

Tabelle 19: Analogie von biologischer und sprachlicher Evolution

Lebewesen	Sprache
Evolutiver Wandel durch viele kleine, fast unmerkliche Mutationen	Evolutiver Wandel durch viele kleine, fast unmerkliche Änderungen
Gelegentlich größere, phänotypisch erkennbare Mutationen	Gelegentlich größere Änderung (z. B. Lautverschiebungen) innerhalb kurzer Zeit
Anpassung an die Umwelt durch Einnischung	Anpassung an die Umwelt durch sprachliche Einnischung (Bildung umweltabhängiger Begriffe)
Anpassung ist nicht vollkommen	Anpassung ist nicht vollkommen (Unvollkommenheit jeder Sprache und ihrer Regeln)
Teilisolation führt zur Bildung geograph. Rassen	Teilisolation führt zur Bildung geogr. Rassen = Dialekte ökol. Rassen = Soziolekte
Isolation führt zur Bildung neuer Arten durch unterschiedliche Evolution in getrennten Lebensräumen	Isolation führt zur Bildung neuer Sprachen durch unterschiedl. Evolution in getrennten Lebensräumen (z. B. skandinavische Sprachen)
Konvergenz als Anpassung an gleiche Bedürfnisse bei unterschiedl. Ausgangsformen	Konvergenz bei Sprachen ganz versch. Herkunft entsteht bei Gruppen ähnl. kultureller Organisation (z. B. alle Jägervölker mit Vielzahl v. Begriffen zur Jagd) entsteht auch bei Fachsprachen (z. B. der Technik), wo gleiche oder ähnliche Fachwörter in verschiedensten Sprachen auftreten
Genfluß durch Wanderung von Individuen in andere Populationen	Sprachfluß durch Wanderung von Wörtern in eine andere Sprache (Fremd- und Lehnwörter)
Mischformen im Berührungsbereich zweier Rassen	Mischdialekt im Berührungsbereich von zwei Dialekten
In der Regel keine fertile Kreuzung von zwei verschiedenen Arten	Im Mischbereich von zwei getrennten Sprachen entsteht Zweisprachigkeit, aber in der Regel keine Mischsprache.
Lebende Fossilien	Lebende Sprachfossilien, (z. B. Buschmann-Sprache, altertümliches Deutsch in den

Lebewesen	Sprache
	deutschen Sprachinseln des Trentino und in Pennsylvania, Rätoromanisch in der Schweiz)
Entstehung von Rudimenten	Bildung von Sprachrudimenten: im Mittelalter geprägte Orts- namen haben oft sinnlos gewor- dene Flexionsendungen, z. B. Neuenstein = am neuen Stein oder Weil der Stadt = in Weil der Stadt (Stadt Weil).

schließt einen Kultur-Austausch aus (Konkurrenzausschluß), denn bei Fehlen von Kommunikation ist keine Übernahme von Tradi- tion aus der anderen Gruppe möglich. Die Sprache jeder Kultur- gruppe ist an deren Kultur angepaßt (Einnischung): ein Jägervolk hat viele Worte für Tiere und Jagdvorgänge, ein Fischfängervolk viele Worte für Fischarten und Fischfang usw.

Da es nicht möglich ist, über die Anfänge der Sprache aus Kul- turfossilien Aufschlüsse zu bekommen, erhebt sich die Frage, ob die Anwendung des biogenetischen Spracherwerbs durch das Kleinkind hier Daten liefert. Eine tatsächliche Rekapitulation der Sprach-Phylogenie ist nicht zu erwarten, da das Kind eine vollstän- dige Sprache übernimmt und sie nicht selbst entwickelt. Mutter und Kind verständigen sich in den ersten Monaten nach der Geburt noch ohne Worte, wobei nach Attrappenversuchen nicht der Mund, sondern die Mimik und die Augenpartie der Mutter von Bedeutung sind. Erst wenn am Ende des ersten Lebensjahres der Kehlkopf in die Lage des Erwachsenen abgesunken ist, wird Spre- chen möglich. Dann erst können Vokale richtig gebildet und Worte artikuliert werden.

In der Sprachentwicklung des Kindes scheinen sich aber einige Sprachphasen der frühen Menschheit zu wiederholen. Die Lautäu- ßerung des Kindes beginnt als *Schrei*, mit dem jede Art Unlustge- fühl geäußert wird. Im Alter von etwa 6 Monaten fängt die *Lall- phase* an, die in das Echolallen übergeht, wobei Laute der Mutter wiederholt werden. Das Kind lernt, über 50 verschiedene *Phoneme* zu artikulieren (Phoneme sind die kleinsten Lauteinheiten, z. B. i und a). Zwischen dem 13. und 15. Lebensmonat benennt das Kind Personen und Gegenstände mit einsilbigen Worten oder mit Ver- dopplungen einer Silbe (Mama, Papa, Wauwau). Es entstehen jetzt also Lautfolgen (*Morpheme,* das sind kleinste Spracheinheiten, also Silben, die in einem Wort Verwendung finden können).

Allmählich erweitert sich das Sprachvermögen bis auf viersilbige *Worte* gegen Ende des zweiten Lebensjahres. Die Satzbildung beginnt in dieser Zeit zunächst agrammatikalisch durch einfaches Aneinandersetzen von Wörtern (Papa tun). Durch Nachahmen wird dann die grammatikalische Satzbildung der Umgebung übernommen. Die Entwicklung des Wortschatzes zeigt Bild 54.

Von den ausgestorbenen Sprachen kennt man nur diejenigen, die in Form von Schriftzeichen »Fossilreste« hinterlassen haben. Alle vorhergehenden Sprachen sind also unbekannt. Die vergleichende Sprachforschung sucht deshalb in den modernen Sprachen nach gemeinsamen Wortwurzeln und grammatikalischen Übereinstimmungen, die sich als Spuren alter Sprachen deuten lassen. Dieses Verfahren ist ganz analog zur Homologieforschung der biologischen Stammbaumforschung: aufgrund des Vergleichs heutiger Arten bzw. Sprachen werden phylogenetische Beziehungen aufgeklärt.

Die vergleichende Untersuchung hat bisher nur zu Ausgangsworten innerhalb einer Sprachfamilie (etwa der indoeuropäischen Sprachen) und nicht zur **Ursprache** geführt. Allerdings hat man einige sehr unscharfe Wort-Grundtypen gefunden, die weiter zurückgehen (vor-indoeuropäisch sind). Sie haben eine Vielzahl von Bedeutungen, wie das Beispiel »kall« andeuten soll; es bedeutet:

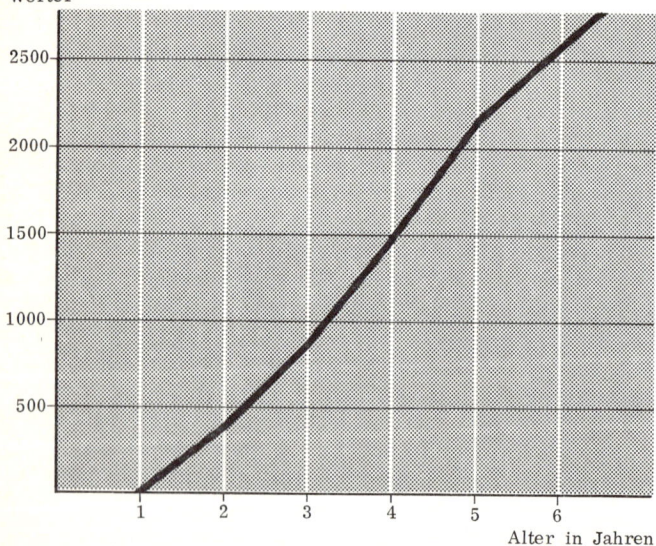

Bild 54: Wortschatzentwicklung eines Kindes bis zum Alter von 6 Jahren.

Vertiefung, Hohlraum, Schale, Höhle, Wohnstatt, Kultraum; später dann auch Tempel, Quelle, Tal, Paß, Mutterleib, Geburt, Fruchtbarkeit, Sippe, Volk. Aus dem einen Begriff »kall« haben sich also alle diese Begriffe herausdifferenziert durch die gemeinsame Evolution von Denken und Sprache. Dadurch wurde die Kommunikation immer mehr verbessert, weil sie weniger Mehrdeutigkeit aufwies, was wiederum Evolutionsvorteile hatte. Der Evolutionsstand einer Kultur ist an der begrifflichen Differenzierung der Sprache ablesbar. Auch beim einzelnen Individuum einer bestimmten Kultur kann man aus der Sprache, die er benutzt, auf seine Denkweise schließen. Ein mitmenschlich Fühlender drückt sich anders aus als ein kaltherziger Egoist.

Die urtümlichste völlig bekannte Sprache, gewissermaßen ein »lebendes Sprachfossil«, ist die Buschmannsprache. An ihr ist ein frühes Entwicklungsstadium von Sprache zu erkennen. Sie umfaßt etwa 3000 Wörter, davon ist rund die Hälfte einsilbig. Zum Verständnis der Sprache ist die Gestik unentbehrlich. Reduplikationen von Silben sind wort- und formbildend (wie bei uns in der Kinder- und Ammensprache: wau-wau usw.). Der Mangel an Zahlwörtern weist auf ein nur wenig ausgebildetes Abstraktionsvermögen hin (es gibt nur 1, 2, viele). Die Sprache ist daher auch außerordentlich konkret, so gibt es verschiedene Verben für Früchte essen und Fleisch essen, auch findet man eine große Zahl von Ausdrücken für die Fleischgewinnung. Viele Ausdrücke sind bildhaft, z.B. heißt »Hunger« wörtlich übersetzt »Bauch tot« oder »Finger« heißt wörtlich »Kopf der Hand«. Weiterhin besteht ein Mangel an Gattungsnamen (Oberbegriffen), so gibt es Namen für zahlreiche Früchte, doch fehlt der Oberbegriff »Frucht«. Zahlreiche Worte sind vieldeutig, so findet man z.B. nur einen einzigen Begriff für Sonne, warm, durstig oder für Auge, sehen, dieser da. Die einzelnen Sätze werden nebeneinandergestellt, Unter- und Überordnung von Sätzen (z.B. durch Nebensätze) gibt es nicht. Die Buschleute haben eine Jäger-Sammler-Kulturstufe. Bei den Ackerbauern und Viehzüchtern wird eine weitere Sprachstufe erreicht; derartige Sprachen sind in Form etlicher Indianersprachen und Bantu-Sprachen noch erhalten.

Gegenwärtig kennt man etwa 3000 Sprachen; nur etwa 150 davon sind Schriftsprachen. Rund 90 % der Menschen gehören den 6 größten Sprachfamilien an:

Sprachen ohne Flexion	Sprachen mit Flexion
Uraloaltaische Sprachen (Finnisch, ungarisch, mongolisch)	Bantu-Sprachen
Malaiopolynesische Sprachen	Semitische u. hamitische Sprachen
Chinesische u. hinterindische Sprachen	Indogermanische Sprachen

Die indoeuropäische Sprachgemeinschaft hat sich in der Zeit seit Ende des Paläolithikums in zahlreiche Sprachen aufgespalten. Man unterscheidet dabei eine Westgruppe (Kentum-Sprachen, von lat. centum/hundert) und eine Ostgruppe (Satem-Sprachen, von pers. satem=hundert, vgl. Sprachstammbaum Bild 55). Da die Ausdifferenzierung der indogermanischen Sprachen erst in der Jungsteinzeit begonnen hatte, konnten die damals neuen Kultur-Errungenschaften noch mit gemeinsamen Worten belegt werden, so die Haustiere (Hund, Pferd, Rind, Schaf, Ziege, Schwein) oder bestimmte Werkzeuge (z.B. Axt, Pfeil und Bogen) oder die Organisationsformen der Großfamilie und des kriegerischen Gefolgschaftswesens. Daraus darf nicht der irrtümliche Schluß gezogen werden, die Indogermanen seien ein an einem bestimmten Ort wohnhaftes »Urvolk« gewesen.

Neue Untersuchungen an Sprachrelikten unter Anwendung von Homologiekriterien erbrachten Hinweise, daß die vor-indoeuropäische Cro-Magnon-Bevölkerung eine Sprache hatte, aus der die uraloaltaischen Sprachen hervorgegangen sind und die außerdem Ähnlichkeit zu afrikanischen Sprachen aufweist. Auch in den indogermanischen Sprachen ist ein beträchtlicher Anteil vor-indoeuropäischer Wörter nachzuweisen.

Die indogermanische Sprachgeschichte zeigt in den meisten Sprachen die fortschreitende »Entbindung des Begriffs« aus der Sprache. Nur von da aus konnte die Idee formaler Sprachen entwickelt werden (ausdrücklich zuerst bei den Griechen) und diese wieder sind für die Entwicklung der modernen Naturwissenschaften Voraussetzung (vgl. 3.4.4.5). Deshalb ist die Evolution der Wissenschaften im Bereich der indogermanischen Sprachen besonders rasch und ausgeprägt vor sich gegangen, was wiederum Grundlage der kulturellen »Europäisierung der Erde« ist. Bei dieser Objektivierung der Sprache verliert sie, verglichen mit den Sprachen der anderen Sprachfamilien, an lautmalender und lautsymbolischer Ausdrucksfähigkeit; die lautmalende Ausdrucksweise wird auf Schimpf- und Kosewörter u. a. reduziert.

Bild 55: Evolution von Sprachen am Beispiel der indo-europäischen Sprachfamilie. Wie für Pflanzen und Tiere lassen sich auch für Sprachen Stammbäume aufstellen. Für eine getrennte Entwicklung der Sprachen von Bevölkerungsgruppen sind außer geographischer Isolierung auch kulturelle und politische Grenzen wichtig. – Der Stammbaum ist unvollständig; außerdem werden im Bereich der meisten Sprachen noch zahlreiche Dialekte gesprochen.

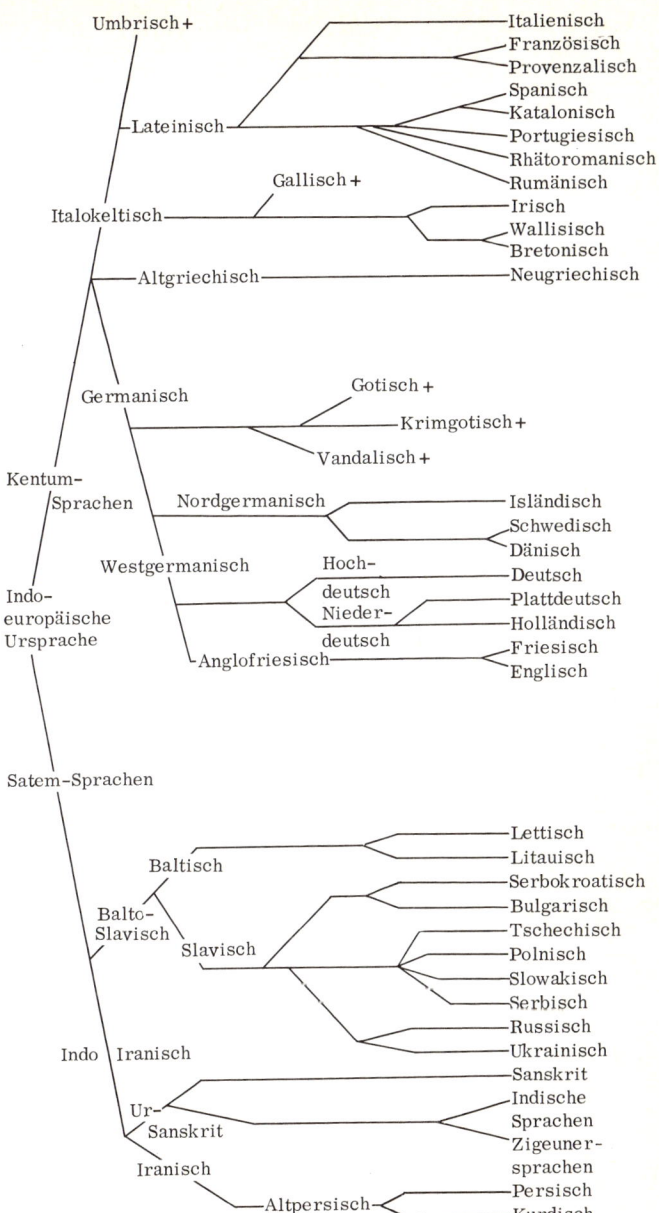

Umbrisch +

Italienisch
Französisch
Provenzalisch
Spanisch
Katalonisch
Portugiesisch
Rhätoromanisch
Rumänisch

—Lateinisch—

Gallisch +

Italokeltisch————

Irisch
Wallisisch
Bretonisch

—Altgriechisch————————Neugriechisch

Germanisch

Gotisch +
Krimgotisch +
Vandalisch +

Kentum-
Sprachen

Nordgermanisch

Isländisch
Schwedisch
Dänisch

Westgermanisch

Hoch-
deutsch
Nieder-
deutsch

Deutsch
Plattdeutsch
Holländisch

Indo-
europäische
Ursprache

Anglofriesisch—————

Friesisch
Englisch

Satem-Sprachen

Baltisch

Lettisch
Litauisch

Balto-
Slavisch

Slavisch

Serbokroatisch
Bulgarisch
Tschechisch
Polnisch
Slowakisch
Serbisch
Russisch
Ukrainisch

Indo Iranisch

Ur-
Sanskrit

Sanskrit
Indische
Sprachen
Zigeuner-
sprachen

Iranisch

Altpersisch

Persisch
Kurdisch

Die fortschreitende Begriffs- und damit Wortdifferenzierung in den indogermanischen Sprachen hat zu außerordentlich wortreichen Sprachen geführt. Die deutsche Umgangssprache umfaßt ca. 6000 Wörter, das Wörterbuch der deutschen Hochsprache (Grimm) nahezu 160 000 Wörter. Die Hälfte aller sprachlichen Texte wird aber von nur 200 Wörtern gestellt; weitere 40 000 Wörter machen 46 % der Häufigkeit aus, so daß auf alle anderen nur 4 % entfallen. Goethes Sprachschatz betrug etwa 30 000 Wörter, der heutige Deutsche hat in der Regel einen aktiven Wortschatz von weniger als 10 000 Wörtern.

Die Evolution in den indogermanischen Sprachen zeigt auch eine Entwicklung der Grammatik. In den ersten hochdifferenzierten Sprachen der Hochkulturen des Altertums (Griechisch, Lateinisch) wurden die Bezüge im Satz vor allem durch Veränderungen von Wortstämmen und durch Zusatzsilben hergestellt. Dadurch war die Wortfolge im Satz fast beliebig und aufgrund der streng logischen Struktur auch die Möglichkeit zum Bau sehr komplexer Sätze (Perioden) gegeben. Andrerseits war zum Verständnis des Gesprochenen oder Geschriebenen und zur eigenen Äußerung eine erhebliche Denkleistung aufzubringen. Im Lauf der Zeit trat eine fortgesetzte Rückbildung dieser Art von grammatikalisch-syntaktischer Zuordnung ein und die Bedeutung der Wortfolge im Satz nahm zu. Dadurch wurden dann die Konjugationsendungen der Verben und die Deklinationsendungen der Substantive mehr und mehr abgeschliffen. Unter den germanischen Sprachen ist dieser Vorgang besonders weit fortgeschritten im Englischen, am wenigsten im Isländischen (Isolation!), das noch Konjugationsformen aufweist, die an das Althochdeutsche erinnern.

Jede Sprache spiegelt die zu ihr gehörende Kulturform wider. Ein Beispiel dafür ist die Anrede eines Fremden: sie erfolgt in Europa in der Regel unter Anwendung des »Pluralis majestatis« als eine sprachliche Demutsgebärde mit »Sie« (im Deutschen) oder »Ihr« (= Vous, im Französischen), im Spanischen bis heute mit »Euer Gnaden« (Usted). Redet uns ein Fremder mit »Du« an, so gilt dies als Beleidigung. Ein anderes Beispiel ist die Bezeichnung für Mann/Frau/Mensch. Im Patriarchat werden Mann und Mensch oft mit dem gleichen Wort (»man«) bezeichnet und die Frau ist eine Männin (»wo-man«). Im Hebräischen spricht man auch von Sohn und Söhnin, Bruder und Brüderin. Die volle Gleichberechtigung der Geschlechter wird sich im Laufe der Zeit auch in den sprachlichen Formulierungen niederschlagen (Ein Hinweis dafür ist das Verschwinden des Ausdrucks Fräulein).

3.4.5 Evolution der Schrift

Gesprochene Sprache wirkt nur in einem eng begrenzten Raum und hat keinen zeitlichen Bestand. Der Wunsch, den Inhalt der Sprache dauerhaft und über große Entfernungen zugänglich zu machen, führte zur Schrift. Notwendig wurde eine solche Ausbreitung bestimmter Nachrichten, als sich über den reinen Stadtstaaten hinausreichende Flächenstaaten mit hierarchischer Struktur entwickelten.

Die ältesten Methoden der Übermittlung von Nachrichten waren *Knotenschnüre* und Hölzer mit Einkerbungen *(Kerbhölzer)*, die den Boten als Gedächtnishilfe mitgegeben wurden.

Schrift knüpft zumindest teilweise an Bilder an, wie sie schon seit nahezu 40 000 Jahren, zunächst an Höhlenwände, gemalt wurden. Die Tierbilder zeigen Eigenschaften und Verhaltensweisen der dargestellten Tiere und blieben über Generationen hinweg sichtbar. Auch spätere Betrachter konnten die in ihnen enthaltene Nachricht wieder aufnehmen. Vielleicht entstand so der Gedanke, Bilder zu konkreten Nachrichtenübermittlungen zu verwenden. Das Bild hat zudem den Vorteil, daß seine Information auch ohne Kenntnis einer bestimmten Sprache verständlich wird. Bilder, die bestimmte konkrete Begriffe (Gegenstände) wiedergeben, nennt man **Piktogramme.** Man nutzt sie heute wieder in den Straßenverkehrszeichen und vielen internationalen Symbolen (Bild 56). Diese Zeichen sind in ihrer Bedeutung für Menschen ganz unterschiedlicher Sprache sofort verständlich.

Das Bild als Informationsträger hat jedoch auch Nachteile. Nicht jeder kann es in ordentlicher Qualität herstellen; man braucht Zeit und einige Geschicklichkeit dazu. Außerdem lassen sich nur konkrete Sachverhalte wiedergeben. Um Schwierigkeiten der Herstellung zu überwinden, bedient sich der Verstand des Menschen der *Normung* und um den zeitlichen Aufwand herabzusetzen, der *Rationalisierung.* Dies läßt sich auch bei der Entwicklung der Schrift feststellen. Vor mehr als 5000 Jahren (vgl. Tabelle 14) entstanden die ersten Bilderschriften. Für jedes Wort bzw. jeden Begriff wird ein bestimmtes, durch Übereinkommen festgelegtes Bild gesetzt. So entsteht eine *Wortschrift,* wie es die chinesische Schrift noch heute ist. Die älteste Bilder-Wortschrift ist die sumerische Schrift. Sie enthielt offenbar von Anbeginn an auch Bezeichnungen für abstrakte Begriffe. Solche abstrakten Symbole nennt man **Ideogramme.** Die sumerische Schrift ist also aus Piktogrammen und Ideogrammen aufgebaut. Man nimmt an, daß die Ideogramme auf *geformte Tonstücke* zurückzuführen sind, denn in vorderasiati-

 Bushaltestelle

 Autoreisezug

 gemischtes Piktogramm/Ideogramm: Geldwechsel

a

 Rutschgefahr durch Straßenglätte

b

 Steinritzung von Indianern Neu-Mexikos: schmaler Pfad, Absturzgefahr für Reiter und Pferd beim Viehtreiben

c   Eskimo-Bilderschrift: Seehundjagd
(Beispiel fortlaufender Bilderschrift)

Bild 56: Piktogramme = Bilderschriften, die gegenwärtig Verwendung finden oder früher verwendet wurden.

schen Hochkulturen kennt man schon seit dem 9. Jahrhundert Tontäfelchen, die nicht den zu bezeichnenden Gegenstand abbilden, sondern je nach Gestalt etwas Bestimmtes ausdrücken (z. B. die Größe des Viehbestandes).

Eine reine Bilderschrift war zu Anfang auch die ägyptische **Hieroglyphenschrift**. Jünger sind die chinesische Ideogramm-Schrift (seit ca. 2000 v. Chr.) und die ebenso alte kretische Hieroglyphenschrift, ebenso die mittelamerikanische Hieroglyphenschrift (seit ca. 1000 v. Chr.), die Hieroglyphenschriften vom Industal und der Osterinsel sowie die verschiedenen Bilderschriften nordamerikanischer Indianer und Eskimos (Bild 57).

Je reicher die Sprache wurde als Folge kultureller Evolution, desto mehr Bildzeichen bzw. Ideogramme waren zu entwickeln. Die sumerische Schrift umfaßte etwa 1500 Zeichen, die Chinesen kennen rd. 5000 Schriftzeichen. Dies erforderte mit der Zeit einen eigenen Berufsstand des »Schreibers«, der sich in langer Arbeit die Kenntnisse des Lesens und Schreibens erwarb. So wurde diese Fähigkeit zum Privileg einer kleinen Minderheit. Die Art des Schreibens zwang im Laufe der Zeit zur Vereinfachung der Zeichen, da das Einritzen in Tontafeln oder Aufmalen auf Papyrus bei längeren Texten sonst zu viel Zeit erfordert hätte. So wurden die Bildzeichen zu Schriftzeichen und in Richtung zügigeren Niederschreibens mehr und mehr umgeformt, so daß ihre Herkunft immer weniger erkennbar wird (Bild 57).

Als weitere Rationalisierung des Schreibens erscheint der Übergang von **Wortzeichen** zu **Silbenzeichen** und schließlich zu **Lautzeichen**. Auf diese Weise läßt sich durch Kombination von immer weniger Zeichen eine beliebige Zahl von Wörtern bilden. Diesen Vorgang kann man bei mehreren Hieroglyphenschriften verfolgen. Schon die sumerische Schrift hat Übergänge zur Silbenschrift und die aus ihr entwickelte **Keilschrift** Vorderasiens besaß bereits reinen Silbenschrift-Charakter. Durch Kombination von Silben ließen sich vollständige Sachverhalte ausdrücken und der Bedarf an Schriftzeichen sank dadurch drastisch.

Die im Neuen Reich Ägyptens begonnene Überführung der Schriftsymbole in Buchstaben-Zeichen wurde von den Phöniziern konsequent weitergeführt. Ihre Schrift hatte aber zunächst noch keine Vokalzeichen; sie wurden erst von den Griechen in die Schrift aufgenommen, dann aber auch von den Phöniziern übernommen. So entstand das heutige, aus Konsonanten und Vokalen bestehende **Alphabet** (Bild 58). Die Römer gaben den auf etwa 25 Buchstaben geschrumpften Schriftzeichen die vereinfachte und klare graphische Form. Diese Schriftform blieb seitdem die ratio-

CHINESISCHE SILBENSCHRIFT

MU (»Baum«, »Holz«) *REN (»Mann«, »Mensch«)*

KEILSCHRIFT

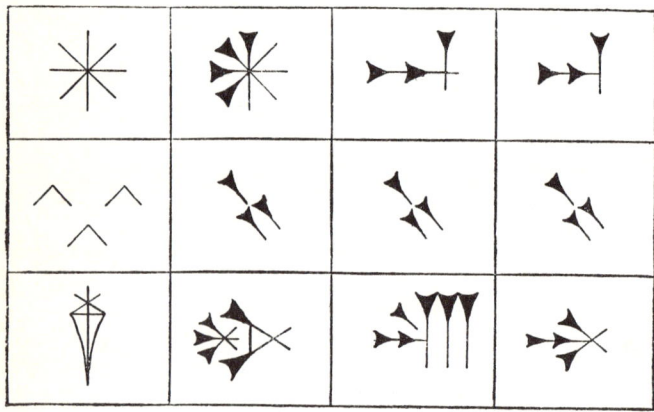

	Etwa 2000 v. d. Zr. (Hammurabi)	1000–600 v. d. Zr. (Assyrisch)	Neubabylonisch (Nebukadnezar)
3000 v. d. Zr.			

Obere Reihe: Die Silbe an (»Stern«, »Gott«, »Himmel«, »oben«). Mittlere Reihe: Die Silbe kur, mat oder schad (»Berg«, »Land«). Untere Reihe: Bild- symbol und Schriftzeichen für das Wort »Dolch«.

DIE ENTWICKLUNG DES BUCHSTABEN »D«
Von links nach rechts: Ägyptische Hieroglyphe, ägyptischer Buchstabe, phönikischer Buchstabe, griechischer Buchstabe, lateinischer Buchstabe

Bild 57: Fortlaufende Abstrahierung der Bilder-(Hieroglyphen-)Schrift in der Evolution.

204

Phönik.	Altgriechisch Ost.	Altgriechisch West.	Alt-römisch	Latein
↑	A	A A	A Λ	A
ዓ 9	ß	ß ß	ß B	B
7 7	Γ Λ	Μ 7	⟨ C	C
◁ ◁	Δ	Δ	D	D
∃	∃	Ϝ ∃	Ɛ ‖	E
⅂		Ϝ ⅂	Ϝ Ⅰ'	F
7 7	Γ Λ	Γ 1	⟨ C	G
⊟	⊟ H	⊟	H	H
⋎ ⋎	Ⅰ	⅀ ⋎	Ⅰ	I
⅂ �	k	K Ⴈ	K	K
L L L	Λ Λ	Γ Λ	Ⅼ L	L
Ϻ Ϻ Ϻ	Μ Μ	Μ Μ	Μ	M
Ϟ Ϟ	Ϻ N	Ϻ Μ	Ν	N
o ʊ	O	O	O	O
⅂	Γ Π	Γ ⅂	Γ P	P
φ ϙ	φ	φ	Q	Q
◁ ◁	P R	P ◁	Ɽ R	R
Ⴑ	⟨ ⟨	⟨ ⟩	⟩⟨⟨S	S
ⱶ Ⱶ	T	T	T	T
	V Y	V Y	V	U
			V	V
	X	X	X	X
	V Y	V Y	Y	Y
Ⅰ	Ⅰ	Ⅰ	Z	Z

Bild 58: Entwicklung unserer Buchstabenschrift von den Phöniziern an.

nellste Art schriftlicher Kommunikation. Das Lernen einer solchen Schriftform ist jetzt für jeden möglich und der schriftliche Gedankenaustausch wird Allgemeingut. – Auch in Schriften können bei der Evolution Rudimente gebildet werden; so ist in der französischen Sprache der Accent circonflexe ein rudimentäres »s« (hôpital = Hospital).

Eine Vereinfachung erfolgt gegenwärtig in der chinesischen Schrift. In den chinesischen Schriftreformen von 1956 und 1964 wurden über 3000 Schriftzeichen vereinfacht. Es sind verständlicherweise gerade die Zeichen für den Alltags-Wortschatz. Die Vereinfachung bestand in der Verringerung der für ein Zeichen notwendigen Striche und in flüssigerer Strichführung. Veränderungen der Schriftzeichen bezwecken immer auch eine bessere Anpassung an die Technik des Schreibens.

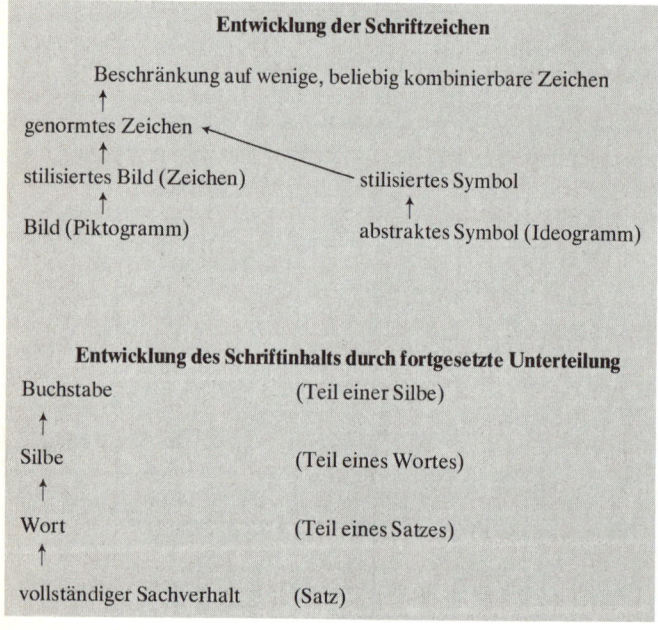

Entwicklung der Schriftzeichen

Beschränkung auf wenige, beliebig kombinierbare Zeichen
↑
genormtes Zeichen ←
↑
stilisiertes Bild (Zeichen) → stilisiertes Symbol
↑   ↑
Bild (Piktogramm)   abstraktes Symbol (Ideogramm)

Entwicklung des Schriftinhalts durch fortgesetzte Unterteilung

Buchstabe   (Teil einer Silbe)
↑

Silbe   (Teil eines Wortes)
↑

Wort   (Teil eines Satzes)
↑

vollständiger Sachverhalt   (Satz)

Ein Zeichen gab ursprünglich den Inhalt eines ganzen Satzes wieder und ist heute nur noch ein beliebig kombinierbares Schriftelement ohne selbständige Bedeutung.

206

Als nächste umwälzende Erfindung im Bereich des Schrifttums entstand im 15. Jahrhundert (in China schon früher) der **Buchdruck** mit auswechselbaren Lettern (GUTENBERG). Durch den Buchdruck waren die Informationen beliebig oft zu vervielfältigen und dadurch jedermann zugänglich zu machen. Die rasch einsetzende, alle politischen Grenzen überwindende Verbreitung von Erfahrungen, Wissen und Meinungen war die Grundlage des außerordentlichen kulturellen Aufschwungs in der Neuzeit.

Welche Auswirkungen die modernsten Formen der Kommunikation, das *Fernsehen, Fernsprechen* und ihre Kombinationen mit modernen Druckverfahren haben werden, ist noch nicht zu übersehen. Diese Medien übertragen Informationen aus der ganzen Welt ohne merklichen Zeitverlust an die Gesamtbevölkerung der Erde.

Ebenso wie es eine Evolution der Schriftzeichen gibt, läßt sich auch eine Entwicklung der **Zahlzeichen** aufzeigen. Es sei nur daran erinnert, daß es außerordentlich kompliziert ist, mit den römischen Zahlzeichen selbst ganz einfache Rechnungen durchzuführen (vgl. 3.1.4). Daher haben sich die viel vorteilhafteren Zahlsymbole des indisch-arabischen Kulturkreises heute weltweit durchgesetzt. Sie gehen auf Striche zurück, deren Anzahl die Zahl angibt. Die Striche sind zur deutlichen Unterscheidung ihrer Anzahl unterschiedlich angeordnet, wobei ggf. Hilfslinien aus getrennten Strichen ein einheitliches Symbol machen (Bild 59). In entsprechender Weise gibt es eine Evolution der Notenschrift (Bild 60).

Die Entwicklung der Schrift und der Zahl zeigt deutlich mehrere Grundprinzipien der Evolution. Die Art und Form der Schrift wird zunehmend zweckmäßiger und ständig besser an die bestehenden Bedürfnisse angepaßt. Weniger zweckmäßige Schriftformen werden in ihrer Verbreitung zurückgedrängt und sterben schließlich aus (z.B. nordamerikanische Bilderschriften, ägyptische Hieroglyphen).

Bild 59: Arabische Zahlen. Jede Ziffer ist aus derjenigen Anzahl Striche zusammengesetzt, welche die Ziffer angibt (also die Zahl 6 aus 6 Strichen). Die gegenwärtige Schreibweise der Zahlen entwickelte sich aus dem Bedürfnis nach flüssiger Niederschrift. Bei der Datenverarbeitung wird z.B. wieder auf die ursprüngliche Schreibweise zurückgegriffen.

Geistliches Lied mit Neumen aus einem Codex des Klosters St. Gallen des 10. Jahrhunderts

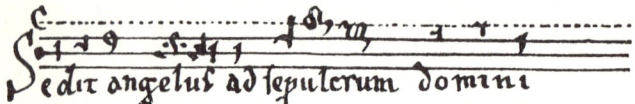

Neumen auf einer geritzten Linie aus einem Graduale des 11. Jahrhunderts von Albi

Neumen auf vier Linien aus einem Graduale des 12.–13. Jahrhunderts

Auf Linien gesetzte Neumen mit Notenkörpern seit dem 12. Jahrhundert

Heutige Notenschrift

Bild 60: Evolution der Notenschrift seit dem Hochmittelalter. Neumen = Vorformen der heutigen Notenschrift, welche nur die ungefähre Tonhöhe angeben.

3.4.6 Evolution der Gesellschaft

Die altsteinzeitlichen Gesellschaften waren wie die Mehrzahl der heutigen Jäger-Sammler-Kulturen in Sippen organisiert, deren Beziehungen zueinander egalitär waren. Innerhalb der Sippen gab es aufgrund des angeborenen Sozialverhaltens des Menschen (vgl.

3.3.2.3) eine vorgegebene hierarchische Gliederung. Die Autorität des Anführers der Sippe beruhte auf dessen Jagderfolgen, langer Lebenserfahrung u.ä.; also allein auf dem Glauben der Sippenangehörigen an das *Charisma* des Anführers. Es gab keinerlei Ämter und eine an solche gebundene Macht oder Gewalt; es war ein Stadium der *charismatischen Herrschaft*.

Im Verlauf des Neolithikums entstehen in einigen der bis dahin egalitären Gesellschaften hierarchische Strukturen mit einer zentralen, amtsgebundenen Autorität. Dieser Vorgang steht in engem Zusammenhang mit der Ausbildung erster Staaten. Eine solche **primäre Staatsbildung** tritt an mehreren Stellen der Erde unabhängig voneinander und zu unterschiedlichen Zeiten auf: in Vorderasien/Ägypten; Nordindien; China und in Mittelamerika/Peru. Von diesen Zentren primärer Staatsbildung werden dann die entwickelten Herrschaftssysteme unter Abwandlung von anderen Gruppen übernommen: es erfolgt eine **sekundäre Staatsbildung**.

Die voll ausgebildeten primären Staaten sind durch eine Anzahl von *Institutionen* und Eigenschaften charakterisiert:

Städte mit Umland, das die Städte mit Nahrungsmitteln versorgt, Berufsspezialisierung in den Städten (Handwerker, Händler, Beamte, Priester),

Organisiertes Militärsystem,

Öffentliche Monumentalbauten (Tempel und andere Kultstätten, Grabmäler, Verteidigungsanlagen, Lagerhäuser),

Rechtssystem,

Schrift und Zahlensystem,

Organisierter Fernhandel,

Kennzeichnender Kunststil.

Diese verschiedenen Eigenschaften entstehen aber zu ganz unterschiedlicher Zeit. Manche sind schon vor Ausbildung des Staates vorhanden, andere entstehen erst nach seiner allmählichen Entwicklung. Dabei ist die Reihenfolge ihres Auftretens bei der Evolution der verschiedenen primären Staaten recht unterschiedlich.

Aufgrund der Untersuchungen an heutigen Primitivkulturen ist es wahrscheinlich, daß die Anfänge der Staatsbildung in engem Zusammenhang mit der Zunahme der ackerbaulichen Produktion stehen. Einige Personen mit persönlicher (charismatischer) Autorität besitzen die Fähigkeit, die Produktion durch gute Organisation und besonders intensive Arbeit zu verbessern. Solche Personen machen dann Geschenke an andere oder veranstalten große Eßfeste; dadurch verpflichten sie sich die anderen, die so zu ihrer Gefolgschaft werden (für die dann immer wieder Feste gegeben oder Geschenke gemacht werden müssen). Man nennt mit einem Ausdruck der Anthropologen solche über die Sippe hinauswirkenden Führerpersönlichkeiten »Big men«. Die Evolution dieses Systems der Big men führt zum **Häuptlingstum** dadurch, daß ein Brauchtum daraus wird: es entsteht ein *Amt* (eine »Planstelle«). So wird eine *traditionale Herrschaft* begründet. Der Häuptling ist zumeist auch Priester seiner Gruppe; dies trägt zur Stabilisierung der Herrschaft bei. Die Stabilisierung beruht auf der Angst des Menschen vor unverstandenen Erscheinungen (vgl. 3.4.7.5). Eine Funktion des weltlichen Herrschers als oberster Priester ist in den meisten alten Hochkulturen nachzuweisen und noch im Mittelalter hat die gegenseitige Stellung von Papst und Kaiser und der Kampf um den Primat großen Einfluß auf die historische Entwicklung in Europa genommen.

Die Häuptlingstümer haben gegenüber den nicht in dieser Weise organisierten Gruppen Vorteile. Die Nahrungsmittelverteilung ist besser organisiert, so daß sich eine Arbeitsteilung zwischen Ackerbauern, Handwerkern und anderen Berufszweigen herausbilden kann. Ferner ist es möglich, durch gemeinsame Arbeit einer größeren Gemeinschaft Bewässerungsanlagen herzustellen und so die Ackerbau-Produktion zu vergrößern. Dadurch kann sich die Gefolgschaft vergrößern und Überschüsse lassen sich auf dem Handelsweg gegen andere Materialien tauschen. Die Häuptlinge müssen jedoch ihre Gefolgschaft auch in den Zeiten zwischen Saat und Ernte beschäftigen, wenn auf den Äckern nur wenig Arbeit anfällt und das Bewässerungssystem durch wenige Personen regulierbar ist. Das Bedürfnis der »Arbeitsbeschaffung« wird dann durch Einrichtung von Monumentalbauten befriedigt. Solche Bauten sind in der Regel schon vor einer echten Staatsbildung zu finden, wie z.B. die prähistorischen Grabhügel und Hünengräber, die Menhire, die Anlage von Stonehenge u. a. zeigen. Das System des Häuptlingstums stabilisiert sich immer mehr. Die Abgabe von Nahrungsmitteln durch die Bauern wird zur Pflicht; es entstehen *Naturalsteuern* und aus einer ursprünglich freiwilligen Gefolgschaft ist ein *institutionalisiertes System* geworden. Die Herrschaft des Häuptlings wird *erblich*; sein ältester Sohn wird auf die Funktion hin erzogen, das Amt zu übernehmen. Mit der Vergrößerung der Gefolgschaft benötigt der Häuptling Hilfskräfte, die z.B. Getreide sammeln und verteilen, den Bau und die Funktion der Bewässerungsanlagen überwachen usw. So entwickelt sich ein *Beamtentum*, das bei Ausweitung eine hierarchische Struktur annimmt. Unterschiedliche Berufsfunktionen führen dann zur Ausbildung *sozialer Schichten* oder Klassen.

Die zentrale Führungsgruppe der Beamtenhierarchie und zum Teil auch die der Priester übernimmt für sich das Erblichkeitsprinzip, so entsteht eine *Aristokratie*. Der Häuptling wird zum *König*. Seine politische Macht organisiert nun das Wirtschaftssystem und stellt allgemeine Regeln auf, die das etablierte Herrschaftssystem rechtfertigen; zumeist durch Bezug auf übernatürliche Mächte. Unter Begründung der Herrschaft auf Regeln (= Gesetze) entsteht eine dritte Stufe von Herrschaft, die *legale Herrschaft* (die nicht mehr ausschließlich auf Tradition beruht).

In der staatlichen Organisation und Hierarchie tritt nun eine Differenzierung auf: neben die Führung und Verwaltung (Anfänge der *Exekutive* = vollziehende Gewalt) tritt eine institutionalisierte Festlegung von *Normen*, eine Institution zur Herstellung von Übereinstimmung (Anfänge der *Legislative* = gesetzgebende Gewalt) und außerdem eine Institution zur Schlichtung von Streitigkeiten (Anfänge der *Jurisdiktion* = Rechtsprechung). Alle diese Institutionen haben ihre Spitze im König; er verkörpert den **Staat** (im Altägyptischen gibt es kein Wort für Staat, der Staat wird durch den Namen des Pharao gekennzeichnet). Das Prinzip der Gewaltenteilung ist erst im Zeitraum der großen Kulturwende des letzten vorchristlichen Jahrtausends entwickelt worden.

Der Aufrichtung des staatlichen Systems dienen Institutionen, welche die soziale Ordnung innerhalb der Gemeinschaft notfalls auch durch Zwang erhalten (»Polizei«), sowie solche, die der Abwehr äußerer Feinde dienen (»Militär«). Mit Hilfe dieser Institutionen kann aber auch politische Macht durch Gewalt erlangt oder stabilisiert werden. Eine Militärmacht läßt sich außerdem zu Eroberungskriegen einsetzen.

Krieg gab es schon in Jäger-Sammler-Kulturen, also in egalitären Gesellschaften. Zwar finden wir eine ganze Anzahl heutiger Primitivkulturen, die keinen Krieg kennen; doch ist die Zahl der Krieg führenden größer. Man wird deshalb auch für das Paläolithikum kriegerische Auseinandersetzungen annehmen müssen. Allerdings waren diese infolge der geringen Bevölkerungsdichte wohl nur vorübergehende Erscheinungen ohne allzu große Auswirkung auf die Beteiligten. Nach der Entstehung von Seßhaftigkeit und Ackerbau wirkten Kriege verheerend, es war möglich geworden, das Hab und Gut des Feindes zu vernichten und ihn durch Zerstörung seiner Äcker und Vorräte dem Hunger auszuliefern. Die Untersuchungen an heutigen Primitivkulturen zeigen ferner, daß patriarchalische und matrilineare Gesellschaften gleichermaßen Krieg führen, ein Unterschied in der Intensität ließ sich nicht eindeutig feststellen.

Die nach den geschilderten Prinzipien aufgebauten primären Staaten waren anfangs stets **Stadtstaaten.** Im vorderasiatischen und ägyptischem Raum bildeten sich aber bereits im 3. Jahrtausend v. Chr. als Folge von Eroberungskriegen die ersten größeren **Flächenstaaten** (Imperien: Akkadisches Reich, Altägyptisches Reich) mit der typischen Struktur des *Feudalsystems.*

Nach Entstehung primärer Staaten kam es in relativ rascher Folge durch Übernahme der staatlichen Institutionen zur Ausbildung sekundärer Staaten. Auf europäischem Boden findet man den ersten Staat auf Kreta; später entwickelten sich hoch gegliederte Staatsgebilde in Griechenland und Rom. In Griechenland entstand – im Zusammenhang mit dem Auftreten von Philosophie und Wissenschaft – auch die Idee der Demokratie, die vom athenischen Staat vorübergehend sogar verwirklicht worden ist. Allerdings haben sowohl die griechischen Staaten wie das Römische Reich mit seiner hochdifferenzierten Staatsorganisation die hohe individuelle Freiheit ihrer Bürger auf der Grundlage einer *Sklavenhaltungsgesellschaft* aufgebaut.

Die europäischen Staaten des Mittelalters haben als christliche Staaten dieses System nicht übernommen, sondern sind zum Feudalsystem zurückgekehrt. Gegen Ende des Mittelalters waren es wohl die Bevölkerungszunahme sowie die Wiederaufnahme antiker Gedanken und neue Ideen, die allmählich zur Vorstellung einer *bürgerlichen Gesellschaft* und parlamentarischen Demokratie (zunächst mit Klassenwahlrecht und ständischer Ordnung) führten. Die allmähliche Evolution hin zur Demokratie und zum Parlamentarismus kann an der Geschichte Englands, der Eidgenossenschaft und Württembergs abgelesen werden. Die Durchsetzung dieser Ideen erlebte durch Aufklärung und Französische Revolution einen großen Aufschwung, dauerte aber bis ins 20. Jahrhundert an.

Seit dem 18. Jhdt. hat der fortschreitende Prozeß der Industrialisierung zusammen mit einer starken Bevölkerungszunahme *übernational* wirkende Wirtschaftssysteme großen Ausmaßes hervorgebracht. Sie erhalten sich durch den Abbau der Ressourcen der Erde (Energiequellen, Rohstoffe) und haben begonnen, das für die Existenz des Menschen wichtige natürliche ökologische Gleichgewicht zu zerstören. Solche Systeme sind zum Untergang verurteilt oder müssen sich wandeln unter Achtung der ökologischen Gesetzmäßigkeit der Natur (vgl. 4.2).

Aufstieg und Niedergang von Zivilisationen sind eng verknüpft mit der Wirksamkeit ihrer Leitideen und mit der davon abhängigen Stabilität ihrer Institutionen (z.B. ihrer Bürokratie). Auch dabei handelt es sich um Evolutionsvorgänge, die durch Wettbewerb reguliert werden. Es ist zu hoffen, daß die Zunahme der Einsicht des Menschen den Krieg als unmenschlichste Form des Wettbewerbs vermeiden läßt.

Auf die Evolution einzelner Kulturbereiche wird im folgenden Abschnitt eingegangen. Für verschiedene dort nicht behandelte Gebiete mögen die folgenden Übersichten dienen.

3.4.7 Evolution einzelner Kulturbereiche

3.4.7.1 Handel und Verkehr

Der Handel bei Primitivkulturen betrifft fast nie Nahrungsmittel, sondern Produkte der Handfertigkeit, gewonnene Erze oder Metallbarren. Die Entstehung von Städten führte dann zum vorwiegend lokalen Handel mit Nahrungsmitteln. Im Zusammenhang damit entwickelte sich aus der Gruppe der Händler der typische **Kaufmannsstand**. Der Lokalhandel wurde schon früh geregelt; es entstanden *Marktrechte*. Auf sie ging die Entwicklung vieler Städte zurück; sie waren Umschlagplätze und **Handelszentren**. Der Marktfrieden wurde dabei häufig durch besondere Gesetze geregelt, über die oftmals eine Marktpolizei wachte. Solche Handelsstädte wuchsen sich dann auch zu Zentren des Fernhandels aus. Der *Fernhandel,* anfangs ein reiner Tauschhandel, wurde zunächst hauptsächlich mit **Schiffen** und mit Hilfe von **Tragtieren** (Karawanen) abgewickelt. Wasserfahrzeuge (Floße, Ruderboote, Segelschiffe) sind älter als Landfahrzeuge. Der Landverkehr mit Tragtieren kam wohl in Gebieten mit Viehwirtschaft auf. In arktischen Regionen wurden *Schlitten* als Landfahrzeuge eingesetzt. Schlitten fanden auch in wärmeren Gebieten Verwendung (bei uns bis ins 19. Jhdt. zur Holzabfuhr im Sommer). Nach Erfindung des Rades ist vermutlich aus dem Lastschlitten der **Wagen** entstanden. Aus dem Wagen und der zum Transport vornehmer Personen schon im Altertum benutzten Sänften entwickelte sich die Kutsche als Reisefahrzeug. Moderne Landfahrzeuge, die den Transport einer großen Anzahl von Menschen ermöglichen, entstanden im 19. Jahrhundert in Form von Eisenbahn und Auto. Sie erforderten aber gleichzeitig den Ausbau eines entsprechenden *Wege- (Schienen- bzw. Straßen-)netzes.* Im 20. Jahrhundert hat schließlich das Flugzeug die Luft als Verkehrsweg erschlossen. Ein Reiseverkehr ohne unmittelbare Notwendigkeit (*Tourismus*) ist auf Hochkulturen beschränkt und hat durch Massenverkehrsmittel und allgemeinen

Wohlstand eine außerordentliche Ausweitung erfahren. Auch ein echter **Postverkehr** ist auf Hochkulturen beschränkt. Seine Vorläufer sind Boten, die Nachrichten zu überbringen hatten. Aus den Boten-Systemen vorderasiatischer Staaten entwickelte sich zuerst im achämenidischen Perserreich ein modern anmutendes Postwesen (im 6./5. Jhdt. v. Chr.).

3.4.7.2 Rechtswesen, Ethik

Der aus der Tierstufe sich lösende Mensch brachte von seinen Vorfahren die Verhaltensweisen hochstehender, sozial lebender Primaten mit (vgl. 3.3.2.3). Der Mensch lebte damals sein Leben lang im gleichen Familien- bzw. Sippenverband, den er kaum verlassen konnte, und für den er einen Beitrag zum Überleben zu leisten hatte. Ein sozialer Fehltritt mußte schlimme Folgen für den Delinquenten haben. In den kleinen Gesellschaften, deren Mitglieder ständig beisammen sind, müssen Lob und Tadel, Zuwendung und Abwendung außerordentlich wirksame Verstärker des Verhaltens sein. In einer egalitären Gesellschaft, wo keiner über dem andern steht, ist es notwendig, die Sitte (das Brauchtum) verläßlich einzuhalten. Die Gruppengesinnung ist der Zwang, dem sich der einzelne unterwerfen muß. Gegen Verstöße entwickeln sich Schamschranken. Eine durch Personen ausgeübte Autorität ist in einem solchen Fall zum friedlichen Umgang mit dem Gemeinschaftsbesitz nicht erforderlich. Ein altes, angesehenes Familienmitglied wird bei Bedarf als Friedensstifter tätig, aber anfangs vermutlich ohne Gewaltprivileg. Soweit einer primitiven Gesellschaft eine allgemein anerkannte Autoritätsinstanz fehlt, liegt noch kein echtes »Recht« vor. Das **Recht** ist an der Aufstellung von formellen Regeln erkennbar, die das Verhalten festlegen und bei Regelverstößen auch die Bestrafung sichern. Dies setzt eine mit dem *Gewaltprivileg* ausgestattete Instanz voraus, wie sie wohl nur in größeren Gesellschaften, in einem »Staat« entsteht. In einer solchen Gesellschaft treten neue, dem Familienverband übergeordnete Interessen auf, sie werden durch das Recht gestützt. Rechtsverstöße wurden mit physischen *Zwangssanktionen* belegt. Konflikte löste ein »Dritter«, eine *Rechtsautorität*. Im Staatswesen mußten die Beziehungen des Einzelnen zur Gemeinschaft ebenso wie die Beziehungen der Individuen untereinander geordnet werden, daher differenziert sich das Recht in öffentliches Recht und privates Recht.

Ein rechtmäßiges Verhalten läßt sich dadurch verstärken, daß die Verhaltensregeln religiöse Bedeutung bekommen und tabuiert werden. Einhaltung und Verletzung des Tabus, des göttlichen Gebots, unterliegen dann einem ins Jenseits verlegten Lohn-Straf-System. In manchen stark religiös geprägten Gesellschaften konnte dies so erfolgreich wirken, daß physische Gewaltsanktionen nur selten zu verhängen waren. Mit der weiteren Differenzierung der Gesellschaft treten neue Formen der Bestrafung auf: Ächtung, Geldstrafen, Ausschluß von Rechten. Schließlich entsteht als weitere Stufe in der Evolution des Rechts die strenge *Kodifizierung in Gesetzen* und die Schaffung einer unabhängigen richtenden Instanz. Immer ist das Recht ein Spiegel des Gesellschaftssystems, es evoluiert als eine ihrer Komponenten. In der Massengesellschaft sind zur Aufrechterhaltung eines geordneten Zusammenlebens alle Bereiche des menschlichen Lebens einer Verrechtlichung unterworfen (Familienrecht, Erbrecht, Mietrecht, Nachbarrecht, Verkehrsrecht u. a.).

Ethik hat die gleichen Wurzeln wie das Recht. Die Familienethik (gruppendienliches Verhalten in der Familie bzw. Sippe) hat eine angeborene Grundlage. Der Konflikt zwischen Wünschen des Individuums und solchen der Gruppe macht Entscheidungen zwischen verschiedenen möglichen Handlungen erforderlich. Anfänglich sorgt die Selektion dafür, daß solche Entscheidungen auf der Grundlage des **Überlebenswertes** für die Gruppe getroffen wurden. Gut: für die Gruppe lebensdienlich – böse: für die Gruppe nachteilig. Mit der menschlichen Evolution wurden derartige Entscheidungen zur Sitte tradiert. Der Mensch kann nun infolge seines Zukunftsbewußtseins über die Gegenwart hinausdenken und bei seinen Überlegungen auch zukünftige Bedürfnisse berücksichtigen. Die Zahl der möglichen Motive, die miteinander in Konflikt geraten können, ist schon aus diesem Grunde viel größer als beim Tier. Dadurch sind tradierte Verhaltensnormen, also Sitten, für den Menschen unbedingt notwendig. Zur Ethik im eigentlichen Sinn werden sie erst, wenn sie der Mensch überdenkt (reflektiert) und dabei wertet. Das Ich-Bewußtsein macht auch den Altruismus bewußt; der Mensch weiß, daß er für sein soziales Leben einen Preis als Individuum zu zahlen hat. So wurde die Ethik der Bereich Normen und Werte; sie umschreibt das, was man tun soll. Zur Ethik gehören Begriffe, die man als Tugend, Verantwortung, moralische Pflicht usw. bezeichnet. Elementare Empfindungen wie Lust und Schmerz erscheinen reflektiert durch das Bewußtsein als Glück und Leid und werden so zu moralischen Werten. Zur Ethik gehören auch Bereiche des Handelns, die nicht durch gesetzliche Vorschriften geregelt sind. Die Zielrichtung der Ethik ist die *Hu-*

manisierung des Lebens: Leid, Unrecht, Furcht, Schwierigkeit zu verringern.

Religionsstifter und Philosophen versuchten, die Ethik in kurze Anweisungen zu fassen. Zwei Beispiele seien angeführt: »Gut ist, was der menschlichen Natur und der Vernunft gemäß ist« (THOMAS VON AQUIN) – »Handle so, daß die Maxime deines Willens jederzeit zugleich als Prinzip einer allgemeinen Gesetzgebung gelten könnte« (IMMANUEL KANT). Bei der Herausbildung der unterschiedlichen ethischen Normen in verschiedenen Kulturkreisen spielte die kulturelle Isolation eine wichtige Rolle.

3.4.7.3 Wissenschaft und Technik

Grundlage aller Wissenschaft ist das genetisch angelegte **Neugier- und Spielverhalten** des Menschen (»Homo ludens«), das in Verbindung mit seinen geistigen Fähigkeiten die Wurzel seiner **Kreativität** ist. Wissenschaft im eigentlichen Sinn gibt es nur in Hochkulturen. Die Loslösung vom magischen Denken bezüglich nicht erklärbarer Naturerscheinungen (Tag/Nacht-Wechsel, Mondrhythmus, Gewitter, Regen usw.), die eine Voraussetzung für wissenschaftliche Fragestellung ist, erfolgt erst im Verlauf der Geschichte. Jedoch gibt es Vorstufen, vor allem der angewandten Wissenschaft (Technik im weitesten Sinn), die als Kenntnisse und Gebräuche schon im Paläolithikum, wie auch bei heutigen Primitivkulturen, als Traditionen weitergegeben werden. Sie betreffen vor allem umfangreiche medizinische Kenntnisse über Heilpflanzen, Heilpraktiken usw. und gehen auf Naturbeobachtung von »Medizinmännern« zurück. Es ist auch bekannt, daß die Neandertaler Schädeloperationen vornahmen, die die Betroffenen viele Jahre überlebten, wie die Knochenverheilung bei fossilen Schädeln zeigt. Topographische Kenntnisse findet man zuerst bei seefahrenden Völkern, es entstanden *Kartographie* und dann als eine wichtige Orientierungshilfe die *Astronomie*.

Die **Zeitrechnung** bediente sich astronomischer Tatsachen erst in historischer Zeit; anfangs waren die durch die Jahreszeiten festgelegten Vegetationsperioden die wichtigsten Zeitmarken. Dann folgte die Rechnung nach Mondumläufen, so gibt es in der Dordogne (Frankreich) etwa 15000 Jahre alte Punktmarkierungen, die sehr wahrscheinlich als Mondkalender zu deuten sind. Schließlich entstand der *Sonnenkalender*. Dieser ist im abendländischen Kulturkreis erstmals streng angewandt worden und zwar im von CAESAR eingeführten *Julianischen Kalender*; dieser wurde dann durch Papst Gregor XIII im 16. Jahrhundert verbessert. Der *Gregorianische Kalender* ist infolge der Europäisierung der Erde heute fast weltweit üblich geworden. Er ist auch dort, wo aus religiösen Gründen ein anderer Kalender gilt (arabische Länder, Israel) nebenbei in Gebrauch.

Zeitbewußtsein. Wie bereits erwähnt, ist die kulturelle Evolution im Verlauf der Menschheitsgeschichte immer rascher geworden. Dementsprechend hat die Wertschätzung der Zeit fortlaufend zugenommen. Je mehr Zeit für etwas aufgewendet werden muß, desto teurer ist es oder als desto wertvoller wird es erachtet. Der Wertzuwachs der Zeit ist auch daran erkennbar, daß es erst seit dem 15. Jahrhundert einen Viertelstundenschlag bei Turmuhren gibt und Sekundenzeiger an Uhren erst seit Ende des 19. Jhdts. üblich sind. Die zunehmende Wertschätzung der Zeit vollzog sich erstaunlicherweise fast parallel zur Verdoppelung der Lebenserwartung des Menschen in der Neuzeit.

Wissenschaft. Die Wissenschaft blieb lange Zeit der Religion untergeordnet und hatte ihr zu dienen (z. B. babylonische Astronomie). Im Verlauf von wenigen hundert Jahren wurde um 600/500 v. Chr. im Abendland, in Indien und in China das philosophische Denken (anfangs als *Metaphysik*) mit den Prinzipien der geistes- und der naturwissenschaftlichen Forschung entwickelt. Nach dem Sieg der christlichen Religion wurde aber im Abendland die Wissenschaft erneut deren Dienerin. Viele wissenschaftliche Kenntnisse des Altertums blieben bei den Arabern erhalten und gelangten im Hoch- u. Spätmittelalter wieder nach Europa. Mit der großen Wende der Renaissance emanzipierten sich die Wissenschaften, eingeleitet durch die zunächst in ihrer Tragweite gar nicht erfaßten Erkenntnisse von Kopernikus (kopernikanische Wende). Die *Naturwissenschaften* erhoben die Forderung nach der Durchführung von *Experimenten* und gelangten zum *Objektivitätspostulat*. Dabei gingen Physik und Astronomie zeitlich voran: Johannes Kepler (1571–1630), Galileo Galilei (1564–1642), Isaac Newton (1643–1727). Als nächste Wissenschaft folgte die Chemie:Antoine Lavoisier (1743–94), John Dalton (1766–1844) und schließlich die Biologie, die erst im 19. Jahrhundert das Stadium einer kausal-forschenden Wissenschaft erreichte: Johann Müller (1801–58), Charles Darwin (1809–1882), Gregor Mendel (1822–84). Entsprechend dieser zeitlichen Abfolge ist bis heute der Abstraktionsgrad in der Physik am höchsten (z. B. Quantentheorie) und in der Biologie am geringsten. Die naturwissenschaftliche *Anthropologie* schließlich steht erst am Anfang ihrer Entwicklung und ihre Erkenntnisse unterliegen noch einem Meinungsstreit, wie diejenigen von Kepler und Galilei zu ihrer Zeit.

217

Tabelle 20: Wichtige technische Erfindungen oder Leistungen
(nach STEIN und STEINBUCH)

vor	6000 v. Chr.	Rad	
um	4000	Glas, Pflug	
	2700	Bau der Pyramiden	Ägypten
	1400	Eisen	Armenien
	1100	Rechenhilfsmittel (Abacus)	China
	700	Porzellan	China
	250	Flaschenzug	Archimedes
	1300 n. Chr.	Räderuhr	
	1450	Buchdruck mit Lettern	Gutenberg
	1608	Fernrohr	Lippershey
	1673	Mikroskop	Leeuwenhoek
	1670	Dampfmaschine	Papin
	1785	Mechan. Webstuhl	Cartwright
	1828	Harnstoffsynthese	Wöhler
	1837	Telegraph	Morse
	1838	Photographie	Daguerre
	1861	Telefon	Reis
	1877	Sprechmaschine	Edison
	1884	Benzinmotor	Daimler, Maybach
	1895	Röntgenstrahlen	Röntgen
	1896	Flugapparat	Lilienthal
	1904	Elektronenröhre	Fleming
	1919	Tonfilm	Vogt, Masolle
	1929	Fernsehen	
	1931	Elektronenmikroskop	v. Borris, Ruska, Brüche, Knoll, v. Ardenne
	1937	Elektronische Rechen-maschinen	Zuse, Aiken u. a.
	1938	Atomspaltung	Hahn u. Straßmann
	1948	Transistor	Bardeen, Brattai Shockley
	1957	Erdsatelliten	UdSSR, USA
	1960	Laser	Maiman

Technik ist die praktische Anwendung naturwissenschaftlicher Erkenntnis auf jeder Stufe der kulturellen Evolution. Technik ist ein Überlebensvorteil, sie macht das Leben sicherer und angenehmer. Sie ist ein Grundbestandteil der Kultur, denn sie ermöglicht die Verwirklichung der in Denkvorgängen entstandenen Vorstellungen (Wünsche) des Menschen. Das Fliegen erscheint zunächst als Wunsch und gelangt als **Utopie** ins allgemeine Bewußtsein. Die häufige Beschäftigung mit dieser Utopie führt zuerst zu einzelnen, später zu einer Vielfalt von Realisierungsversuchen, bis schließlich die Kombination brauchbarer Ansätze die Utopie verwirklicht. Dann wird nach kurzer Zeit das Fliegenkönnen selbstverständlich.

Die Evolution der Technik beginnt mit den ersten Werkzeugen; ihren heutigen Stand zeigen die Weltraumtechnik, die Technik der elektronischen Datenverarbeitung, der Kommunikation, des Transports, des Bauens und Wohnens. Betont man den technischen Stand einer Kulturstufe, so spricht man auch von ihrer Zivilitation.

Der Evolutionsverlauf der Technik läßt sich anschaulich im Zusammenhang mit einer Zeittabelle wichtiger technischer Erfindungen erläutern (Tabelle 20).

Die zunehmende Häufung neuer Erfindungen in jüngster Zeit – also die Beschleunigung der technischen Erfindung im Sinne einer Exponentialkurve (Bild 61) – steht im Zusammenhang mit dem exponentiell verlaufenden Bevölkerungswachstum. Je größer die Zahl der Menschen einer kulturellen Stufe, desto mehr kreative Persönlichkeiten sind zu erwarten. (Je höher der Ausbildungsstand der Masse, desto rascher der Fortschritt – Umschlag der Quantität in Qualität). Die Erfindungen der letzten hundert Jahre gehen nur

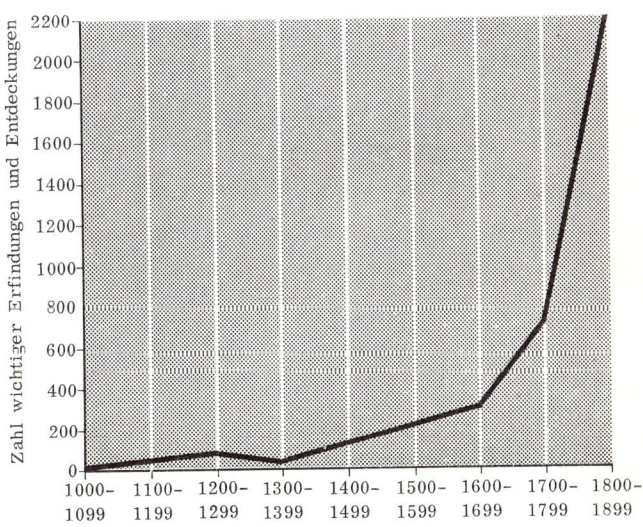

Bild 61: Zahl wichtiger Erfindungen und Entdeckungen pro Jahrhundert von 1000–1900 (nach WILSON).

noch selten auf eine einzige Person zurück. In der Regel erwuchsen sie aus den Beiträgen Vieler, die im Gedankenaustausch stehen.

Auch die Technik wiederholt in auffallender Weise Prinzipien der biologischen Evolution; dies zeigt folgender Vergleich:

Es entstehen einfache Strukturen (Muster)

| Bsp. | *Zelle* | *Rad* |

Die Strukturen werden vielfältig variiert

| Bsp. | *viele verschiedene Zelltypen* | *Räder für viele Zwecke* |

Viele Grundstrukturen werden zu einem komplexen System zusammengefaßt, die Grundmuster bleiben erhalten, spezialisieren sich aber zunehmend

| Bsp. | *Vielzelliger Organismus* | *Maschine mit Räderwerk* |
| | *mit verschiedenen Zellformen* | *ganz verschiedenartiger Räder* |

Systeme höherer Integrationsstufen treten auf

Bsp.	*Population*	*Maschinenaggregat*
	Biozönose	*Automatisierte Fertigungsstraße*
		oder Weltraumschiff mit
		Computer-Steuerung

Auf jeder Stufe werden vorhandene Systeme zusammengefaßt und in ein neues komplexeres System integriert.

3.4.7.4 Kunst

Menschenaffen kritzeln und malen aufgrund ihres Spieltriebes ebenso gern wie das menschliche Kleinkind. Bei den Affen ist aber eine solche »protokünstlerische« Tätigkeit ausschließlich in Gefangenschaft zu beobachten, sie wird offenbar nur bei fehlendem Existenzdruck in entspannter Situation ausgeübt. Die Entwicklung der menschlichen Kunst begann vor etwa 40000 Jahren, nachdem durch den Schutzschild der Kultur der Selektionsdruck auf das einzelne Individuum verringert worden war. Der Begriff Kunst kommt von »künstlich Geschaffenem« im Gegensatz zu »natürlich Gewachsenem«. Die »Protokunst« der Affen weist bestimmte rhythmische Regelmäßigkeiten auf; vermutlich gibt es also ein biologisch fundiertes **Grundempfinden für Ästhetik**. Andrerseits zeigen Kunst und Musik besonders deutlich die menschliche Fähigkeit, über die Wirklichkeit hinauszuschreiten und Neuartiges, nie vorher Dagewesenes zu schaffen.

Alle heutigen Kulturen kennen Kunst. Die bildende Kunst

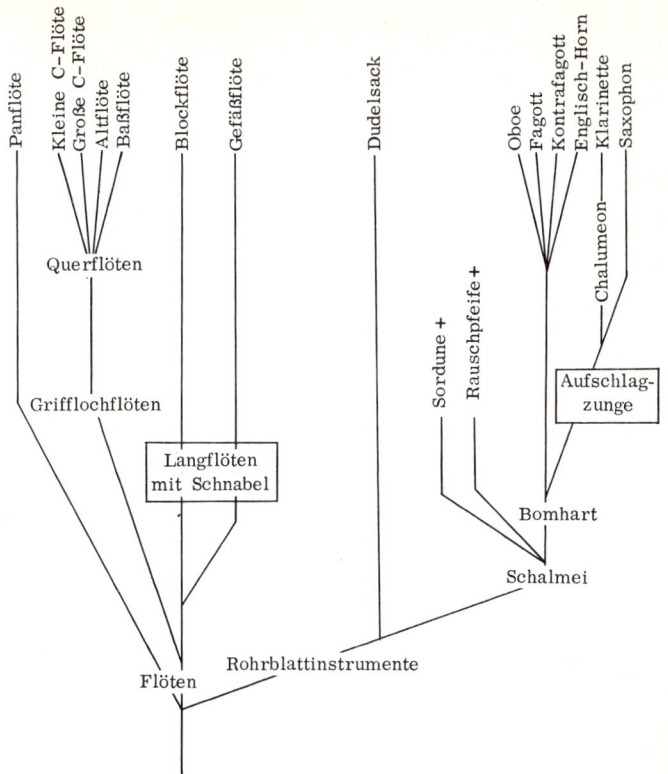

Bild 62: Evolution von Musikinstrumenten am Beispiel der wichtigeren Holzblasinstrumente.

wurde anfangs stark durch Jagdzauber, Fruchtbarkeitskult und Magie, also durch religiöse Elemente bestimmt. Tatsächlich ist im Verlauf der ganzen Geschichte der überwiegende Teil der Kunst im Sakralen beheimatet. Von Anfang an sind in der bildenden Kunst *Ornamentik* und die figürliche Kunst in Form von *Malerei* und *Plastik* nachweisbar.

Über die Anfänge der musischen Künste *Poesie, Musik, Tanz* und *Pantomime* sind wir sehr viel schlechter unterrichtet, da sie kaum »Kulturfossilien« hinterlassen. In den Primitivkulturen stehen sie in engem Zusammenhang untereinander und haben häufig mit Fruchtbarkeitsriten Verbindung. Im europäischen Kulturraum sind aus dem vorderasiatisch-griechischen *Dionysos-Fest,* einem

221

frühjährlichen Fruchtbarkeitskult, Musik und Theaterkunst hervorgegangen. Das altgriechische Theater läßt in seinem Aufbau die Herkunft aus der Tenne, auf der ursprünglich die Dionysosfeiern stattfanden, noch deutlich erkennen.

Die Musik entwickelte sich auf der Grundlage der *Rhythmik*; die ersten Musikinstrumente in allen Kulturen sind *Taktinstrumente* (z.B. Trommeln). Solche dienen in manchen Kulturen auch der Mitteilung von Nachrichten (»Buschtrommeln«). Mehrtönige Instrumente finden sich vorwiegend in mutterrechtlich organisierten Kulturen. Im Lauf der Zeit entstand durch fortschreitende Evolution und Differenzierung ein riesiges Arsenal von Musikinstrumenten, die man deshalb in Stammbäumen anordnen kann (Bild 62). In den Hochkulturen führt das geordnete Zusammenspielen von Instrumenten verschiedener Gruppen (Streicher, Holzbläser, Blechbläser u. a.) zur *Orchestermusik*. Sie wurde allerdings in verschiedenen Kulturen unterschiedlich verwendet und ausgebaut. Dementsprechend ist auch das musikalische Empfinden und Hören in verschiedenen Kulturen recht unterschiedlich. Die Art des musikalischen Empfindens ist also eindeutig erlernt und nicht angeboren.

Auch die Wahrnehmung von Bildern ist, wie neuere Untersuchungen zeigen, in verschiedenen Kulturkreisen verschieden. Angehörige bestimmter Kulturen können Perspektiven im Bild nicht als solche erkennen; sie sehen ein Bild nur zweidimensional. Dies gilt für alle Angehörigen dieser Kulturen unabhängig von ihrer sozialen Stellung. Solche »zweidimensionalen Kulturen« stellen in der Regel Gegenstände auch entsprechend dar: sie sehen aus »platt, wie von der Dampfwalze überfahren«. In solchen Kulturen spielt Ornamentik oft eine große Rolle.

3.4.7.5 Religion

Von besonderer Bedeutung bei der kulturellen Menschwerdung ist die Entstehung und Entwicklung von **Religiosität**. Sie entspringt vermutlich dem Umwelterlebnis des Urmenschen, seinem Unvermögen, viele Erscheinungen zu begreifen. Unerklärliches, Unbegreifbares (*Numinoses*) geht in das Bewußtsein des Menschen ein, so z.B. Blitz, Donner, Tod eines Sippenmitglieds, unwirkliche Welt im Traum u.a. Derartige Ereignisse werden dem Menschen bewußt, sobald er ein ausgeprägtes Ich-Bewußtsein entwickelt hat und eindeutige Subjekt-Objekt-Beziehungen herstellt. Die Allegorie des biblischen Sündenfalls gibt dieses Ereignis wieder: mit der Gewinnung von Erkenntnis distanziert sich das Bewußtsein von der Umwelt, der Mensch verläßt das Paradies der Einheit mit der Umwelt. Das unverstanden Erlebte und Erfühlte erzeugt im Menschen eine nicht begründbare, dumpfe Angst, die bis zum heutigen Menschen in der seelischen Tiefenschicht existiert. Niemand ist in der Lage, ohne metaphysische (nicht im Erklärbaren liegende) Voraussetzungen zu denken. Diese sind Grundlage auch jeder Religion. Religion in diesem allgemeinen Sinn hat also zeitlose Stetigkeit.

In den Anfängen religiöser Evolution *(numinos-magische Stufe)* wurde das Feuer wegen seiner großen Bedeutung und seiner unerklärbaren Eigenschaften mit Mythen umgeben. Außerdem wissen wir von frühem Kannibalismus des *Homo erectus* (vgl. 1.2.1).

Das ursprüngliche »Erfühlen« von Welt weicht allmählich einer Anschauung, die von einer alles durchziehenden *Beseeltheit* der Dinge und der Lebewesen ausgeht. Da Tiere die dem Menschen nächststehenden Lebewesen sind und von ihm auch als solche erkannt werden, projizierte man übersinnliche Kräfte auf sie. Bestimmte Tiere werden zum **Totem** (Totem-Tiere) und als solche kultisch verehrt. Vom Neandertaler kennen wir z.B. Bärenkulte in der Nordostschweiz (Drachenloch, Wildkirchli). Diese *Totem-Kulte* standen in Verbindung mit Jagdzauber und man vermutet, daß sich daran auch Fruchtbarkeitskulte anschlossen. Zu dieser Zeit tritt nun der Tod stärker ins Bewußtsein des Menschen. Daraus entwickelte sich ein Glauben an ein Weiterleben im Jenseits und im Zusammenhang damit ein **Totenkult** mit Grabbeigaben und festgelegten Begräbnissitten, wie dies beim Neandertaler nachgewiesen ist.

Mit der Erkundung der Welt nimmt die Menge an Unverständlichem, Unheimlichem für den Altsteinzeit-Menschen immer mehr zu. Neben die numinose Kraft der Naturgewalten, die Angst vor den Totem-Tieren und das Wissen um den eigenen Tod tritt die Angst vor Geistern der Ahnen. Die Auseinandersetzung mit einer Fülle von Ängsten erfordert einen »Spezialisten«, der die Vielzahl von Zauberkulten beherrschte, Erkrankte heilen konnte, Vorhersage und Weissagung betrieb. Dieser *Magier* wurde so zum ersten *Priester* als Vermittler zwischen Mensch und übernatürlichen Mächten. Es entsteht die von Zauber- und Fruchtbarkeitskulten beherrschte *magische Stufe der Religion*. Höhlenzeichnungen und Statuetten geben uns aus dieser Zeit auch direkte Hinweise auf die magischen Kulte.

Mit dem Übergang zu Ackerbau und Viehzucht entwickelte sich ein verstärkter Fruchbarkeits- und Totenkult. Der Fruchtbarkeitskult ist vor allem bei den matriarchalisch organisierten, vorwiegend Ackerbau treibenden Gruppen entwickelt. Diese sahen eine Einheit in der lebenswichtigen Fruchtbarkeit des Bodens, der Fruchtbarkeit der Tiere und der Sexualität des Menschen. Es entstehen eine *Mondmythologie* (in den meisten Sprachen ist »Mond« bis heute feminin!) sowie *Sexualkulte*, bei denen Sexuelles zum Höhepunkt des Religiösen wird (der Mensch vermag im Sexualakt seine Urängste verschwinden zu lassen).

Der Totenkult ist vor allem bei den patriarchalisch organisierten, vorwiegend Viehzucht treibenden Gesellschaften entwickelt. Sie verbanden häufig einen *Sonnenkult* mit einem ausgeprägten *Ahnenkult*. Für die Toten wurden Grabhügel, Steingräber, *Nekropolen* errichtet. Schon früh haben sich die beiden Entwicklungsrichtungen auch überlagert und kombiniert; es entstehen **polytheistische Religionen** mit personifizierten Gottheiten. Dabei bleiben einzelne Gebiete durch die aus dem Fruchtbarkeitskult herzuleitende Große Muttergottheit (z.B. Vorderasien), andere wieder durch männliche Gottheiten (z.B. Griechenland) bestimmt. Der Götterglaube führt nun zu Mythen über die Entstehung der Götter *(Theogonien)*, der Welt *(Kosmogonien)* und über das Ende der Welt *(Eschatologien)*. Solche Religionen in Hochkulturen enthalten außerdem stets die Festlegung einer Ethik und der Beziehungen der Religionsangehörigen zur übrigen Welt. Eine reiche Kombination von *Götter-Mythen* entsteht; die Götter werden als überhöhte Menschen gedacht mit menschlichen Eigenschaften in höchster Ausprägung. Die Klassenstruktur der Gesellschaft wird nach oben erweitert durch ein Klassensystem der Götter (wie dies z.B. das griechische Pantheon eindrucksvoll zeigt). Mit der Entwicklung der Religionen in den Hochkulturen und der Begründung sozialer und ethischer Regeln durch den Willen jenseitiger Kräfte, nimmt die Macht der Priester außerordentlich zu. Weitere Gebote und Verbote – teils sinnvoll, teils willkürlicher Machtausübung entspringend – werden hinzugefügt. Die Einhaltung der Regeln wird von den Priestern durch Ausnutzung der metaphysischen Ängste der Gruppenangehörigen erzwungen.

Infolge des Fortschreitens der kulturellen Evolution und des Aufkommens von wissenschaftlichem Denken wird schließlich in Hochkulturen das magisch-mythische Denken überwunden und so der Weg frei für die Ausbildung echter **monotheistischer Hochreligionen.** Dieser Prozeß verlief allmählich, wobei ihm vergebliche Versuche eines Monotheismus vorausgingen (z.B. Echnaton in Ägypten); die Entwicklung folgt also den allgemeinen Evolutionsgesetzmäßigkeiten. Echte monotheistische Hochreligionen ent-

Hochreligionen
(Judentum, Christentum, Islam, Buddhismus)

↑

Monotheismus

↑

Polytheistische Religionen

↑ mit personalen Gottheiten
(z.B. Hinduismus)

Vorherrschen   Vorherrschen
v. Fruchtbarkeitskult   von Totenkult

Magische Religion: Zauber- u. Fruchtbarkeitskult mit Magier-Priestern

↑

Tiergottheiten (Totem-Tiere)

↑

Religion als Verehrung von unerklärlichen
Naturerscheinungen: numinos-magische Stufe

standen im *Judentum* (und davon abgeleitet die späteren Formen des *Christentums* und des *Islam* – vgl. Lessing, Ringparabel im Nathan) sowie im *Hoch-Buddhismus.*

Die Vorstellung eines aktiven, moralischen Gottes, der die Welt geschaffen hat und fortlaufend kontrolliert, hat sich vor allem bei Viehzüchter-Gesellschaften mehrfach herausgebildet. Je mehr eine Agrargesellschaft von der Viehzucht abhängt, umso mehr besteht die Tendenz, einen solchen Schöpfergott anzunehmen.

Da vorwiegende Viehzüchter zumeist patriarchalisch organisiert sind, verwundert es nicht, wenn die Schöpfergottheit stets männlich vorgestellt wird. Auch die Juden sind vorwiegend Viehzüchter gewesen. Dementsprechend wird im Alten Testament Gott immer wieder als der Hirte angesprochen und die Menschen als seine Schafe.

Auch im Christentum entwickelte sich die Auslegung von Glaubenssätzen im Zusammenhang mit der Veränderung des gesellschaftlichen Bewußtseins. So werden mit viel Zeitbedingtem behaftete Überlieferungen einer neuen Daseinsauffassung verständlich gemacht: z.B. Engel und Teufel nicht mehr als Personen, sondern als Ausdruck guter und böser Kräfte oder Wirkungen verstanden. Wissenschaft und religiöser Glaube können nur dort in

225

Widerspruch zueinander geraten, wo der eine Bereich Dinge festlegt, die in den Aussageraum des andern gehören.

Zwischen den Religionen herrscht eine Art von Gruppenselek-
tion: jene, die Anhänger gewinnen, überleben; andere verschwinden wieder. Innerhalb der Religion muß die Entwicklung so ablaufen, daß die Wohlfahrt ihrer Anhänger gefördert wird. Sie wird daher immer in gewissem Maße anderen gegenüber intolerant sein,
und dies um so mehr, je mehr sie durch einen Staat oder eine Klasse
gefördert wird, weil sie dann deren Interessen in bestimmtem Umfang wahrnimmt.

3.5 Evolution des individuellen und kollektiven Bewußtseins

Jedes System mit Evolution – gleichgültig ob es sich um ein physikali-
sches, biologisches oder kulturelles System handelt – verändert sich durch
die Änderung seiner Strukturen. Dabei werden bei physikalischen Systemen physikalische Strukturen, bei biologischen Systemen biologische
Strukturen und bei kulturellen Systemen kulturelle Strukturen verändert.
Dadurch haben evoluierende Systeme die allgemeine Eigenschaft, über
sich selbst hinauszuweisen, sie haben die Eigenschaft der Selbst-Transzen-
denz. Das System enthält seinen eigenen Bauplan in codierter Information,
das biologische System in Form der Gene, das kulturelle System in Form
der Meme (das sind hier Leitideen, Ideologien, Zielvorstellungen, Normen). Dieser codierte Bauplan erfährt jedoch dauernde Änderungen (im
biologischen System durch Mutationen der Gene; im kulturellen System
durch Mutationen der Meme). Die Gen- wie die Mem-Mutationen sind Zufallsereignisse, die sich daran anschließenden Wettbewerbsvorgänge (Se-
lektionsprozesse) die notwendige Folge. Die kulturelle Evolution wird wie
die biologische durch Zufall und Notwendigkeit bestimmt (vgl. 3.4.3.1).

Die Eigenschaft der Selbsttranszendenz kommt auch dem einzelnen
menschlichen Individuum in seiner Bewußtseinsentwicklung zu: es kann
sogar seine Ansichten radikal ändern (»über den eigenen Schatten springen«). Jedoch führt jedes Verstehen neuer Tatsachen und Zusammenhänge zu einer Veränderung im Bewußtsein. Durch viele solcher Vorgänge
evoluiert das Bewußtsein des Individuums, oft ohne, daß es von ihm be-
merkt wird. Das individuelle Bewußtsein ist seinerseits eingebettet in das
kollektive Bewußtsein, beide sind wechselseitig voneinander abhängig und
entwickeln sich in diesen und durch diese wechselseitigen Beziehungen.

Erläuterungen von Fachausdrücken zu Abschnitt 3

Autorität: Person, deren Einstellung und Urteil anerkannt oder
maßgebend ist

Dialektik: Methode, durch Denken in Gegensätzen zu Erkenntnissen zu gelangen

Indoktrination: Beeinflussung des Denkens und Handelns von Personen oder Gruppen unter Ausschaltung der freien Meinungsbildung

Kodifizieren: Rechtsbestimmungen in einem Gesetzbuch zusammenfassen

Kreativität: Fähigkeit, Neues zu schaffen (zu erfinden)

Magie: Vorstellung von geheimnisvollen Kräften, die (physikalisch) nicht erklärbar sind

Manipulieren: Das Verhalten steuern, beeinflussen

Matrilinearität: Abstammungsordnung nach der mütterlichen Linie, in der Regel wird der Wohnsitz von der Frau oder deren Eltern bestimmt. Daraus ergeben sich Folgerungen für Familienbildung und Erbregelungen.

Maxime: Grundsatz, Lebensregel

Metaphysik: Lehre von den letzten Hintergründen und Zusammenhängen des Seins

Mythos: Aussagen über die Entstehung der Welt und über die Götter, die als letztgültig angesehen werden; auch Aussagen über Personen von besonderer Bedeutung

Normierung: Vereinheitlichen, Festlegen eines einheitlichen Verhaltens

Postulat: Forderung; unbeweisbare, aber glaubwürdige Annahme

Privileg: Vorrechte bzw. Sonderrechte eines einzelnen oder einer gesellschaftlichen Gruppe

Soziokulturelles System: Gesamtheit aller Gesellschaftsformen eines bestimmten Zivilisationsniveaus (z.B. alle gegenwärtigen Gesellschaftsformen der Hochzivilisation in West und Ost)

Symbol: Zeichen, das im Erkenntnis- und Kommunikationsvorgang einen andern Gegenstand vertritt und zur Vermittlung und Speicherung von Informationen über diesen Gegenstand benutzt wird; vor allem benutzt für Zeichen, deren Bedeutung nicht ausschließlich rational erfaßbar sind.

Totem: Lebewesen oder nicht lebendiger Gegenstand, der von Naturvölkern verehrt wird und dem Zauberkräfte zugeschrieben werden

Utopie: Vorstellung über einen erhofften (oder befürchteten) Zustand; meist als Wunschtraum geäußert

Erläuterung sonstiger Fachausdrücke im Abschnitt 3: s. Band Verhalten der Studienreihe Biologie.

Aufgaben zu Abschnitt 3

1. Findet man in einer Erdschicht Werkzeuge und Reste fossiler Menschen nebeneinander, so hält man es für selbstverständlich, daß die Werkzeuge von diesen fossilen Menschen stammen. Beweise dafür gibt es allerdings nicht. Welche Annahmen macht man bei der genannten Schlußfolgerung?

2. Welchen Einfluß hatte der Übergang vom Nomadentum zur Seßhaftigkeit (Bildung von Dauer-Siedlungen) auf die Entwicklung der Zivilisation?

3. Dreimal in der Geschichte des Menschen findet man einen sprunghaften Anstieg im Wachstum der Bevölkerung. Was waren die Ursachen?

4. Die Fähigkeit Werkzeuge herzustellen, zu sprechen, aus eigener und fremder Erfahrung zu lernen sowie zusammenzuarbeiten, sind die Grundlagen für die kulturelle Evolution. Welche durch die biologische Evolution entwickelten Eigenschaften führten zu diesen Fähigkeiten?

5. Die für die heutige Zivilisation grundlegenden Entdeckungen, sind schon vor vielen Jahrtausenden gemacht worden. Welche sind dies?

6. Stellen Sie in einer Tabelle Unterschiede und Gemeinsamkeiten zwischen biologischer und kultureller Evolution zusammen.

7. Vergleichen Sie den Gang des Erkenntnisfortschritts mit dem Gang des Evolutionsfortschritts. Ergeben sich Ähnlichkeiten?

8. Welchen Fähigkeiten und Methoden verdanken wir den Fortschritt der wissenschaftlichen Erkenntnis?

9. In einem philosophischen Werk heißt es: Die Geschichte der Menschheit versinkt rückwärts in der Geschichtslosigkeit der Zeit. Wie ist hier der Begriff »Geschichte« verstanden? Was versteht der Biologe unter der Geschichte des Menschen?

10. Man unterscheidet primitive und zivilisierte Gesellschaften (Primitivkulturen und Hochkulturen). Was meint man damit? Drückt sich darin auch eine Wertung aus?

11. Diskutieren Sie folgende Thesen:

a) Der Mensch ist ein Mängelwesen. (Er besitzt kein schützendes Fell, kann nicht fliegen wie ein Vogel, schwimmen wie ein Fisch, klettern wie ein Affe, hat keine Waffen und keine Muskelkraft wie ein Raubtier)

b) »Das Gehirn des Menschen ist eine furchtbarere Waffe als die Pranke des Löwen.«

c) »Durch den Abbau der Rassenschranken wird die Zahl möglicher Erbkombinationen bei der Paarung vermehrt und damit die

Wahrscheinlichkeit neuer, auch günstiger Kombinationen vergrößert.«

d) »Der Mensch hat in den letzten zehntausend Jahren seine
Umwelt viel häufiger seinen Genen angepaßt als seine Gene an die
Umwelt« (BAITSCH).

e) »Den genetisch vollkommenen, den idealen und völlig gesunden Menschen hat es wohl noch nie gegeben und kann es auch gar
nicht geben, weil auch der Mensch den Gesetzmäßigkeiten der
Evolution unterworfen ist« (BAITSCH).

f) »Es ist eine Utopie, den mängelbelasteten heutigen Menschen
durch einen neu gezüchteten, hochwertigen Menschen ersetzen zu
wollen, weil keine Einigung darüber erzielbar ist, welche Eigenschaften dieser Zukunftsmensch denn haben soll.«

g) »Der Mensch besitzt in seinem Gehirn einen Erkenntnisapparat, der eine völlig neue, auch beim höchst entwickelten Affen nicht
vorhandene Eigenschaft hervorbringt: den menschlichen Geist«
(LORENZ).

h) »Nirgendwann hat die Naturwissenschaft einen so nachhalti-
gen Einfluß auf die Weltanschauung erzielt als mit dem Gedanken-
gut der Evolution.«

i) »Viele soziale Verhaltensweisen des Menschen sind ererbt und
aus der stammesgeschichtlichen Herkunft zu verstehen.«

k) »Die Tradition ist eine Anhäufung von Lebenserfahrung, die
bei der kulturellen Evolution erworben wurde.« Läßt sich dieser
Satz begründen? Gehen Sie auf Vor- und Nachteile traditionellen
Verhaltens ein.

12. Ist es denkbar, daß die natürliche Selektion beim Menschen
durch weitere Verbesserung der Lebensverhältnisse ganz aufgeho-
ben wird? Könnte durch Bevorzugung athletischer Eigenschaften
oder intellektueller Fähigkeiten bei der Partnerwahl die Evolution
in bestimmte Richtungen gelenkt werden? Welche Probleme ent-
stünden, wenn gezielte Eingriffe in den Genbestand erfolgen könnten? (Überalterung, Auswahl der Begünstigten, Bewertungsmaß-
stab für das genetisch Erwünschte oder andere?)

4. Evolution in der Zukunft. Evolution und Erkenntnis

4.1 Eigenschaften evolutiver Systeme; Folgerungen

Biologische und kulturelle Systeme haben gemeinsam, daß sie der Evolution fähig und tatsächlich auch einer dauernden Evolution unterworfen sind. Dabei haben sie eine Reihe von Eigenschaften gemeinsam. Diese Eigenschaften sind in allgemeiner Beschreibung:

1. Jeder stabile Zustand ist ein Zustand weit entfernt vom Gleichgewicht (vgl. Studienband Evolution 3.2.1).
2. Es gibt viele stabile Zustände eines Systems; durch den Übergang von einem zum anderen stabilen Zustand wird das System qualitativ verändert. Die Evolution ist eine Abfolge solcher Übergänge.
3. Funktionen (Beziehungen zur Umgebung) und Strukturen bestimmen sich wechselseitig.
4. Die Veränderbarkeit eines Zustandes ist groß, wenn er nahe der Grenze des Stabilitätsbereichs des Systems ist, d. h. nahe dem für das System maximal noch zulässigen Nichtgleichgewichtszustand. Umgekehrt bedeutet eine hohe Stabilität eines Systems eine geringe Veränderbarkeit.
5. Im Verlauf der Evolution wird die Flexibilität des einzelnen Systems meist größer; die Fähigkeit, mit Unerwartetem fertig zu werden, wird immer besser entwickelt.
6. Deterministische (dem Kausalprinzip streng gehorchende) und zufällige Ereignisse sind wechselweise voneinander abhängig: Evolutionsvorgänge erfordern Notwendigkeit und Zufall (vgl. Studienband Evolution, 3.9). Die Evolution verläuft ähnlich wie ein Lernvorgang durch Versuch und Irrtum; die Mutationen sind gewissermaßen »Möglichkeiten«, die geeignetsten erfahren ihre Bestätigung im nachhinein – ihre Geeignetheit ist nicht von vornherein gewiß und vorhersagbar.

Da der Evolutionsvorgang eine Kombination von Zufall und Notwendigkeit ist, besteht Offenheit. Wäre die Welt nur gesetzlich festgelegt, so wäre sie ohne Freiheit und der Mensch eine Marionette. Bestimmte in der Welt nur der Zufall, so herrschte das Chaos und es könnte kein Sinn darin enthalten sein. In der Strategie der Evolution sind beide kombiniert, daher gibt es Freiheit. Die Möglichkeiten der biologischen wie kulturellen Fortschritte werden erkauft durch Unvollständigkeit und Ungewißheit, die im Gegensatz stehen zur determinierten Vollständigkeit und Sicherheit. Nur so ist die Selbsttranszendenz – eine Grundeigenschaft der evoluierenden Systeme (vgl. 3.5) – möglich.

Der Mensch scheut sich allerdings – vermutlich aufgrund angeborener Strukturen seiner Psyche – dem Zufall auch nur teilweise ausgeliefert zu sein. Alles was uns unmittelbar betrifft, soll kein Zufall sein. Wenn ein Ereignis nicht erklärt werden kann, so ist es eine »Fügung« oder »schicksalhaft«. Was der Mensch objektiv feststellen kann, ist ein Zufallsereignis. Welche Bedeutung dieses subjektiv für ihn hat, kann nicht Thema der Wissenschaft sein. Außerdem ist jeder Zufall, den der Wissenschaftler feststellt, ein Zufall für den Beobachter (Wissenschaftler), es ist nicht ein »Zufall an sich«. Ob es diesen gibt, bleibt für uns unerkennbar (vgl. 4.3).

Die Naturwissenschaft kann prinzipiell nur Regelhaftigkeiten in der Natur erkennen, die sie dann als Naturgesetze (im weitesten Sinn) beschreibt. Einzelereignisse, die sich nicht wiederholen, sind für die Naturwissenschaft »Zufall«. So sind auch die konvergenten Evolutionsschritte, durch die Höherentwicklung zustande kommt (vgl. Studienbd. Evolution 3.2.2 u. 3.9) Zufallsereignisse.

In unserer Betrachtung der kulturellen Evolution und ebenso in diesem Schlußabschnitt wird die naturwissenschaftliche Methode auf menschliche Sachverhalte und Probleme des Denkens und Bewußtseins angewandt. Dies wirft tiefgreifende Probleme auf. Aufgrund der besonderen Beziehungen zwischen dem erkennenden Subjekt und dem zu erkennenden Objekt gelingt dem Menschen keine vollständige und objektive Analyse seiner Kultur und ebensowenig auch der Psyche eines Mitmenschen. Ferner ist der Mensch zu jeder Zeit in den jeweiligen Zustand seiner Kultur so stark eingebettet, daß jede Betrachtung von Welt und Mensch, die über vollständig Objektivierbares hinausgeht, zeitgebunden ist. Es ist nicht möglich, in einer Gesellschaft zu leben und zugleich frei von dieser Gesellschaft zu sein.

Weil die Innovation im Evolutionsgeschehen mit Ungewißheit verknüpft ist, lassen sich auch keine wissenschaftlichen Aussagen über die Zukunft der Evolution machen. Wenn in Abschnitt 4.2 zur Zukunft der menschlichen Evolution Stellung genommen wird, so handelt es sich um wahrscheinliche Extrapolationen, ausgehend vom derzeit erreichten Zustand der biologischen und kulturellen Evolution unter Berücksichtigung der uns bekannten Evolutionsprinzipien.

Der Mensch ist Teil des biologischen Evolutionsprozesses und mit ihm beginnt die kulturelle Evolution als etwas qualitativ Neues.

Weil jedoch der Mensch mit Hilfe seines Bewußtseins den Evolutionsprozeß zu erkennen vermag, hat er begonnen, auch sein eigenes Bewußtsein wissenschaftlich zu erklären. Diese erstaunliche Tatsache erinnert in gewisser Weise an die Geschichte von Münchhausen, der sich am eigenen Zopf aus dem Sumpf zieht und wird im Abschnitt 4.3 näher erörtert.

In der Evolution entwickelten sich Organe als Reaktion der Lebewesen auf Umweltfaktoren. Die Existenz von Augen der verschiedensten Organisationsstufen ist nur deshalb sinnvoll, weil elektromagnetische Strahlung bestimmter Wellenlängen von der Sonne erzeugt wird und zur Erdoberfläche gelangt. Die Augen haben nicht »das Sehen erfunden«, aber sie sind ein Beweis für das Vorhandensein der Strahlung, die wir Licht nennen. »Nicht weil das Auge primär sonnenhaft ist, kann es die Sonne erblicken, sondern weil es sich in jahrmilliardenlanger Stammesentwicklung in einer Welt herausgebildet hat, in der eine Sonne schon lange vor dem Vorhandensein von Augen ihre Strahlen aussandte« (Lorenz).

Dieser Befund, der auf andere Organe entsprechend übertragen werden kann, ermöglicht einen – allerdings nicht wissenschaftlich begründbaren – Analogieschluß: von der Existenz des menschlichen Bewußtseins ausgehend, könnte man vermuten, daß diese Tatsache ein Hinweis auf die Existenz einer vom Materiellen unabhängigen Dimension des Geistes ist.

4.2 Die Zukunft des Menschen

Wenn die Zukunft des Menschen erörtert werden soll, muß man völlig absehen von Aussagen zu einer künftigen biologischen Evolution des Menschen. Die biologische Evolution verläuft um vieles langsamer als die kulturelle Evolution, so daß sie kaum noch Bedeutung haben wird. Eine biologische Weiterentwicklung des Menschen ist – wenn überhaupt – dann nur als Auswirkung der kulturellen Evolution infolge der Aktivitäten des Menschen (z.B. durch Genmanipulation) zu erwarten.

Betrachtet man die Zukunft der kulturellen Evolution, so ist es nicht sinnvoll, Aussagen über derzeit rein spekulative Ideen zu machen (wie z.B. eine Weiterentwicklung des Bewußtseins). Die Innovation (neue Leitideen, Ideologien, wiss. Erfindungen u. a.) ist in der kulturellen wie der biologischen Evolution ein »Zufallsereignis« und daher prinzipiell nicht vorhersagbar. Allerdings kann man aus dem heutigen Zustand der Kulturen, Bevölkerungsverhältnisse, der Wissenschaft usw., extrapolieren auf wahrscheinliche oder mögliche Entwicklungen der nahen Zukunft.

Aus dem bisherigen Verlauf der Geschichte läßt sich erkennen, daß neue Leitideen und Ideologien zwar unter Mitwirkung von Naturwissenschaftlern vorbereitet werden, daß aber ihre eigentlichen Schöpfer in Theorie und Praxis stets Philosophen bzw. Geisteswissenschaftler waren. Obwohl die Naturwissenschaften seit Beginn der Neuzeit an Bedeutung fortlaufend zugenommen haben und man unser Zeitalter das Zeitalter der Naturwissenschaften nennt, ist es weiterhin außerordentlich wichtig, die Werke der Philosophen zu studieren, um das Auftreten neuer Leitideen und Ideologien zu erkennen und ihre Wirkung zu erforschen (Aufklärer verursachen Französische Revolution, Dialektische Materialisten verursachen Oktoberrevolution).

Die verschiedenen Kulturgruppen des Menschen haben unterschiedliche Lösungen für die gleichen Probleme gefunden. Manche davon sind gleichwertig, andere von unterschiedlicher Qualität. Durch moderne Verkehrsmittel und Kommunikationssysteme kommen mit zunehmender Geschwindigkeit alle Kulturen in immer engeren Kontakt. Gleichzeitig beobachtet man eine fortschreitende Überwindung kultureller Isolationsbarrieren. Die große Menge an Erfahrungen und Ideen der Menschheit insgesamt steht dann allen Menschen zur Verfügung, kann frei kombiniert und allen nutzbar gemacht werden. Dies führt auch zum Abbau der Gruppendiskriminierung alter Art; jedoch besteht bei der Übervölkerung der Erde heute schon die Gefahr einer Diskriminierung zwischen gut und schlecht ernährten Bevölkerungen, zwischen Menschen in der Massengesellschaft und solchen mit riesigen Individualräumen. Schließlich darf nicht vergessen werden, daß kulturelle Mannigfaltigkeit Voraussetzung der weiteren kulturellen Evolution ist. Wo immer möglich, ist daher für ihre Erhaltung und Förderung zu sorgen.

Der Mensch ist fähig, hinter der von ihm errichteten Kulturbarriere (seinem Kulturschild) zu überleben, und diese Fähigkeit nimmt noch zu. Er kann sich daher mit einer genetischen Ausstattung fortpflanzen, die ihm beim Fehlen der Kultur kein Überleben gestatten würde (potentielle Brillenträger wurden in der Altsteinzeit vom Höhlenbär getötet). Heute können aufgrund der Leistungen unserer Medizin auch viele Menschen mit erblichen Gesundheitsschwächen Nachkommen haben. Umweltbelastung, Medikamente und Strahlenbelastung lassen ein merkliches Anwachsen der Mutationsrate befürchten. Geburtenkontrolle und Samenbank sind weitere neue Einflüsse auf Veränderungen der genetischen

Struktur von Populationen. Die Auswirkung derartiger Faktoren auf die künftige Evolution des Menschen sind im Studienband Genetik (Abschn. 15.8) besprochen.

Der Bevölkerungszuwachs auf der Erde ist gegenwärtig stärker als der Exponentialkurve entspricht und nähert sich damit einer Hyperbel-Kurve. Ein hyperbolisches Wachstum hat zur Folge, daß früher oder später keine Konkurrenz und Selektion mehr auftreten, sondern nur noch Alles-oder-Nichts-Entscheidungen (vgl. Studienband Evolution 2.6.3). Der Mensch wird entweder dieses Stadium überwinden – möglicherweise durch eine weltweite Hungerkatastrophe ungeahnten Ausmaßes – oder er wird als Art aussterben. Ein fundamentales Erfordernis unserer Zeit ist also eine drastische Herabsetzung der hohen Zuwachsrate der Weltbevölkerung und die Verhinderung einer Überbeanspruchung unserer Erde im Gesamtgefüge der organischen und anorganischen Natur. Hierzu ist eine auf Forschung aufgebaute Planung notwendig. Die Lösung des Problems wird nur weltweit möglich sein; es wird dabei nicht ohne Eingriffe in den individuellen Freiheitsraum abgehen. Wie eine weltweite Regelung durchzusetzen ist, vermag man bisher nicht zu erkennen. Wir kennen die Grenzen der menschlichen Anpassungsfähigkeit bezüglich der Bevölkerungsballung nicht. Jedoch wissen wir, daß die Bevölkerungskonzentration bereits heute in das Verhalten der Menschen nachteilig eingreift und daß außerdem in Räumen hoher Konzentration die Umweltbelastung in unerträglichem Maße zunimmt.

Die Veränderungen im menschlichen Verhalten bei hoher Populationsdichte sind dem vergleichbar, was man bei sozialen Säugetieren beobachtet, wenn man sie auf zu kleinem Raume hält:

Hormonale Störungen führen zur psychischen Schädigung;

gruppeninterne Aggressionen werden häufig;

abweichendes Sozialverhalten läßt die Traditionen abreißen.

Erhöhte Reizbarkeit steht in engem Zusammenhang mit negativen Streßwirkungen (Disstreß nach SELYE); die Folge sind die typischen »Zivilisationskrankheiten« (Kreislauf-, Herz- und Nierenschäden sowie Magengeschwüre). Auch solche Disstreß-Folgen sind aus Versuchen mit Säugetieren bekannt.

Dem Menschen sind zwar die Grundlagen seines Sozialverhaltens angeboren (vgl. 3.3.2.3), jedoch muß die Einbindung in eine Gesellschaft durch Erziehung erfolgen. Diese darf daher weder extrem permissiv (nachgiebig) noch streng autoritär sein; beides führt zu sozial gestörten Individuen. Man darf annehmen, daß es bezüglich der Sozialisierbarkeit des Menschen ebenfalls genetische Unterschiede gibt. Um die soziale Chancengleichheit zu wahren, ist es daher erforderlich, auf nur langsam sozialisierbare Individuen länger durch Erziehungsvorgänge einzuwirken. Natürlich ist es möglich, solche Erziehungsprozesse auch zu mißbrauchen. Hinzu kommt die Tendenz der Menschen in der Massengesellschaft, sich einer »allgemeinen Meinung« anzuschließen (vgl. 3.4.1.1). Dies kann – und zwar nicht nur bei äußerem Zwang – zur geistigen Unfreiheit führen. Der Mensch der Massengesellschaft neigt zur geistigen Selbstdomestikation und zur Flucht vor Entscheidungen. Dies erleichtert es dann Ideologien mit Ausschließlichkeitsanspruch, die Herrschaft zu gewinnen. Die Flucht vor eigenen Entscheidungen wird beim einzelnen Menschen auf verschiedene Weise wirksam:

1. »Sich-Treiben-Lassen«, in extremen Fällen noch unterstützt durch Alkohol oder Drogen; dies ist bei uns wohl der verbreitetste Fall.

2. Bindung an eine Ideologie mit Ausschließlichkeitsanspruch oder an eine als Ersatzideologie verstandene Religion oder der Glaube an eine schicksalhafte Bestimmung (»Mit uns zieht die neue Zeit«).

3. Bindung an eine bestimmte Denkschule, die sich durch die Verwendung eines Fach-Jargons (»Jargon der Eigentlichkeit«, wie z. B. »curriculare Forschung« oder »kommunikative Kompetenz«) den Anstrich einer Elite gibt.

4. Pedanterie: durch fortgesetzte Überlegungen zu kleinsten Details vermeidet der Pedant, jemals eine wichtige Entscheidung zu treffen.

5. Scheinbar rationaler Moralismus: mit der irrigen Behauptung, durch streng rationales Vorgehen müsse man sich in jeder Lebenslage richtig entscheiden können, wird eine Entscheidung verhindert, weil man fortgesetzt auf weitere »rationale Überlegungen« wartet.

Gerade dieser letzten Behauptung gegenüber ist festzuhalten, daß die Biologie nie Grundlage oder Stütze einer konkreten Ethik oder bestimmter Gesellschaftsvorstellungen sein kann. Sie vermag allerdings einzelne bestehende ethische Normen oder Gesellschaftsvorstellungen als mit der Biologie des Menschen nicht vereinbar zu kritisieren und andere als mit der Biologie in Einklang stehend zu erkennen. Als Beispiel einer solchen ethischen Norm in Einklang mit der Biologie sei das Prinzip des »*do ut des*« angeführt, von SELYE als der altruistische Egoismus bezeichnet: »Versuche, Dich so nützlich wie möglich zu machen« oder »Verdiene Dir die Liebe des Nächsten« (denn es ist vorteilhaft für Dich).

Wenn man versucht, allgemeine Prinzipien zur Lösung der

Grundprobleme des heutigen Menschen und zur Sicherstellung seiner zukünftigen kulturellen Evolution zu formulieren, so verfällt man zwangsläufig dem moralischen Rigorismus. Nachfolgend sind zwar solche Prinzipien angegeben, aber es ist völlig unklar, ob und auf welchem Wege sie auch nur teilweise durchsetzbar sind.

1. Rigorose Geburtenbeschränkung in weltweiter Übereinstimmung und Kontrolle.
2. Eindämmung der Ausplünderung und Vernichtung der natürlichen Umwelt. Sparsamer Umgang mit Ressourcen. Abkehr von der Wachstumsideologie in den Industriestaaten.
3. Zurückdrängung der Irrationalität im menschlichen Denken und Handeln durch Erziehung zu rationalem Denken.

Die Entwicklung der Menschheit

Einst haben die Kerls auf den Bäumen gehockt,
behaart und mit böser Visage.
Dann hat man sie aus dem Urwald gelockt
und die Welt asphaltiert und aufgestockt,
bis zur dreißigsten Etage.

Da saßen sie nun, den Flöhen entflohn,
in zentralgeheizten Räumen.
Da sitzen sie nun am Telefon.
Und es herrscht noch genau derselbe Ton
wie seinerzeit auf den Bäumen.

Sie hören weit. Sie sehen fern.
Sie sind mit dem Weltall in Fühlung.
Sie putzen die Zähne. Sie atmen modern.
Die Erde ist ein gebildeter Stern
mit sehr viel Wasserspülung.

Sie schießen die Briefschaften durch ein Rohr.
Sie jagen und züchten Mikroben.
Sie versehn die Natur mit allem Komfort.
Sie fliegen steil in den Himmel empor
und bleiben zwei Wochen oben.

Was ihre Verdauung übrigläßt,
das verarbeiten sie zu Watte.
Sie spalten Atome. Sie heilen Inzest.
Und sie stellen durch Stiluntersuchungen fest,
daß Cäsar Plattfüße hatte.

So haben sie mit dem Kopf und dem Mund
Den Fortschritt der Menschheit geschaffen.
Doch davon mal abgesehen und
bei Lichte betrachtet sind sie im Grund
noch immer die alten Affen.

ERICH KÄSTNER

4.3 Evolution der Erkenntnis

4.3.1 Bewußtsein und Welt

4.3.1.1 Die Subjekt-Objekt-Beziehung

Alle Erkenntnis beruht auf der Subjekt-Objekt-Beziehung: Ein erkennendes Subjekt (ein Bewußtsein) erkennt ein Objekt (einen Gegenstand). Auf der Erkenntnis von Gegenständen und von Zusammenhängen zwischen Gegenständen beruht die Konstruktion der Welt in unserem Bewußtsein. Wir können also zum einen nach der Objekt-Seite des Erkenntnisprozesses fragen: Wie kommt Erkenntnis von Objekten zustande und wie hat sie sich entwickelt; m. a. W. wie ist eine objektive Erkenntnis und damit Wissenschaft möglich? (vgl. 4.3.2). Wir können aber auch nach der Subjekt-Seite fragen: Welche Möglichkeiten zur Gewinnung von Erkenntnis und zu deren Integration in ein Ganzes hat das Subjekt? Verschiedene Subjekte haben offenbar etwas voneinander abweichende Bilder von der Welt, die wir als *Weltanschauungen* bezeichnen. Sie sind nicht zu verwechseln mit Ideologien, die auf einer Leitidee gründen. Weltanschauungen können durch Ideologien allerdings modifiziert werden. Bis heute ist kein Versuch gemacht worden, die Weltanschauungen einer Evolutionsbetrachtung zu unterziehen. Dies dürfte auch sehr schwer sein, da jeder Mensch von seiner eigenen Weltanschauung aus dieses Problem untersuchen würde. Deshalb enthält schon eine Klassifikation der Weltanschauungen subjektive Elemente (vgl. 4.3.3.1).

4.3.1.2 Das Konzept der drei Welten (POPPER)

Die neueren Befunde der Gehirnphysiologie und der Bewußt-
seinsforschung (vgl. 2.4 und 2.5) erlauben es, die Darstellung der
Subjekt-Objekt-Beziehung zu verfeinern. Besonders wertvoll ist
das auf diesen Befunden aufbauende Modell von K. POPPER. Er unterscheidet drei Bereiche (»Welten«), daher spricht man vom
Konzept der »drei Welten«. Es ist im Bild 63 wiedergegeben. Bild
64 zeigt die Verknüpfung mit dem Bau des Gehirns. Die Welt 1 ist
die sogenannte »reale Außenwelt«. Die Welt 2 ist die Gesamtheit
aller Bewußtseinszustände eines Menschen; sie kennt jedes Individuum nur von sich selbst. Die Welt 3, das Wissen im objektiven
Sinn, bildet das kulturelle Erbe der Menschen. Sie findet sich gro-
ßenteils in kodifizierter Form aufgezeichnet in Bibliotheken u. a.
Dazu bedarf es als Träger aber der Welt 1: Papier, Druckerschwär-
ze, Tonbänder usw. sind Teile der realen Welt. Welt 1 und Welt 3
haben keinen unmittelbaren Bezug zueinander, sondern können

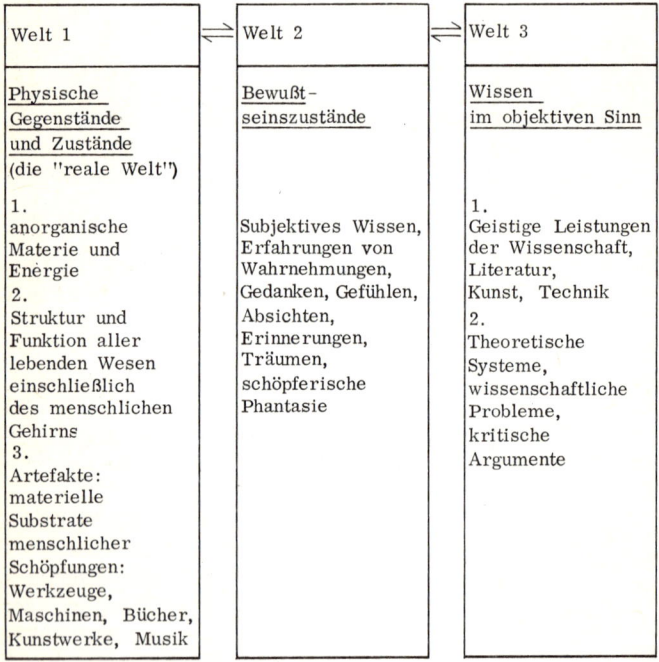

Welt 1 ⇌	Welt 2 ⇌	Welt 3
Physische Gegenstände und Zustände (die "reale Welt")	Bewußt-seinszustände	Wissen im objektiven Sinn
1. anorganische Materie und Energie 2. Struktur und Funktion aller lebenden Wesen einschließlich des menschlichen Gehirns 3. Artefakte: materielle Substrate menschlicher Schöpfungen: Werkzeuge, Maschinen, Bücher, Kunstwerke, Musik	Subjektives Wissen, Erfahrungen von Wahrnehmungen, Gedanken, Gefühlen, Absichten, Erinnerungen, Träumen, schöpferische Phantasie	1. Geistige Leistungen der Wissenschaft, Literatur, Kunst, Technik 2. Theoretische Systeme, wissenschaftliche Probleme, kritische Argumente

Bild 63: Modell der drei Welten nach POPPER.

nur über ein Bewußtsein, also über die Welt 2, zusammenwirken. Nur wenn ich ein Buch (Gegenstand der Welt 1) lese und meinem Bewußtsein (Welt 2) der Inhalt verständlich wird, wird die im Buch befindliche Information (Welt 3) verfügbar und wirksam (vgl. Chr. MORGENSTERN, Der Meilenstein).

Der Meilenstein

Tief im dunklen Walde steht er
und auf ihm mit schwarzer Farbe,
daß des Wandrers Geist nicht darbe:
Dreiundzwanzig Kilometer.

Seltsam ist und schier zum Lachen,
daß es diesen Text nicht gibt,
wenn es keinem Blick beliebt,
ihn durch sich zu Text zu machen.

Und noch weiter vorgestellt:
Was wohl ist er – ungesehen?
Ein uns völlig fremd Geschehen.
Erst das Auge schafft die Welt.

CHRISTIAN MORGENSTERN

Das einzelne menschliche Bewußtsein (Welt 2) kann von der Welt 3 während seines Lebens lediglich einen Bruchteil erfassen. Das Bewußtsein hat Kenntnis von der realen Welt (1) durch Sinneswahrnehmungen und sich daran anschließende neurale Vorgänge (Bild 64). Das Bewußtsein hat Kenntnis von der Welt des objektiven Wissens (3) ebenfalls durch Sinneswahrnehmungen (also nur über Welt 1) und sich anschließende neurale Vorgänge, zu denen Decodierungsprozesse in der Hirnrinde gehören. Das Bewußtsein wird durch das objektive Wissen (3) beeinflußt und verändert dieses durch seine Tätigkeit seinerseits. Das objektive Wissen (3) ist nicht völlig selbständig; da es immer ein Bewußtsein voraussetzt, das von ihm Kenntnis hat oder potentiell Kenntnis haben kann. Die Welt 3 des objektiven Wissens kommt allein dem Menschen zu, Tiere haben daran nicht teil.

Die Welt der Bewußtseinsinhalte (2) entsteht in ständigem Austausch von Informationen mit den Zentren für Sprache und Begriffsbildung in der dominanten Gehirnhälfte. Der uns verfügbare

239

Anteil an der Welt des objektiven Wissens (3) ist in beiden Hemisphären lokalisiert als ein in Schaltmustern verschlüsseltes (codiertes) »Abbild« von Substraten der Welt 1; die Schaltmuster gehören auch der realen Welt (1) an. Die Welt des objektiven Wissens erfahren wir also nicht unmittelbar, sie erreicht das Bewußtsein nur über komplexe Mechanismen durch Übertragung materieller Inhalte aus der realen Welt (1), weil zu dieser realen Welt ja auch das Gehirn und die in ihm vorhandenen Schaltmuster gehören, welche die materielle Basis der Gedächtnisinhalte sind.

Dadurch, daß der Mensch die reale Welt (1) in seine Welt des objektiven Wissens (3) transformierte, ist die für ihn charakteristische Welt (2) der Bewußtseinszustände entstanden.

4.3.2 Die Objekt-Seite der Erkenntnis

4.3.2.1 Hypothetischer Realismus

Wir nehmen an, daß es eine reale Welt (Welt 1 nach Popper) gibt, daß diese Welt gewisse Strukturen hat und daß diese Strukturen vom menschlichen Bewußtsein teilweise erkennbar sind. Diese Annahmen sind unbeweisbare Hypothesen; alle Aussagen über die Welt haben – streng logisch betrachtet – den Charakter von Hypothesen. Allerdings ist es aus praktischen Gründen sinnvoll, diese prinzipielle Einschränkung bezüglich der Existenz und Erkennbarkeit der realen Welt bei den folgenden Betrachtungen außer acht zu lassen. Die radikale Gegenhypothese, daß die reale Welt nicht existiert, sondern nur ein Produkt meines Bewußtseins (ein Traum) sei, ist logisch nicht widerlegbar, aber für den Wissenschaftler sinnlos. Nur wenn man die Existenz einer realen Welt

Bild 64: Schema der Kommunikationsmöglichkeiten zum und vom Gehirn und innerhalb des Gehirns unter Berücksichtigung des Konzeptes der drei Welten (vgl. Bild 32). Von den peripheren Rezeptoren, die Ereignisse der realen Welt (Welt 1) wahrnehmen, führen Bahnen zu den sensorischen Rindenbereichen und in die Großhirnhemisphären. Eingezeichnet ist auch der Output, der die Großhirnhemisphären über motorische Rindenbereiche mit den Muskeln verbindet. Die Welt 2 (bewußtes Selbst) ist der dominanten Hemisphäre zugeordnet. Die Welt 3 (Wissen) ist zweigeteilt: Welt 3a ist außerhalb des Gehirns und nur über Welt 1 dem Gehirn zugänglich. Welt 3b ist das im Gedächtnis gespeicherte Wissen; es ist dem Bewußtsein zugänglich über Vorgänge im Gehirn, die der Welt 1 zugehören. (Nach Eccles)

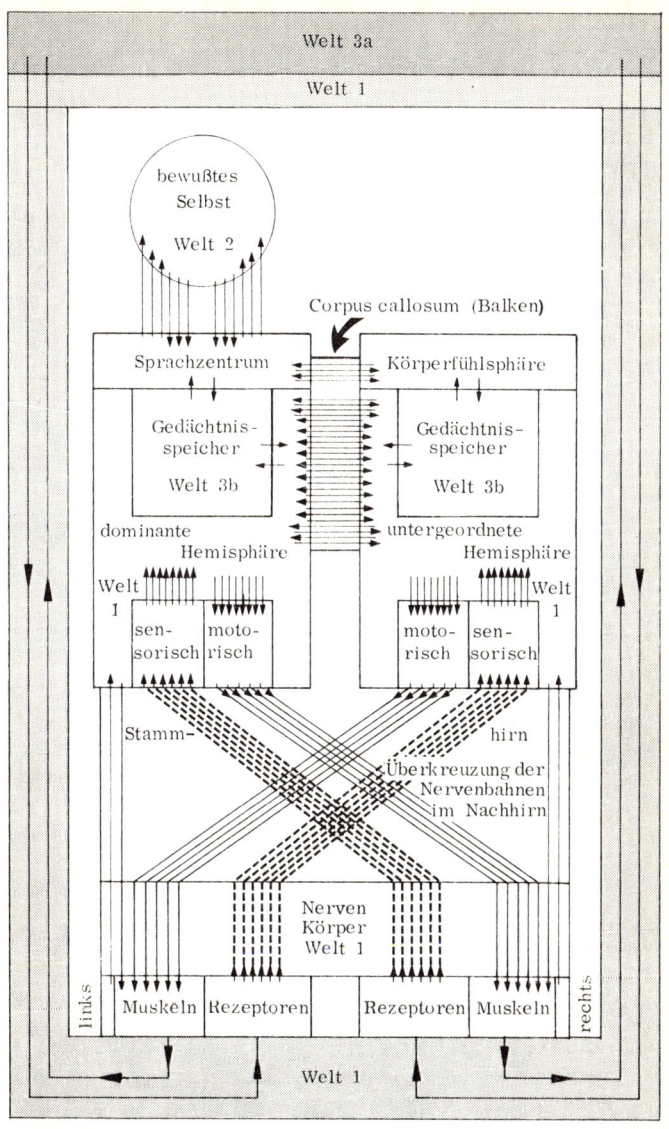

Welt 3a

Welt 1

bewußtes
Selbst

Welt 2

Corpus callosum (Balken)

Sprachzentrum   Körperfühlsphäre

Gedächtnis-
speicher

Welt 3b

Gedächtnis-
speicher

Welt 3b

dominante
Hemisphäre

untergeordnete
Hemisphäre

Welt
1

sen-
sorisch

moto-
risch

moto-
risch

sen-
sorisch

Welt
1

Stamm-

hirn

Überkreuzung der
Nervenbahnen
im Nachhirn

Nerven
Körper
Welt 1

links

Muskeln

Rezeptoren

Rezeptoren

Muskeln

rechts

Welt 1

241

voraussetzt, ist der Begriff der Evolution sinnvoll und nur dann kann man von einer allmählichen Objektivierung des naturwissenschaftlichen Weltbildes im Verlauf der kulturellen Evolution sprechen (z.B. beim Übergang vom ptolemäischen zum kopernikanischen System). Wir vertreten daher hier den Standpunkt des hypothetischen Realismus. Die Naturwissenschaften müssen noch eine Reihe weiterer nicht beweisbarer Voraussetzungen (Postulate) machen, ohne die Erkenntnis mit wissenschaftlichen Methoden nicht gewonnen werden kann. Diese Postulate wissenschaftlicher Erkenntnis sind nachfolgend aufgeführt:

a) Allgemeine erkenntnistheoretische Postulate:

1. Es gibt eine reale Welt, unabhängig von Wahrnehmung und Bewußtsein.
2. Diese reale Welt ist strukturiert und nicht chaotisch, d.h. es gibt Gegenstände, Sachverhalte, Systeme, Naturgesetze.
3. Zwischen allen Bereichen der realen Welt besteht ein Zusammenhang. Dieser kann funktionell und/oder historisch sein. In der Biologie werden funktionelle Zusammenhänge durch die Genetik, Molekularbiologie, Physiologie, Ökologie usw. erkannt; historische Zusammenhänge werden von der Evolutionsforschung untersucht. Den wichtigsten und grundlegenden Zusammenhang in der realen Welt nennt man das *Kausalprinzip:* »Alles Geschehen setzt Ursachen voraus, worauf es nach einer Regel folgt« (Kant).

b) Biologisch-erkenntnistheoretische Postulate:

4. Auch andere Menschen haben Sinneseindrücke und ein Bewußtsein.
5. Unsere Sinnesorgane werden von der realen Welt erregt (affiziert).
6. Bewußtsein und Denken sind Funktionen des Gehirns.

c) Methodische Postulate:

7. Wissenschaftliche Aussagen sollen die objektive Realität wiedergeben. Sie beziehen sich nicht auf den Bewußtseinszustand des Beobachters, sondern auf die postulierte Realität. Für die Objektivität gibt es eine Reihe von Kriterien, die notwendig, aber nicht hinreichend sind. Die Aussagen müssen sein: intersubjektiv verständlich und nachprüfbar sowie unabhängig vom Standort des Beobachters und von der Methodik. Außer-

242

dem darf die Richtigkeit einer Aussage nicht auf einer Übereinkunft beruhen.

8. Arbeitshypothesen sollen die Forschung anregen und nicht
behindern.

9. Die Sachverhalte der objektiven Welt können analysiert und
durch »Naturgesetzte« beschrieben und »erklärt« werden. Es
ist also unzulässig, einen Vorgang oder Sachverhalt als prinzipiell unerklärbar anzunehmen. Solche unzulässigen Annahmen sind z.B. Hypothesen, welche die biologische Evolution
unter Einführung eines nicht-physischen Faktors zu erklären
versuchen. Derartige nicht-physische Faktoren sind u. a. der
élan vital (Bergson), die Entelechie (Driesch), die Selbstdar-
stellung der Organismen (Portmann), der Bewußtseinsdrang
(Teilhard de Chardin). Schon J. Huxley hat darauf hingewiesen, daß der élan vital die Evolution so wenig erkläre wie
ein élan locomotif die Dampfmaschine erklären könne. Die
Vorstellung einer prinzipiell kausalen Erklärung aller biologischen Abläufe hat sich als heuristisches Prinzip (methodischer
Weg) ausnahmslos bewährt.

10. Unnötige Hypothesen sind zu vermeiden (Prinzip der »maxi-
malen Denkökonomie«). Die Wissenschaft nimmt stets die
einfachste Erklärung, die eine vollständige Beschreibung des
betrachteten Phänomens erlaubt – bis zum Nachweis des Ge-
genteils – als richtig an.

Die Formulierung dieser Postulate der objektiven Erkenntnis ist
ihrerseits wiederum vom Evolutionszustand der Erkenntnis- und
Wissenschaftstheorie abhängig und so in den Vorgang der kulturellen Evolution eingebettet. Jedoch tauchen die meisten der Postulate schon in der antiken Philosophie auf, nur zumeist eben in einer
weniger klaren Formulierung. Es haben sich also nicht die an die
Wissenschaften zu stellenden Forderungen prinzipiell verändert,
sondern sie sind nur klarer gestellt worden, was wiederum zu einer
strengeren Methodik und einem strengeren Aufbau der Wissenschaften führt. Dieser Vorgang kann sich fortsetzen. Da er aber
seinerseits von Leitideen und Ideologien der Kultur abhängig ist,
kann er auch unterbrochen werden. So wurde z.B. die Evolution
der Naturwissenschaften im Abendland im Frühmittelalter unterbrochen, weil kein »Interesse« daran bestand.

Der Prozeß des wissenschaftlichen Fortschritts vollzieht sich
nicht kontinuierlich. Die entscheidenden neuen Hypothesen, die
zu einem besseren Verständnis ganzer Wissensbereiche führen,
entstehen (als Memkomplexe) im Denken einzelner Wissenschaftler. Sie müssen sich dann häufig gegen den Widerstand vieler aner-

kannter Wissenschaftler durchsetzen: es kommt zu einer »wissenschaftlichen Revolution« (KUHN).

Die Wissenschaft ist wertfrei. Es gibt keine gute oder böse Wissenschaft (Biologie). Gut und böse sind Begriffe, die nur in der praktischen Anwendung wissenschaftlicher Erkenntnisse, etwa in Technik und Medizin, einen Sinn haben.

4.3.2.2 Evolutionäre Erkenntnistheorie

Wenn wir die Postulate der Existenz und der Erkennbarkeit der realen Welt anerkennen, erhebt sich die Frage: wie ist es zu erklären, daß der Mensch sich im Bewußtsein mehr oder weniger »richtige« Theorien von der realen Welt macht? Warum ist das Abbild der realen Welt (Welt 1) in der Welt 2 zumindest teilweise richtig? Anders formuliert: warum sind die Denkstrukturen der Mathematik, die ein Produkt des menschlichen Bewußtseins sind, für die Theorienbildung in den Naturwissenschaften geeignet, d. h. warum können sie Eigenschaften der realen Welt so wiedergeben, daß Vorausberechnungen über deren Verhalten möglich sind? (Auf dieser Leistung der Mathematik beruht die Anwendbarkeit von mathematischen Formeln in der Wissenschaft).

Diese Fragen über das Funktionieren von Wissenschaft sind heute als Folge ihrer Leistungen einer Lösung zugänglich. Die biologische Evolutionstheorie macht ja die Aussage, daß der Mensch auch geistig ein Resultat des biologischen Evolutionsprozesses ist. Die Selektionsvorteile des Menschen beruhen vor allem auf seiner Erkenntnis- und Voraus-Denk-Fähigkeit. Dies gilt in ausgeprägtem Maß auch für den Zeitraum der Menschwerdung (vgl. 1.). Dadurch konnte sich im menschlichen Gehirn die Fähigkeit zur Bildung einer mehr oder weniger richtigen Theorie seiner Umwelt (eines Ausschnittes der realen Welt) herausbilden und deshalb konnte der Mensch später diese Umwelt auch in einer für ihn zweckmäßigen Weise verändern. Jeder potentielle Vorfahr des Menschen und jeder *Homo erectus*, dessen Gehirn sich eine schlechte Theorie von der Umwelt gemacht hat, fiel der Selektion zum Opfer. Nur deshalb, weil der Erkenntnisapparat der nacheinander aufgetretenen Vorfahren des *Homo sapiens* die Strukturen der realen Welt auf dem jeweils erreichten Evolutionsniveau hinreichend gut erfaßte, konnten diese Vorfahren überleben (und damit überhaupt zu »Vorfahren« werden). Alle Arten, die Ansätze zu falschen Theorien über die Umwelt entwickelten, starben zwangsläufig aus. So paßte sich der Denkapparat im Verlauf der

Über-Computer hat ja die Entscheidung mit Sicherheit vorausgesehen. Wenn also die Versuchsperson beide Schachteln nimmt, so ist S_2 sicher leer geblieben. Wenn die Versuchsperson nur S_2 nimmt, so erhält sie 1 Million. Es ist also vorteilhaft, nur S_2 zu nehmen.

2. Argumente für die Entscheidung, beide Schachteln zu nehmen: Der Über-Computer hat die Schachteln lange vor der Wahl der Versuchsperson gefüllt; seither ist in S_2 entweder 1 Million DM oder nichts. Wenn sich das Geld in S_2 befindet, so ist diese Tatsache von der jetzt erfolgenden Wahl der Versuchsperson unabhängig (es gibt keine »rückwärtige« Kausalität). Wenn S_2 voll ist, erhält man insgesamt 100 1000.- DM; wenn S_2 leer ist, immerhin noch 1000.- DM. Würde man nur S_2 nehmen, wäre man im letzten Fall leer ausgegangen. Es ist also vorteilhaft, S_1 und S_2 zu nehmen.

Der Leser möge unter Berücksichtigung dieser Argumentationshilfe seine Wahl überdenken. –

Die Wahl, die der Leser getroffen hat, ist psychologisch bedingt und von seiner Meinung zum Problem der Willensfreiheit (einem Aspekt seiner Weltanschauung) abhängig. Der Determinist wählt nur S_2, weil er weiß, daß seine Wahl nur eine Illusion ist. Wer aber glaubt, daß er einen freien Willen hat (oder daß sich der Über-Computer geirrt haben könnte), der nimmt beide Schachteln.

Determinismus darf hier nicht verwechselt werden mit *Zwang*. Selbst wenn ein strenger Determinismus (d.h. vollständige Voraussagbarkeit bei Kenntnis des ganzen derzeitigen Zustandes) bezüglich der Entscheidungen des Menschen vorliegt, folgt daraus nicht, daß die Naturgesetze jemanden zwingen, eine bestimmte Handlung durchzuführen. Determinismus ist ein Ausdruck der Welt des objektiven Wissens und bedeutet einfach Voraussagbarkeit. Zwang hingegen ist etwas, was mein Bewußtsein erlebt. Die beiden Begriffe gehören also verschiedenen Welten an. Das läßt sich an einem Beispiel klar machen: Wenn ich einen Menschen sehr gut kenne, kann ich Voraussagen über seine Entscheidungen machen. So kann ich vorhersagen, daß jemand, der einen bestimmten Künstler besonders schätzt, in eine Ausstellung dieses Künstlers gehen wird. Er ist zweifellos nicht gezwungen, hinzugehen, sondern fühlt sich in kaum einer Entscheidung freier. Dennoch ist die Vorhersage seines Verhaltens mit hoher Wahrscheinlichkeit richtig. Selbst wenn ein Über-Computer aus genauer Kenntnis des Betreffenden mit Sicherheit hätte sagen können, daß er zur Ausstellung geht, könnte man nicht von Zwang reden. Eine vollständige Determiniertheit macht es also nicht unmöglich, von einer freien

249

Wahl zu sprechen. Es gibt offenbar subjektiv (für unser Bewußtsein) eine freie Wahl und somit Willensfreiheit – auch in einer objektiv vollständig determinierten Welt – als Folge der ungeheuren Komplexität unseres Gehirns; ähnlich wie es subjektiv die Qualität »rot« gibt, objektiv aber den Wellenlängenbereich 600–730 nm. Für die Wissenschaft ist es unzulässig, vom Standpunkt des eigenen Ich aus den eigenen Willen zu betrachten, weil hierbei der Vorgang der Betrachtung mit Vorgängen der Willensregung in einem Bewußtsein zusammentrifft und Objektivität daher nicht gewährleistet ist. Bei den Handlungen anderer Menschen setzen wir stets Ursachen, also kausale Determiniertheit, voraus; sonst wäre deren Verhalten völlig unberechenbar. So führt man z. B. den Entschluß CÄSARS, den Rubikon zu überschreiten, auf seine politischen Überlegungen und sein angeborenes Temperament zurück, nicht auf seine Willensfreiheit, denn dies wäre der Verzicht auf eine wissenschaftliche Erklärung. So erweist sich die Willensfreiheit als ein Musterbeispiel für ein *Scheinproblem der Wissenschaft* (PLANCK). Von einigen Physikern (u. a. JORDAN) wurde die Auffassung vertreten, daß infolge der nur statistischen Determiniertheit mikrophysikalische Ereignisse (»Quantensprünge«) eine Rolle bei der Willensfreiheit spielen könnten. Wäre dies der Fall, so müßten die Entscheidungen des Menschen aber genau so statistisch sein, wie die Quantensprünge. Ein statistisches Verhalten führt zu Zufallsergebnissen, aber nicht zur freier Wahl (PLANCK, BÜNNING). Es gibt bei bestimmten Geisteskrankheiten Fälle, wo der Zufall bestimmt, welche Gedanken im Bewußtsein auftauchen. Dies wird – zumindest von Gesunden – als Einschränkung der Willensfreiheit empfunden. Es ist sehr unwahrscheinlich, daß Unbestimmtheit im atomaren Bereich irgendeine Bedeutung für die Frage der Willensfreiheit hat. Gibt man zu, daß abnorme Gehirnfunktionen die Urteilsfähigkeit behindern, so kann man kaum leugnen, daß normale Gehirnfunktionen ebenfalls einen entscheidenden Einfluß auf Urteile haben, d. h. geistig Gesunde sind keineswegs freier in ihren Urteilen als Geisteskranke.

4.3.3.3 Leib-Seele-Problem unter dem Aspekt der Evolution

Das Problem der Willensfreiheit hat gezeigt, daß man unterscheiden muß zwischen Begriffen, die zur Beschreibung der objektiven Welt dienen und solchen, die das Bewußtsein betreffen. Dies führt uns zu einem weiteren Problemkreis. Manche Denker möchten eine Willensfreiheit des Menschen dadurch erklären, daß sie für die Psyche (Seele) eine weitgehende Unabhängigkeit von der deterministischen Gesetzlichkeit in der realen Welt (Körper) annehmen. Daher muß das Problem des Verhältnisses von Körper (Teil der Welt 1) und Seele (im Sinne von Bewußtsein = Welt 2) näher erörtert werden und zwar unter Berücksichtigung der Evolution.

Die psychischen Leistungen von Tieren entsprechen der Organisation ihres Gehirns. Man darf daher eine Evolution der Psyche annehmen, die derjenigen des Gehirns entspricht. Beim Menschen tritt als neue Eigenschaft (konvergenter Evolutionsschritt; vgl. Studienbd. Evolution 3.2.2) das Bewußtsein auf. Auch dessen Anfänge sind bereits von Menschenaffen bekannt (vgl. 2.2.1). Ferner weiß man aus der Hirnforschung, daß bestimmte Bewußtseinszustände bestimmten neurophysiologischen Vorgängen entsprechen. Man nimmt an, daß dabei eine eindeutige Zuordnung möglich ist. Dies spricht dafür, daß alle Bewußtseinsvorgänge eine Entsprechung in neuralen Vorgängen haben. Andrerseits ist nur ein kleiner Teil neuraler Vorgänge von Bewußtseinsphänomenen begleitet.

Solche Befunde sind am einfachsten zu erklären durch die Annahme einer Identität von Bewußtseins- und physischen Vorgängen: *Hypothese der psychophysischen Identität*. Wir erleben allerdings beide Vorgänge getrennt, denn Psychisches ist uns immer nur subjektiv und dadurch aber unmittelbar zugänglich, Körperliches hingegen als objektives Wissen und dadurch nur mittelbar über das Bewußtsein. Das führt bei der Erforschung zu prinzipiellen Unterschieden in der Methodik. Man kann nicht vom einen Standpunkt aus beide Bereiche unmittelbar beobachten. Psychologische Methoden liefern Aussagen über psychische, physiologische Methoden über physiologische Vorgänge. Aus dieser *Komplementarität* (Bohr) darf aber nicht auf einen Gegenstandsunterschied geschlossen werden. Die Frage nach einer Wechselwirkung von Leib und Seele ist sinnlos, wenn kein Gegenstandsunterschied vorliegt. Außerdem ist es in diesem Fall selbstverständlich, daß körperliche Erkrankungen psychische Ursachen und Folgen haben können und umgekehrt.

Es sei allerdings darauf hingewiesen, daß die moderne sprachtheoretische Philosophie zeigen kann, daß die evolutionsbiologisch gestützte Identitätshypothese zu einigen Problemen führt, für die eine Lösung bisher nicht in Sicht ist. Dies ist zwar kein Beweis gegen die Hypothese, deutet aber darauf hin, daß beim Leib-Seele-Problem offenbar die Grenze der menschlichen Erkenntnisfähigkeit erreicht ist.

4.3.3.4 Der Sinn des Lebens

Die Betrachtungen über die Subjekt-Seite menschlichen Erkennens, die uns über den Bereich der objektiven Wissenschaft hinausgeführt haben, geben keinen Hinweis zum Sinn der menschlichen Existenz. Aussagen darüber liegen jenseits des durch den Evolutionsvorgang erreichten Denkvermögens. Allerdings können wir aus Betrachtungen der Evolutionstheorie interessante Anhaltspunkte gewinnen.

Biologische und kulturelle Systeme sind offene Systeme. Die Stabilität dieser offenen Systeme beruht auf Energiedissipation und fortgesetzter Veränderung bei Aufrechterhaltung eines Zustandes weit entfernt vom energetischen Gleichgewicht (vgl. Studienband Evolution 3.2.1 und 3.9). Die kulturellen Systeme können sich nur verändern durch die Tätigkeit ihrer Elemente, also der Menschen. Daher läßt sich ein wissenschaftlich begreifbarer, partieller Sinn menschlicher Existenz darin sehen, das soziokulturelle System weiterzuentwickeln. Diese Weiterentwicklung muß jedes Individuum betreiben auf ein gestecktes Ziel hin, daher gibt es immer Erwartung und Hoffnung. Hoffnung ist demnach nicht nur eine psychische Stimmungslage, sondern ein Prinzip, das im soziokulturellen System objektiv existiert. Umgekehrt muß jedem Individuum des Systems Anteil an der Offenheit gegeben werden (vgl. 3.1), damit ihm Hoffnung bleibt.

Selbstverständlich können solche Überlegungen nicht den Sinn des eigenen Lebens auch nur einigermaßen erfassen. Wir können aber auch zu weiter ausgreifenden Spekulationen durch Gedanken der Evolutionslehre angeregt werden. Ein Beispiel: Was ist der Sinn menschlichen Leidens? Er ist unserem Denken verschlossen. Wenn ein Regenwurm durch physiologische Versuche Schmerzen erleidet, weiß er nichts vom Zweck dieser Schmerzen, denn dieser liegt außerhalb seiner Welt (im Bereich der menschlichen Kultur). Wir wissen nicht, ob es uns in unserer menschlichen Welt nicht ebenso ergeht, d.h. daß die uns erkennbare Welt von einer dem Menschen nicht zugänglichen Dimension umfaßt wird.

An dieser Stelle verstummen Wissenschaft und wissenschaftliche Philosophie – mit den Worten von L. Wittgenstein:

»Zu einer Antwort, die man nicht aussprechen kann, kann man auch die Frage nicht aussprechen. Wenn sich eine Frage überhaupt stellen läßt, so kann sie auch beantwortet werden. Skeptizismus ist nicht unwiderlegbar, sondern offenbar unsinnig, wenn er bezweifeln will, wo nicht gefragt werden kann.

Wir fühlen, daß selbst, wenn alle möglichen wissenschaftlichen

Fragen beantwortet sind, unsere Lebensprobleme noch gar nicht berührt sind. Freilich bleibt dann eben keine Antwort mehr; und eben dies ist die Antwort. Die Lösung des Problems des Lebens merkt man am Verschwinden dieses Problems. (Ist nicht dies der Grund, warum Menschen, denen der Sinn des Lebens nach langen Zweifeln klar wurde, warum diese dann nicht sagen konnten, worin dieser Sinn bestand.) Es gibt allerdings Unaussprechliches. Dies zeigt sich, es ist das Mystische.

Wovon man nicht sprechen kann, darüber muß man schweigen.«

Antworten und Lösungen zu den Aufgaben

Abschnitt 1

2. Morphologisch-anatomisch: Vergleichende Anatomie, Vergleich der Embryonalentwicklung, Vergleich der Parasiten. Cytologisch: Untersuchung der Chromosomenstruktur. Molekularbiologisch: Vergleich der DNA- und Proteinstrukturen, serologische Verfahren. Ethologisch: Vergleich des Verhaltens.

3. Diese Augenstellung ermöglicht ein besonders gutes räumliches Sehen und dadurch ein genaueres Entfernungsschätzen. Beim Schwingen und Springen von Ast zu Ast könnte schon ein geringes Verschätzen der Abstände tödliche Folgen haben.

4. Das Gehirnvolumen hängt wegen der nervlichen Versorgung der Körperorgane auch von der Körpergröße des Tieres ab. Außerdem ist nicht nur das Volumen, sondern auch die Größe der Oberfläche (Furchung) u. die Oberflächenstruktur des Gehirns von Bedeutung; tatsächlich ist ja auch die Variationsbreite des Gehirnvolumens beim Jetztmenschen recht groß.

5. Nein. Es gibt keine lineare Beziehung zwischen Gehirnvolumen und geistigen Fähigkeiten. Wichtig ist z. B. die von der Faltung abhängige Größe der Gehirnoberfläche, möglicherweise auch das Verhältnis von Gehirngröße zum Gesamtkörpergewicht. Der Australopithecus war viel kleiner als der Gorilla, sein Gehirn also relativ groß.

6. Unterschiede im Bau der Knochen im Vergleich zum rezenten Menschen; Körpergröße, Körpergewicht, Gangart, Gesichtsform, Alter, Ernährung, Krankheiten des Knochensystems und der Zähne, Ursache von Verletzungen.

7. Selbstgebaute Behausungen, Nutzung des Feuers, Fernwaffen, Großwildjagd, Anfänge religiöser Vorstellungen.

8. Die Evolutionsgeschwindigkeit der Gattung *Homo* schwankt wie bei andern Gattungen auch. Häufige Umweltänderungen können sie beschleunigen (Verstärkung des Selektionsdrucks), lange gleichbleibende Umwelt kann sie erniedrigen. Die mehrfache Folge von Eiszeiten und Zwischeneiszeiten, die sich noch in den Tropen als Klimaänderungen auswirkte, führte zu rascher Evolution.

9. Vergrößerung des Gehirns – Aufrichtung des Körpers – Rückbildung des Haarkleides und des Gebisses – Verlängerung der Jugend- und der Lernphase – Ausbildung der anatomischen Veränderungen für die Sprache und Entwicklung der Brocaschen Sprachregion im Gehirn.

10. Die Ergebnisse der in Lösung 2 genannten Teilgebiete der Biologie widerlegen eine solche Auffassung.

11. Wanderung von Populationen und anschließende Isolierung; Weiterentwicklung unter Anpassung an die neuen Umweltverhältnisse.

b) In den verschiedenen Gebieten vorhandene Fossilien harren noch der Entdeckung und belegen dann eine weite Verbreitung aller drei Formen.

c) Die Anpassungsfähigkeit an unterschiedliche Umwelten nimmt von Entwicklungsstufe zu Entwicklungsstufe zu und damit auch ihre Ausbreitung, was spätere Fossilfunde vielleicht belegen. Nach heutiger Kenntnis treffen die Gründe b und c für den Neandertaler sowie b für Australopithecus nicht zu.

12. Nein. Auch beim Jetztmenschen kann aus der auffallenden Variationsbreite der Gesichts-und Schädelknochen nicht auf das ethische und intellektuelle Niveau der Träger geschlossen werden. Aus dem flachen Gaumen aber kann man auf geringere sprachliche Lautbildungsfähigkeit schließen.

13. Vgl. Abschnitt 1.2.1

14. Wenn nur wenige Funde vorliegen, ist die Klärung schwierig, ob Merkmalsunterschiede nur individuelle Abweichungen sind oder ob sie auf verschiedene Populationen der Rassen hinweisen. Auch sind die Funde oft sehr unvollständig (Teile vom Schädel oder vom Skelett).

15. Gleichzeitig lebende unterschiedliche Formen haben je für sich schon eine Evolution durchlaufen, können also nur auf einen gemeinsamen Vorfahren zurückgehen, der nicht mit einer dieser Formen identisch ist.

16. Isolation von Populationen in Verbindung mit Mutationen und Selektion. Für die heutigen Rassen ist die räumliche Isolierung der Populationen während der letzten Eiszeit und die Intensität der Sonneneinstrahlung in ihrem Lebensraum von Bedeutung gewesen.

17. Uneingeschränkte Fruchtbarkeit untereinander, gleiche Zahl und Gestalt der Chromosomen.

18. Wegen der starken Variabilität jedes Merkmals einer Rasse kann man zu ihrer Charakterisierung nur eine Kombination mehrerer Merkmale verwenden. Selbst diese Kombinationen haben eine so große Variationsbreite, daß die Grenzen der Rassen oft fließend sind (vgl. Studienband Evolution 3.5.5.1).

19. Passiv, durch natürliche Selektion von Individuen mit Genen, deren Phänotypen der Bergmannschen und Allenschen Regel entsprechen sowie solcher Gene, die die Ausbildung eines Pelzes,

einer Fettschicht oder des Winterschlafes fördern. – Aktiv, durch Kleidung und Klimatisierung der Wohnung.

20. Beispiele für einen solchen Selektionsdruck: Verbesserung der Funktionen für den Nachwuchs bei weiblichen Tieren. Geschlechtliche Zuchtwahl bei der Gefiederpracht, mit der Weibchen gelockt werden. Geschlechtliche Zuchtwahl bei Kraft und Gestalt des männlichen Tieres, das die Gruppe weiblicher Tiere anführt. (vgl. Studienband Evolution 3.5.8.7)

21. Nein, denn jede Rasse hat solche Merkmale. Bei den Mongoliden ist z.B. die Behaarung am stärksten rückgebildet, bei den Europiden die Aufhellung der Haut am weitesten fortgeschritten, bei den Negriden die Aufwölbung der Lippen. Jede Rasse ist an diejenige Umwelt am besten angepaßt, in der sie entstanden ist. Aus diesem Grunde ist eine allgemeine biologische Überlegenheit einer Rasse über andere gar nicht zu erwarten.

22. Die Verteilung eines Gens in einer Population ist völlig unabhängig davon, ob es dominant oder rezessiv ist. Ein Vorherrschen einer bestimmten Blutgruppe kann z.B. damit zusammenhängen, daß sie weniger anfällig gegenüber dort auftretenden Infektionen oder Klimafaktoren ist. Bei den Indianern kann die Gendrift wirksam gewesen sein. Die Besiedlung des Kontinents ging wohl von einer kleinen Gruppe aus, der vielleicht zufällig nur Individuen der Blutgruppe 0 angehörten.

Abschnitt 2

1. Nein. Schon die äffischen Vorfahren und die Frühmenschen waren soziale Wesen.

2. Weil der Mensch ein Kulturwesen ist. Das ererbte Verhalten ist durch kulturbedingtes Verhalten weitgehend überformt. Man müßte kulturell und genetisch bedingte Verhaltensanteile trennen können; dies ist bisher nur in den allerersten Anfängen möglich. Auch könnte Analogie des Verhaltens vorliegen, dann wären die Gründe für das Verhalten unterschiedlich.

3. Die Bedingungen im Wohnbereich und am Arbeitsplatz durch technische Mittel verbessern; durch gezielte Erziehung und Aufklärung das mitmenschliche Verhalten anpassen; durch eine sozial gerechte Gesellschaftsstruktur die Lebensverhältnisse erleichtern; durch Geburtenplanung das Bevölkerungswachstum begrenzen.

4. Nachteile – wie z. B. Schmerz oder Angst – können durchaus existenzerhaltende Bedeutung haben, weil das Individuum dann lebensbedrohende Situationen meidet. Auch können Nachteile mit Vorteilen gekoppelt sein, so daß in der Bilanz das Positive weit überwiegt.

5. Vgl. 2.2

6. Das Zusammenfassen von Einzeleindrücken zu einer Einheit oder Ganzheit. Das Bild von der Umwelt besteht nicht aus zusammenhanglos nebeneinanderliegenden hellen und dunklen Punkten oder Farbtupfern, sondern aus umgrenzten Figuren, aus Gestalten, die sich als Einheit von der Umgebung abheben (z.B. als Baum oder Vogel).

Abschnitt 3

1. Man nimmt an, daß Werkzeuge und menschliche Fossilien in ursprünglicher, ungestörter Lage beieinander liegen und nicht nachträgliche Umlagerungen (z.B. durch fließendes Wasser) die beiden aus verschiedenen Zeiten stammenden Objekte zusammenbrachten. Man nimmt weiter an, daß es sich um bearbeitete Werkzeuge und nicht um natürlich entstandene Gebilde handelt und daß sie von denjenigen Menschen selbst hergestellt (und nicht etwa durch Handel erworben) wurden, deren Reste man bei den Werkzeugen fand. Die genannten Annahmen sind so plausibel, daß der in der Frage gezogene Schluß als berechtigt angesehen wird. Allerdings überprüft man diese Annahmen auf jede erdenkbare Weise.

2. Entwicklung der Landwirtschaft zur Ernährungssicherung; bessere gegenseitige Hilfe, stärkere Arbeitsteilung und dadurch besseres Ergebnis aus der speziellen Tätigkeit ; Entstehung von Spezialberufen zur ausschließlichen Beschäftigung mit Wissenschaft, Technik, Wirtschaft, Erziehung, Recht, Verwaltung, Politik, Kunst, Religion und mit anderen Teilbereichen im Dienst des öffentlichen und privaten Lebens.

3. 1. Die Fähigkeit zur Werkzeugherstellung. 2. Die Entstehung von Siedlungen mit Landwirtschaft. 3. Die Entwicklung der Naturwissenschaften und ihre praktische Anwendung in der Technologie.

4. Der aufrechte Gang gab die Hände frei zur Herstellung und zur Benutzung der Werkzeuge. Die nach vorn gestellten Augen ermöglichten ein gutes räumliches Sehen zur Handhabung der Werkzeuge. Die Vergrößerung des Gehirns förderte die rasche Verarbeitung und die lange Speicherung von Informationen, sie entwickelte den Intellekt. Der anatomische Bau von Kehlkopf und Gaumen lieferte die Voraussetzung für die Entstehung der Sprache. Die Fähigkeit zur Kommunikation entwickelte sich aus dem bereits bei den Vorfahren angelegten Sozialverhalten.

5. Züchtung von Nutzpflanzen und Haustieren; Erfindung von

Schrift und Zahlen; Organisation und Verwaltung größerer Bevölkerungsgruppen.

6. Biologische Evolution	Kulturelle Evolution
Kennt keine Vererbung erworbener Eigenschaften	Gründet auf Übertragung erworbeher Eigenschaften
Verläuft langsam	Verläuft rasch
Verläuft unter Anpassung an die Umwelt	Verläuft durch Anpassung der Umwelt an die Bedürfnisse
Einnischung unter Rassenbildung	
Entwicklung bestimmt durch Zufall (Mutationen) und Notwendigkeit (Selektionsdruck)	Einnischung durch Differenzierung von Sprache und Tradition (»Pseudospeziation«)
	Entwicklung bestimmt durch Zufall (Entdeckungen, Erfindungen) und Notwendigkeit (Veränderungen der Umwelt zum Überleben)

7. Beide vollziehen sich in kleinen Schritten, beide beruhen auf Informationszunahme (beim Wissen und der genetischen Information), beide verlaufen als Anpassungsprozeß (an die reale Welt – vgl. 4.3 bzw. an die herrschende Umwelt), beide Vorgänge sind mit viel Fehlerhaftem verbunden (falsche Vorstellungen bzw. nachteilige Mutationen).

8. Sorgfältiges Beobachten und Vergleichen, Ausführung von quantitativen Experimenten mit Kontrollversuchen. Herstellen und Prüfen von Zusammenhängen und Gesetzmäßigkeiten, folgerichtiges (logisches) Denken.

9. a Geschichte als vom menschlichen Geist geprägter und in einer Schrift niedergelegter Zeitabschnitt. b Naturgeschichte des Menschen von seinem ersten Auftreten ab. Die ganze Evolution ist ein geschichtliches Ereignis. »Geschichtslosigkeit« meint Fehlen einer schriftlichen Überlieferung.

10. »Primitiv« meint ursprünglich. »Zivilisiert« drückt aus, daß die Gesellschaft rechtlich organisiert ist, Ordnungs- und Kontrollsysteme und einen hohen technologischen Standard hat. Die Evolutionsforschung legt keine Wertung in diese Begriffe.

Literatur

(* Empfohlene Literatur für weitere Studien)

*Altner, G. (ed): Kreatur Mensch; dtv 892, München 1973

*Autrum, H. u. U. Wolf (ed.): Humanbiologie; Springer HTB 121, Berlin 1973

Avers, Ch.: Evolution, Harper u. Row, New York 1974

*Benesch, H.: Der Ursprung des Geistes, dva, Stuttgart 1977

*Bogen, H. J.: Mensch aus Materie, Knaur, München 1976

Bresch, C.: Zwischenstufe Leben, Piper, München 1977

*Buchholz, H. G.: Vor- und Frühgeschichte der Alten Welt in Stichworten Vlg. F. Hirt, Kiel 1966

*Calder, N.: Das Lebensspiel, Rowohlt, Reinbek 1976

Campbell, B. G.: Entwicklung zum Menschen, UTB 170, G. Fischer, Stuttgart 1972

Childe, V. G.: Soziale Evolution, Suhrkamp Taschenbuch Wissenschaft, Bd. 115, Frankfurt/M. 1975

*Cramer, F.: Fortschritt durch Verzicht, Nymphenburger Verlag, München 1975

Dawkins, R.: Das egoistische Gen; Springer, Berlin 1978

Day, M. H.: Guide to fossil man, 3. ed.; Cassell, London 1977

*Ditfurth, H. v.: Der Geist fiel nicht vom Himmel. Die Evolution unseres Bewußtseins, Hoffmann u. Campe, Hamburg 1976

Dobzhansky, Th.: Dynamik der menschlichen Evolution. S. Fischer, Frankfurt/M. 1965

Eccles, J. C.: Wahrheit und Wirklichkeit, Springer, Berlin 1975

Eibl-Eibesfeldt, I.: Die K.-Buschmann-Gesellschaft; Piper, München 1972

*Eigen, M. u. R. Winkler: Das Spiel, Piper, München 1975

Erben, H. K.: Die Entwicklung der Lebewesen, Piper, München 1975

Ewert, J. P.: Neuro-Ethologie, Springer HTB 181, Berlin 1976

Feustel, R.: Abstammungsgeschichte des Menschen, VEB G. Fischer, Jena 1976

*Gadamer, H. G. u. P. Vogler (ed.): Neue Anthropologie, Bd. 1–7, dtv-Thieme, Stuttgart 1972–74

Grahmann, R.: Urgeschichte der Menschheit, 2. Aufl., Kohlhammer, Stuttgart 1952

Harris, M.: Cannibals and kings. The origin of cultures, Random House, New York 1977

*Heberer, G., W. Henke u. H. Rothe: Der Ursprung des Menschen, 4. Aufl., G. Fischer, Stuttgart 1975

Hofer, H. u. G. Altner: Die Sonderstellung des Menschen, G. Fischer, Stuttgart 1972

Huber, R.: Sexualität und Bewußtsein, dtv, 1977

Illies, J.: Kulturbiologie des Menschen – Der Mensch zwischen Gesetz und Freiheit, Piper, München 1978

*Illies, J.: Zoologie des Menschen; Piper, München 1971

Jantsch, E. u. C. H. Waddington (ed.): Evolution and Consciousness; Addison-Wesley, Reading 1976

Jaspers, K.: Psychologie der Weltanschauungen, 6. Aufl., Springer, Berlin 1971

Johst, V. (ed.): Biologische Verhaltensforschung am Menschen, Akademie-Vlg., Berlin 1976

Jolly, A.: Die Entwicklung des Primatenverhaltens, G. Fischer, Stuttgart 1975

Koenig, O.: Kultur und Verhaltensforschung, dtv, 1970

Konetzke, R.: Der Entwicklungsgedanke in den Naturwissenschaften des 20. Jahrhunderts, Historische Zeitschr. Bd. 223, Oldenbourg, München

Kreybig, Th. v.: Die Ontogenese wird zum Schicksal – Biologie und Ethik; Patmos-Vlg., Düsseldorf 1976

*Leakey, R. E. u. R. Lewin: Wie der Mensch zum Menschen wurde. Hoffmann u. Campe, Hamburg 1978

*Legewie, H. u. W. Ehlers: Knaurs moderne Psychologie, Knaur Taschenbuch 506, München 1978

Lips, J. E.: Vom Ursprung der Dinge. Eine Kulturgeschichte des Menschen, 4. Aufl.; VEB Brockhaus, Leipzig 1961

*Lorenz, K.: Die Rückseite des Spiegels; Piper, München 1973

*Mohr, H.: Wissenschaft und menschliche Existenz, Rombach, Freiburg

Nau, K. J. u. a.: Abriß der Vorgeschichte; Oldenbourg, München 1957

*Overhage, P.: Menschenformen im Eiszeitalter, J. Knecht, Frankfurt/M. 1969

Popper, K.: Objektive Erkenntnis, Hoffmann u. Campe, Hamburg 1973

Rensch, B.: Neuere Probleme der Abstammungslehre, F. Enke, Stuttgart 1972

Reynolds, V.: The biology of human action, Freeman, Reading 1976

Riedl, R.: Die Ordnung des Lebendigen, Parey, Hamburg – Berlin 1975

*Riedl, R.: Die Strategie der Genesis; Piper, München 1976

Roe, A. u. G. G. Simpson: Evolution und Verhalten, Suhrkamp, Frankfurt 1969

Schmidbauer, W.: Jäger und Sammler, Selecta-Verlag, Planegg 1972

Schwidetzky, I.: Hauptprobleme der Anthropologie, Rombach, Freiburg 1971

Schwidetzky, I. (ed.): Über die Evolution der Sprache; S. Fischer, Frankfurt/M. 1973

Selye, H.: Stress, Piper, München 1974

Service, E. R.: Ursprünge des Staates und der Zivilisation, Suhrkamp, Frankfurt/M. 1977

Siegmund, G.: Der Glaube des Urmenschen; Francke, Bern 1962

*Siewing, R. (ed.): Evolution, UTB G. Fischer, Stuttgart 1978

Stegmüller, W.: Hauptströmungen der Gegenwartsphilosophie; Bd. 2, Kröner, Stuttgart 1975

*Steitz, E.: Die Evolution des Menschen; Vlg. Chemie, taschentext Nr. 16, Weinheim 1974

Straaß, G.: Sozialanthropologie, VEB G. Fischer, Jena 1976

Tullar, R. M.: The Human Species, Mc Graw Hill, New York 1977

*Vogel, Chr.: Biologie in Stichworten V: Humanbiologie, Hirt, Kiel 1974
Vollmer, G.: Evolutionäre Erkenntnistheorie, Hirzel, Stuttgart 1975
*Walter, H.: Grundriß der Anthropologie, BLV, München 1970
Wilson, E. O.: Sociobiology, Harvard Univ. Press. Cambridge, Mass. 1975
*Wunderlich, H. G.: Die Steinzeit ist noch nicht zu Ende, Rowohlt, Rein-
    bek 1974

Register

Abbévillium 123
Abstraktionsvermögen 98
Acheulium 124
Ackerbaukultur d. Jungsteinzeit 129
Adaptive Radiation 181
Aegyptopithecus 24
Aggression 156
Aha-Erlebnis 99
Ahnenkult 224
Ainu 57
Akzeleration 69
Algorithmus 110
Allensche Regel 44, 54
Alphabet 203
Alpinide 56
Altersbestimmung von Fossilien 23
Altersvariabilität 69
Althirn 95
Altkulturen 130
Altpaläolithikum 121
Altruismus 160, 165
Anagenese 100
Analogie 151, 177
Aneignende Wirtschaftsform 125
Animalismus 125
Aquin, Thomas von 216
Archetypen 111
Aristokratie 211
Artefakte 103
Ästhetik 220
Astronomie 216
Äthiopide 56
Aurignacium 128
Australide 57 f.
Australopithecus 26 f., 36 f.
Autorität 164, 226
Averbales Urteilen 78
Azilium 129
Bahnungen 99
Bambutide 57 f.

Bandkeramik 141 f.
Bauernkulturen 133 ff.
Baupläne 7
Begriff 103
Begriffe, Bildung 187
Berber 57
Bergmannsche Regel 54
Bewußtsein 75, 81, 239
– Evolution 90
Biogenetische Regel 82
Bohr 251
Brachiatoren-Hypothese 29
Broca-Zentrum 91
Buchdruck 207
Buchstabenschrift, Evolution 205
Buddhismus 225
Bürokratie 171
Buschmann-Kultur 130 f.
Calder 113
Cerebralisation 17
Chardin, Teilhard de 96, 243
Chomsky 189
Choppers 123
Christentum 225
Church 246
Circadianer Rhythmus 16
Cro-Magnon-Mensch 52
Dalton, I. 217
Darwin 155, 217
Datierungsmethoden 23
Denken 97
Denkökonomie 243
Determinismus 249
Dialektik 163 f., 227
Dinaride 56
Dobzhansky, Th. 1
Driesch 243
Dryopithecus 26 f.
Eccles 240
Eigen 100
Einsichtsfähigkeit 97
Eiszeiten 42, 124 f.

Empfindungen 78
Endogene Rhythmen 16
Engramm 82
Erfindungen 218
Erinnerung 86
Erkenntnistheorie 240 f.
Erregungsmuster 86, 101
Erziehung 234
Eschatologie 224
Eskimos 57
Ethik 215
Ethos 105
Euhomininen 31
Europide 58
Evolution, Gesichtsausdruck 20
– Lebewesen 3
Evolutionslehre, Bedeutung 2, 10
Evolutive Systeme 230
Fahrzeuge, Evolution 213
Familie 154, 159
Faustkeil-Tradition 123
Felsbilder-Tradition 130
Feudalsystem 212
Feuerbenutzung 124
Fluortest 24
Fortpflanzungspotential 18
Fossil, Einordnung 50
Fossile Menschen 30
Freud 96
Fruchtbarkeitskult 222 ff.
Frustration 150
Galilei, G. 217
Gartenkultur 138
Gedächtnis 76, 101
Gefühlsentwicklung 87
Gehlen 102
Gehirnevolution 75
Gehirnforschung 82
Gehirnfunktion 93
Gehirnphysiologie 238 f.
Gehirnschädelkapazität 43
Gehirnstruktur 77
Gehirnzentren 89
Geist 101
– des Menschen 22, 81
Geld 165, 167
Gen 4
Generative Grammatik 189

Genetische Kohäsion 8
Genetischer Code 4
Genpool 52
Geräte 116
Geräteherstellung, Evolution 140
Geräte-Industrien 122
Geröllgeräte-Tradition 123
Geschlechtsvariabilität 71
Gesellschaft 164
– Evolution 208
Gesetz 215
Gewaltprivileg 214
Giganthopithecus 26
Glogersche Regel 54
Goethe, J. W. 1
Gravettium 128
Grazilisation 44
Großhirnrinde 86
Grundkulturen 130
Gruppenbildung 159 ff.
Gutenberg 207
Hackbau 138
Handel, Evolution 213
Hassenstein, B. 17
Häuptlingstum 125, 210
Hausbau, Evolution 147
Haustierhaltung 139 f.
Hautfarben 55
Herrschaftssysteme 211
Hieroglyphenschrift 203
Hinduismus 225
Hirntätigkeit 84
Hochkultur 104
Hochreligion 148
Höhlenmalerei 128
Hominisation 29, 72
Hominoidea 12
Homo-Arten 31 ff.
Homo erectus 38 f.
Homo sapiens 43
Homologie 151
Hottentotten 57
Humanisierung 216
Humboldt, W. v. 183
Huxley, J. 243
Hypothetischer Realismus 240
Ich-Bewußtsein 90, 215
Ideen 173

Ideogramm 201
Ideologie 104 f.
Indianer 57
Indoktrination 227
Informationstheorie 101
Informationsverarbeitung 80, 92
Instinkthandlungen 101
Inzest-Tabu 155
Jagdzauber 221, 223
Jägerkulturen 120 ff.
Jenseits-Glaube 124
Jordan 250
Judentum 225
Jung, C. G. 96
Jungen-Typ 17
Jungpaläolithikum 125
Kalender 216
Kalium-Argon-Methode 21
Kannibalismus 42
Kant, I. 1, 216, 242
Kartographie 216
Kästner, E. 237
Kausalprinzip 242
Keidel 84
Keilschrift 203
Kenyapithecus 27
Kepler, J. 96, 217
Keramik 140
Kerbhölzer 201
Khoisanide 57 f.
Kleidung 124
– Evolution 149
Klingen-Traditionen 125
Knotenschnur 201
Koenig 180
Koevolution 176
Kollektives Unbewußtes 96
Kommunikation 163, 183, 240 f.
Komplementarität 251
Kopernikus 217
Körpersprache 183
Kosmogonie 224
Kreativität 216, 227
Krieg 211
Kuhn 244
Kultur 72
– Merkmale 102
Kulturart 109

Kultureinflüsse auf Selektion 53
Kulturelle Evolution 163
– Isolation 111
– Prägung 114
Kulturepochen 125
Kulturfossilien 115, 221
Kulturpflanzenentstehung 138 f.
Kulturwenden 125
Kunst 125, 220
Lallphase 195
Lappen 57
Latène-Kultur 145
Lavoisier, A. 217
Leakey 117
Leib-Seele-Problem 250
Leitidee 102, 106
Lernen 100 f.
Lernfähigkeit 13
Lessing, G. 225
Linné 10
Lothagam 36
Magdalenium 128
Magie 223
Maglemosium 129
Magneteffekt 152
Makroevolution 7
Malerei 221
Mammutjäger 125
Matrilinearität 121
Maxime 227
Mediterranide 56
Megalithkultur 141 f.
Melanesier 57
Meme 173
Mem-Homöostase 176
Memmutation 173
Mempool 173
Menarche 69
Mendel, J. G. 217
Menschenaffen 11, 15
Menschenrassen 52, 54
Mentifakte 103
Mesolithikum 129
Metallverwendung 140, 143
Metaphysik 217, 227
Micoquium 124
Mikrolithen 129
Mittelpaläolithikum 124

Mohr 104
Molekulare Phylogenie 4
Mongolenfalte 62
Mongolide 58
Monotheismus 224
Monsterium 124
Morgenstern, Chr. 239
Morpheme 195
Mosaikevolution 5, 37, 72
Motivation 101
Motorisches Sprachzentrum 17
Müller, J. 217
Münzen 145
Musik 221
Musikinstrumente, Evolution 221
Mutation 4
Mythologie 132, 224
Nachahmungstrieb 76
Naturgesetze 245
Naturwissenschaften 217
Neandertaler 43 f., 223
Negritos 57
Nekropole 224
Neolithikum 133
Neolithische Revolution 72
Neotenie 17, 72
Nesthocker 17
Neugierverhalten 98, 152, 216
Neuhirn 95
Neumen 208
Neurose 150
Newcomb 248
Newton, J. 217
Nexus 131
Nordide 56
Normative Institution 105 f.
Normierung 227
Notenschrift, Evolution 208
Numinoses 222
Objektivität 242
Objektivitätspostulat 217
Ökologie 172
Ökologische Nische 11
Olduvai 37
Ontogenese 69
Oreopithecus 27
Ornamentik 221
Osteodontokeratische Kultur 123

Paranthropus 36
Parasprache 183
Pebble-tools 123
Phantasie 97
Phoneme 195
Piaget 104
Piktogramm 201
Planck 250
Pliopithecus 24
Pluralismus 106
Pluralistische Gesellschaft 114
Poesie 221
Pollenanalyse 72
Polynesier 57
Polytheismus 224 f.
Popper 238
Portmann 17, 243
Postulat 227, 242
Postwesen 214
Präadaption 73
Präbrachiatoren-Hypothese 29
Prägung 153
Prähomininen 36 f.
Primärbauerntum 133
Primaten, Gliederung 12
Primitivkulturen 130
Produzierende Wirtschaftsform 125
Propliothecus 24
Protobionten 6
Proto-Catarrhinen-Hypothese 28
Pseudo-Artbildung 109
Psyche 76
Rad 220
Radiokarbon-Methode 23
Ramapithecus 27
Rangordnung 157
Rassen, Entstehungsgebiete 60
Rassenmerkmale 57
Ratiomorpher Apparat 99
Rechtswesen, Evolution 214
Reflexe 76
Reflexion 91
Religion 222
Revolution 172
Riedl 98
Rituale 73, 162
Rodungs-Ackerbau 133

Sanktionen 214
Sartre 115
Schaltungsmuster 87
Scham 156
Schiller, F. 248
Schimpanse 11
Schlaf-Wach-Rhythmus 16
Schmidt, S. J. 191
Schöpferische Leistung 79
Schriftarten 145
Schrift, Evolution 201
Schriftzeichen, Evolution 206
Schrödinger-Gleichung 245
Schwangerschaftsdauer 18
Selbstbewußtsein 103
Selbstdomestikation 235
Selbsttranszendenz 226
Selektion beim Menschen 52
Selektionsdruck 160 f.
Selye 234
Sexualdimorphismus 19
Sexualität 154
Siedlungen, Evolution 133 ff., 148
Silbenschrift 203 f.
Sinide 56
Sinn des Lebens 252
Sippe 159
Sivapithecus 26
Solutrium 128
Sonderstellung des Menschen 16
Sonnenkalender 216
Sozialdarwinismus 1
Soziale Klassen, Ausbildung 210
– Revolution 156
Sozialethik 162
Sozialsignale 162
Sozialstruktur, Evolution 159
– von Primatengesellschaften 157
Sozifakte 103
Soziokulturelles System 227
– System, Evolution 168
Sprache, Evolution 181
– Grundfunktionen 187
– natürliche und formale 191
– Phylogenie 192
– Unschärfe 191
Sprachmerkmale 181, 184
Sprachuniversalien 189

Sprachverwandtschaft 112
Sprechapparat 193
Staatsbildung 209, 212
Stammbaum, Mensch 25
Stammesgeschichte des Menschen 23
Stammesgliederung 125
Steatopygie 132
Steinbuch 92, 218
Steinwerkzeuge 119
Stimmungsübertragung 152
Streß 234
Subjekt-Objekt-Beziehung 237
Symbol 103, 111, 227
Symbolsprache 81
Symbolwelt 109
Synapse 101
Synapsen, Bedeutung 82
Syntax 183, 186
Tabu 162, 215
Tanz 221
Tardenoisium 129
Technik 218
Technisches System 220
Technologie, Evolution 167
Territorialität 157, 160
Tier-Mensch-Übergangsfeld 29
Todesbewußtsein 75
Totem-Kult 223
Totenkult 223
Traditionen 73, 158
Triebe 76
Tuareg 57
Tungide 56
Unbenanntes Denken 78
Unbewußtes 86
Urbanisation 73
Ursprache 196
Utopie 218, 227
Variabilität 69
Variationsbreite, Homo 52
Vegetationskarte im Neolithikum 135
Verhalten 149 f.
– Forschungsmethoden 152
Vorgeschichte 115
Vorstellungen 88
Wahrnehmung 84, 238 f.

Warenproduktion, Evolution 166
Watsonsche Regel 37
Weddide 57
Weltanschauungen 237, 246
Weltbild 246
Werkzeuge 108
Werkzeuggebrauch 118
Werkzeug-Tradition 116
Wille 97
Wilson, E. O. 157
Wissen 238

Wissenschaft 148, 216
– Evolution 167
Wittgenstein, L. 191, 252
Wortschatzentwicklung 196
Zahlzeichen, Evolution 207
Zeichen 109
Zeitbewußtsein 217
Zeitrechnung 216
Zivilisation 73
Zufallsereignis 213
Zukunft des Menschen 232

Bildquellenverzeichnis

Bild 4 Hellmuth Ehrath – 6 aus Sengbusch, Einführung in die All-
gemeine Biologie, Springer Verlag 1974, S. 444 – 7 aus Heberer,
Moderne Anthropologie, Deutsche Verlags-Anstalt 1968 – 8 aus
Tullar, The Human Species, McGraw-Hill Book Company, S. 177
– 9 Heberer, Day, Savage, Walter – 10a, b aus Linder, Biologie
1971 – 10c, d aus BSCS: Molecules to man, Houghton Mifflin
Company – 10e, f Scientific American August 1978 – 11a, c aus
Day, The Fossil History of Man, Oxford University Press 1972 –
11a 1, 2c, 3 aus Weiner, Entstehungsgeschichte des Menschen,
Editions Rencontre 1972 – 11d 4 aus Remane u. a., Evolution,
Deutscher Taschenbuch Verlag, S. 244 – 12 aus Neue Anthropolo-
gie Band 4, Abb. 6, Thieme Verlag – 14a, c, d Metzler Archiv –
14b aus Leakey, Wie der Mensch zum Menschen wurde, The
Rainbird Publ. Group – 18a Metzler Archiv – 18b, c aus Saller,
Leitfaden der Anthropologie 1964, S.224f. – 20 aus Steitz, Die
Evolution des Menschen, Verlag Chemie, S. 140 – 22a Ha-
lin/ZEFA – 22b, c aus Handbuch der Biologie Band 9, S. 160, 164
– 22d Institut für Auslandsbeziehungen – 22e aus Fischer, die
Rehobother Bastards, Verlag G. Fischer 1913 – 22f, g aus Stratz,
Naturgeschichte des Menschen, Verlag Enke S. 311, 338 – 22h dpa
– 22i Gnade/ZEFA – 22j Hackenberg/ZEFA – 22k Stang/dpa –
22l Dürrwald/dpa – 22m Institut für Auslandsbeziehungen – 22n
Kramarz/ZEFA – 22o dpa – 22p Bitsch/ZEFA – 22q dpa – 22r
Halin/ZEFA – 22s Walther/ZEFA – 22t Institut für Auslandsbeziehungen – 22u Helminger/ZEFA – 22v Leidmann/Bavaria –
22w Brinkmann/Bavaria – 27 aus Vester, Denken, Lernen, Vergessen, Deutsche Verlags-Anstalt 1975, S. 38f. – 32 aus Eccles,
Das Gehirn des Menschen, Piper & Co. Verlag, S. 254 – 38a, b, c, d
aus Neue Anthropologie Band 4, Abb. 2, Thieme Verlag – 38e, f,
aus Scientific American April 1978 – 39 Müller-Karpe, Geschichte
der Steinzeit, Verlag C. H. Beck 1974 – 40a Prähistorische Samm-
lungen, Ulm/Foto: Planck – 40c aus Linder Biologie 1971 – 42 aus
Neue Anthropologie Band 4, Thieme Verlag 1977, Abb. 6 – 43 aus
Buchholz, Vor- und Frühgeschichte der Alten Welt in Stichworten,
S. 51–46 aus Riedl, Die Strategie der Genesis, Verlag Piper & Co.,
S. 277 – 47 aus Koenig, Kultur und Verhaltensforschung, Deutscher Taschenbuch Verlag – 48 aus Riedl, Die Ordnung des Le-

bendigen, Verlag Parey 1975 – 49 s. 47 – 50 aus Neue Anthropologie Band 2, S. 376 – 58, 60 aus Reinhardt, Kulturgeschichte des Menschen, Verlag Reinhardt, S. 467, 475 – aus Lips, Vom Ursprung der Dinge, VEB Brockhaus 1961.

Alle übrigen Abbildungen und Grafiken von Joannis Selveris

Studienreihe Biologie

Band 1 Genetik und Molekularbiologie
        Ulrich Kull und Hans Knodel

Band 2 Sinnesorgane und Nervensystem
        Ulrich Bäßler

Band 3 Evolution
        Ulrich Kull

Band 4 Ökologie und Umweltschutz
        Hans Knodel und Ulrich Kull

Band 5 Verhalten
        Albert Danzer

Band 6 Evolution des Menschen
        Ulrich Kull

In Vorbereitung sind weitere Bände
zu den Themen:

„Erkenntnisgewinnung in der Biologie, dargestellt an der Entwicklung ihrer Grundprobleme", „Angewandte Biologie: Nutzpflanzen", „Angewandte Biologie: Nutztiere",
„Stoff- und Energiewechsel (Grundlagen und
Anwendung)" und „Biologie und Philosophie
in ihren Wechselbeziehungen".